A. Hädener
H. Kaufmann

Grundlagen der allgemeinen und anorganischen Chemie

14., überarbeitete und erweiterte Auflage

Birkhäuser Verlag
Basel · Boston · Berlin

Autoren

Dr. A. Hädener
Dr. H. Kaufmann

Dieses Buch wird durch die 11. Auflage des Buches Grundlagen der organischen Chemie von
A. Hädener und H. Kaufmann, Birkhäuser Verlag, Basel, ergänzt (siehe Anzeige am Buchende).

Bibliografische Information der Deutschen Bibliothek
Die Deutsche Bibliothek verzeichnet diese Publikation in der Deutschen Nationalbiografie;
detaillierte bibliografische Daten sind im Internet über http://dnb.ddb.de abrufbar.

ISBN-10: 3-7643-7041-6   Birkhäuser Verlag, Basel – Boston – Berlin
ISBN-13: 978-3-7643-7041-1

© 2006 Birkhäuser Verlag, Postfach 133, CH-4010 Basel, Schweiz
Ein Unternehmen der Fachverlagsgruppe Springer Science+Business Media
Gedruckt auf säurefreiem Papier, hergestellt aus chlorfrei gebleichtem Zellstoff ∞
Umschlaggestaltung: Micha Lotrovsky, CH-4106 Therwil
Printed in Germany

ISBN-10: 3-7643-7041-6   e-ISBN-10: 3-7643-7421-7
ISBN-13: 978-3-7643-7041-1   e-ISBN-13: 978-3-7643-7421-1

9 8 7 6 5 4 3 2 1   www.birkhauser.ch

Vorwort

Die seit mehr als vierzig Jahren bewährte, knappe und anschauliche Einführung in die Grundlagen der allgemeinen und anorganischen Chemie liegt nun in der 14. Auflage vor. Nachdem der Text und die Gestaltung bereits für die 13. Auflage umfassend revidiert worden waren, berücksichtigt die Neuauflage in erster Linie neue wissenschaftliche Erkenntnisse, die für das Verständnis der Grundlagen der Chemie von Bedeutung sind. Allen Leserinnen und Lesern, die durch ihre Anregungen zur Verbesserung des Textes und der Abbildungen beigetragen haben, sind wir zu Dank verpflichtet.

Die wichtigsten Neuerungen der 14. Auflage sind nachfolgend zusammengefasst.

- Die Daten von acht seit 1964 entdeckten Elementen ab Ordnungszahl 104 sind nach neuesten Literaturangaben aktualisiert.

- Während es ein Traum ist und bleiben wird, einzelne Atome mit einem klassischen Lichtmikroskop zu "sehen", können diese mit einem modernen Rastertunnelmikroskop immerhin "ertastet" werden. Die entsprechenden Befunde stützen die bisherigen Vorstellungen von Atomen eindrücklich und werden im Kapitel 1.4 zur Visualisierung herangezogen.

- Die Behandlung reversibler Reaktionen und das Massenwirkungsgesetz werden im weitgehend neu gestalteten Kapitel 3 in einen größeren Zusammenhang gestellt.

- Die Zahl der Übungsbeispiele, die zur aktiven Mitarbeit und Selbstkontrolle anhalten sollen, ist wesentlich erhöht worden; neu wird am Ende jedes Kapitels ein Abschnitt mit Übungen angeboten.

- Im Interesse der Übersichtlichkeit erscheinen häufig gebrauchte Tabellen mit wichtigen Daten leicht auffindbar im Anhang (Kapitel 8.1). Der Index bleibt ausführlich und ist benutzerfreundlich optimiert.

Allen an der Neuauflage beteiligten Mitarbeiterinnen und Mitarbeitern des Birkhäuser-Verlages danken wir für die angenehme Zusammenarbeit.

Basel, im Juli 2005

Alfons Hädener
Heinz Kaufmann

Aus dem Vorwort zur 13. Auflage

Für die neue Auflage wurde das erste Kapitel wesentlich erweitert. Es vermittelt die dem Atombau und dem Periodensystem zugrundeliegenden Modelle und Prinzipien in einer der historischen Entwicklung folgenden Darstellung und vermittelt dabei gleichzeitig Einblicke in naturwissenschaftliche Denkweisen. Weitere Kapitel behandeln die chemische Bindung, das Massenwirkungsgesetz und seine Anwendungen, Redoxreaktionen und Radioaktivität. Die Chemie der wäßrigen Lösungen wird mit Hilfe des Massenwirkungsgesetzes besonders ausführlich behandelt.

Auch bei einem logischen Aufbau des Lehrstoffs läßt es sich nicht vermeiden, dass ab und zu Begriffe vorkommen, die im Buch erst später behandelt werden. Um dem Leser das Nachschlagen derartiger Begriffe, aber auch den Rückgriff auf schon gelesene Abschnitte zu erleichtern, sind im Text zahlreiche Querverweise eingesetzt und am Schluss ein ausführliches Stichwortregister angefügt worden. Kommentierte Rechenbeispiele und zahlreiche Übungen ermuntern zur aktiven Mitarbeit und Selbstkontrolle. Hinweise auf ausgewählte weiterführende Literatur sollen Interessierten die Vertiefung von Spezialgebieten erleichtern.

Das Buch richtet sich an Studierende der Naturwissenschaften und der Medizin in den ersten Semestern an Universitäten und Fachhochschulen; es dürfte besonders auch bei Examensvorbereitungen gute Dienste leisten. Auch interessierten Gymnasiasten kann es für die Vertiefung des im Unterricht Gehörten von Nutzen sein.

Basel, im Juli 1996

Heinz Kaufmann

Inhaltsverzeichnis

1. Atombau und Periodensystem — 1

1.1   Einführung 1
1.2   Elemente, Atome und Verbindungen 1
     1.2.1   Die stöchiometrischen Gesetze 3
     1.2.2   DALTONS Atomtheorie 5
     1.2.3   Das ideale Gas 6
     1.2.4   Atommassen 9
     1.2.5   Mengenangaben in der Chemie 12

1.3   Die Klassifizierung der Elemente 15
     1.3.1   DÖBEREINERS Triaden und NEWLANDS's Oktavengesetz 15
     1.3.2   Das erste Periodensystem 16

1.4   Die Bausteine der Atome 18
     1.4.1   Metallische Festkörper 18
     1.4.2   Reale Gase 21
     1.4.3   Materie und Elektrizität 22
     1.4.4   Elektrolyse 25
     1.4.5   Das Elektron 27
     1.4.6   Röntgenstrahlung und Radioaktivität 28
     1.4.7   Der Atomkern 30
     1.4.8   Nuklide und Isotope 33

1.5   Die Entwicklung des modernen Atommodells 36
     1.5.1   Das Wasserstoffatom nach NIELS BOHR 37
     1.5.2   SOMMERFELDS Verbesserung des Atommodells 39
     1.5.3   Atome im Magnetfeld 40
     1.5.4   Der Spin 42
     1.5.5   Das PAULI-Prinzip 43
     1.5.6   Die Elektronenkonfiguration 44

1.6   Ableitung des Periodensystems 46

1.7   Das moderne Periodensystem 48

1.8   Übungen 51

2. Die chemische Bindung   53

2.1   Einführung 53

2.2   Größen zur Charakterisierung der chemischen Bindung 54
    2.2.1   Atom- und Ionenradien 54
    2.2.2   Die Ionisierungsenergie 55
    2.2.3   Die Elektronenaffinität 57
    2.2.4   Elektronegativität 58

2.3   Die Ionenbindung 60
    2.3.1   Bildung von Ionenbindungen 60
    2.3.2   Ionengitter 61
    2.3.3   Die Wertigkeit bei Ionenverbindungen 63
    2.3.4   Bedingungen für die Bildung einer Ionenbindung 64

2.4   Die Elektronenpaarbindung 64
    2.4.1   Bildung von Elektronenpaarbindungen 64
    2.4.2   Die Bindungszahl 65
    2.4.3   Doppel- und Dreifachbindungen 66
    2.4.4   Verbindungen mit ungepaarten Elektronen 67
    2.4.5   Polarisierte Elektronenpaarbindungen 67
    2.4.6   Das Wassermolekül H_2O 69
    2.4.7   Die Richtung von Elektronenpaarbindungen 69

2.5   Übergänge zwischen den Bindungstypen 71

2.6   Die metallische Bindung 73

2.7   Koordinationsverbindungen 76
    2.7.1   Ion-Ion-Komplexe 77
    2.7.2   Ion-Molekül-Komplexe 78
    2.7.3   Komplexe mit ungeladenen Zentralatomen 78

2.7.4   Chelatkomplexe 80

2.7.5   Elektronische Struktur von Komplexen 82

2.7.6   Die Kristallfeldtheorie 83

2.7.7   Die Ligandfeldtheorie 87

2.8   Übungen 89

3. Gesetzmäßigkeiten chemischer Reaktionen   91

3.1   Einleitung 91

3.2   Relevante Größen 92

3.2.1   Konzentration und Aktivität 92

3.2.2   Energieumsatz 94

3.3   Die Kinetik chemischer Reaktionen 96

3.4   Reversible Reaktionen. Das dynamische Gleichgewicht 100

3.5   Prinzipien der Katalyse reversibler Reaktionen 104

3.6   Beeinflussung von Gleichgewichtsreaktionen 107

3.6.1   Temperaturänderungen 107

3.6.2   Konzentrationsänderungen 108

3.6.3   Druckänderungen 110

3.7   Das Löslichkeitsprodukt 111

3.8   Übungen 114

4. Chemie der wäßrigen Lösungen   117

4.1   Das Wasser 117

4.1.1   Dipolcharakter und Assoziation 117

4.1.2   Wasserstoffbrücken 118

4.1.3   Die Dielektrizitätskonstante 119

4.1.4   Wasser als Lösungsmittel 120

4.1.5   Andere Lösungsmittel 121

4.2 Wirkung des Wassers auf chemische Bindungen, wäßrige Lösungen 121

    4.2.1 Ionenbindungen 121

    4.2.2 Elektronenpaarbindungen 125

    4.2.3 Komplexe Verbindungen 126

4.3 Säuren und Basen 126

    4.3.1 Säure-Basen-Theorie von ARRHENIUS 127

    4.3.2 Säure-Basen-Theorie nach BRØNSTED-LOWRY 127

    4.3.3 Säure-Basen-Theorie nach LEWIS 130

    4.3.4 Säuredissoziationskonstanten 131

4.4 Die pH-Skala 135

4.5 Neutralisationsreaktionen, Salze 136

4.6 Säuren, Basen und Salze als Elektrolyte 138

4.7 Dissoziationsgrad und OSTWALD'sches Verdünnungsgesetz 140

4.8 Säure-Basen-Indikatoren 142

    4.8.1 Grundlagen 142

    4.8.2 pH-Messung und Titrationen 144

4.9 pH-Berechnungen für schwache Säuren und Basen 146

4.10 Der pH-Wert von Salzlösungen 149

4.11 Pufferlösungen 151

    4.11.1 Definition, Bestimmung des pH-Werts von Pufferlösungen 151

    4.11.2 Wirkungsweise von Pufferlösungen 152

4.12 Übungen 154

5. Redoxreaktionen   **157**

5.1 Wertigkeit und Oxidationszahl 157

5.2 Definition der Begriffe Oxidation und Reduktion 159

5.2.1 Ursprüngliche Bedeutung 159
5.2.2 Erweiterung des Oxidations-Reduktions-Begriffs 160
5.2.3 Redoxsysteme 162
5.2.4 Disproportionierung 164

5.3 Normalpotentiale und Spannungsreihe 165
5.3.1 Experimentelle Befunde 165
5.3.2 Galvanische Elemente 166
5.3.3 Normalpotentiale 168
5.3.4 Kompliziertere Redoxgleichungen, pH-abhängige
Redoxreaktionen 173

5.4 Anwendungen 174
5.4.1 Voraussagen über den Verlauf von Redoxreaktionen 174
5.4.2 Bestimmung der Koeffizienten in chemischen
Reaktionsgleichungen 175
5.4.3 Batterien und Akkumulatoren 178
5.4.4 Schmelzelektrolyse von Metallsalzen 179
5.4.5 Die Elektrolyse wäßriger Salzlösungen 180

5.5 Übungen 182

6. Radioaktivität und Kernreaktionen   185

6.1 Die radioaktive Strahlung 185

6.2 Die Verschiebungsgesetze 186

6.3 Zerfallsgesetz und Halbwertszeit 187

6.4 Zerfallsreihen 188

6.5 Kernreaktionen 190
6.5.1 Einfache Kernreaktionen 190
6.5.2 Künstliche radioaktive Nuklide 192
6.5.3 Die Kernspaltung 193

6.6 Herstellung von neuen Elementen 195

6.7 Tracermethoden 197

6.8 Altersbestimmungen 197

6.9 Übungen 198

7. Lösungen zu den Übungen   201

8. Anhang   209

8.1 Tabellen 209
    8.1.1 Wichtige Konstanten 209
    8.1.2 Bindungsenergien 210
    8.1.3 Löslichkeitsprodukte 210
    8.1.4 Säuren, Dissoziationskonstanten K_a und pK_a-Werte 211
    8.1.5 Normalpotentiale $E°$ ausgewählter Redox-Paare 212

8.2 Weiterführende Literatur 213

8.3 Quellennachweis 215

Index   217

1. Atombau und Periodensystem

1.1 Einführung

Die Frage nach dem Wesen der Materie und ihren Bestandteilen ist mindestens so alt wie die Geschichtsschreibung, ja vermutlich so alt wie die Menschheit und fasziniert uns noch heute. Man denke nur an die ungeheuren Investitionen in Teilchenbeschleuniger, mit denen Physiker gegenwärtig die kleinsten Bestandteile der Materie erforschen. Dabei ist seit der Mitte des 20. Jahrhunderts ein Reichtum an Details zutage getreten, der den Methoden der Chemie verschlossen bleiben mußte. Andererseits hat die Chemie der Biologie bei der Untersuchung der Frage nach dem Aufbau der *lebenden* Materie wesentliche Hilfe geleistet. In ihrem angestammten Spezialgebiet schließlich, der kunstfertigen Umwandlung von Stoffen, hat die Chemie Beeindruckendes hervorgebracht. Unzählige Substanzen, die es vorher in der Natur nicht gab, konnten durch gezielte Synthese erzeugt werden. Wollen wir allgemein umschreiben, womit die Chemie sich befaßt, so werden neben der Umwandlung von Materie auch die Analyse ihrer Zusammensetzung und die Beschreibung ihrer Eigenschaften (ihre Charakterisierung) zu nennen sein. Dabei behalten wir im Auge, daß Teilbereiche innerhalb dieser Gebiete von den naturwissenschaftlichen Schwesterdisziplinen Physik, Geologie und Biologie ebenfalls bearbeitet werden.

1.2 Elemente, Atome und Verbindungen

Der „Element"-Begriff ist etwa 2500 Jahre alt. In China sprach man im Rahmen der taoistischen Lehre bereits um 600 v. Chr. von den fünf Elementen Feuer, Wasser, Holz, Metall und Erde. Innerhalb der griechischen Alchemie postulierte EMPEDOKLES (um 500 v. Chr.) die vier Elemente Feuer, Wasser,

Luft und Erde. Diesen wurden jeweils zwei der Eigenschaften heiß, kalt, trocken und feucht zugeordnet.

Element	Eigenschaften
Erde	trocken und kalt
Wasser	feucht und kalt
Luft	feucht und heiss
Feuer	trocken und heiss

(Feuer — heiss — Luft / trocken — feucht / Erde — kalt — Wasser)

Alltägliche Stoffe dachte man sich aus den vier Elementen zusammengesetzt. In einzelnen Fällen scheint uns diese Vorstellung auch heute noch leicht nachvollziehbar:

Holz $\xrightarrow{\text{Verbrennung}}$ Feuer, Luft, Wasser, Erde

Der „Atom"-Begriff[1] wurde dann durch DEMOKRIT um 400 v. Chr. geprägt. DEMOKRIT postulierte, daß die verschiedenen Erscheinungsformen der Stoffe durch ihren Aufbau aus unterschiedlich geformten, homogenen, nicht weiter teilbaren Partikeln – den Atomen – zustande kämen. Obwohl aus heutiger Sicht genial, wurde dieses Konzept von ARISTOTELES (384–322 v. Chr.) nicht akzeptiert. Er blieb bei der Theorie der vier Elemente, die schließlich die Grundlage der theoretischen Chemie bis ins achtzehnte Jahrhundert bleiben sollte. Danach ist jeder Stoff entweder ein Element oder setzt sich aus Elementen zusammen.

Diese rekursive Aussage ist so allgemein gehalten, daß sie auch nach unserem heutigen Elementbegriff richtig ist. Mit einem solchen Ansatz stand man aber der Schwierigkeit gegenüber, daß es zwar leicht ist, einen aus „Elementen" zusammengesetzten Stoff daran zu erkennen, daß er in Bestandteile zerlegt werden kann, daß es aber offensichtlich schwieriger ist, eine Substanz endgültig als Element zu identifizieren. Im letzteren Fall mußte man nämlich sicher sein, daß die Substanz mit keiner Methode in weitere Bestandteile zerlegt werden kann.

Entsprechend umschrieb der in Irland geborene ROBERT BOYLE (1627–1691) 1661 den Begriff Element klar: Ein Element ist ein Stoff, der mit chemi-

---

[1] grch. *atomos* „unteilbar"

schen Mitteln nicht mehr zerlegt werden kann. Man mußte mit diesem Ansatz früher oder später zur Erkenntnis gelangen, daß die Metalle, die in der alten Theorie der vier Elemente nicht als Elemente qualifiziert sind, nach BOYLE's Definition eben doch solche sind. Zu den ersten identifizierten Elementen gehörten denn auch Silber, Gold, Kupfer, Quecksilber und andere Metalle.

1.2.1 Die stöchiometrischen Gesetze

Die Entdeckung des Sauerstoffs und anderer Gase durch JOSEPH PRIESTLEY (1733–1804) und die Einführung der Waage zu Meßzwecken durch ANTOINE-LAURENT LAVOISIER (1743–1794) bedeuteten dann für die Chemie den Startpunkt eines ungeheuren Aufschwungs.

LAVOISIER hat als erster die große Bedeutung der Gewichtsverhältnisse (Massenverhältnisse) bei chemischen Vorgängen erkannt und unter anderem gezeigt, daß die Verbrennung nichts anderes ist als die chemische Reaktion eines Stoffes mit Sauerstoff und daß Hitze und Licht lediglich Begleiterscheinungen dieses Vorgangs sind. LAVOISIER war auch der erste, der seine Versuche in abgeschlossenen Gefäßen auf der Waage durchführte, z. B.

Quecksilber + Sauerstoff ⟶ Quecksilberoxid

und dabei feststellte, daß die Waage im Gleichgewicht blieb. Aus dieser Tatsache folgte das

> Gesetz von der Erhaltung der Masse (1785): Bei einer chemischen Reaktion ist die Masse der Ausgangsstoffe gleich der Masse der Endprodukte.[2]

Weitere Forschungsarbeiten befaßten sich mit der Verbindungsbildung, wobei die Aufmerksamkeit hauptsächlich auf die Massenverhältnisse gerichtet war. Aus diesen Untersuchungen folgten die stöchiometrischen[3] Gesetze:

---

[2] Es sei schon hier darauf hingewiesen, daß dieses Gesetz im Zusammenhang mit Kernreaktionen nur dann gilt, wenn man gemäß der EINSTEIN'schen Relation $E = mc^2$ (E = Energie, m = Masse, c = Lichtgeschwindigkeit) Energie als Erscheinungsform von Masse ansieht (vgl. Kapitel 6.5.1).

[3] grch. *stoichos, stichos* „Abteilung, Ordnung".

Gesetz der konstanten Proportionen: **Zwei Elemente treten in einer bestimmten Verbindung immer im gleichen Massenverhältnis auf.**

So findet man für das Massenverhältnis Natrium : Chlor in Kochsalz immer 1 : 1,54, für Wasserstoff : Sauerstoff in Wasser immer 1 : 7,94.

Gesetz der multiplen Proportionen: **Können zwei Elemente miteinander verschiedene Verbindungen bilden, so stehen die Massen des einen Elements (z. B. Sauerstoff), die sich mit einer bestimmten, immer gleich großen Masse des anderen Elements (z. B. Stickstoff) verbinden, in einem einfachen Verhältnis kleiner ganzer Zahlen.**

Bei den Oxiden des Stickstoffs entfallen beispielsweise auf jeweils 14 g Stickstoff entweder 8, 16, 24, 32 oder 40 g Sauerstoff. Die Sauerstoffmengen, die sich mit 14 g Stickstoff zu Stickstoffoxiden verbinden, bilden somit das Verhältnis 1 : 2 : 3 : 4 : 5.

Aufgrund dieser Gesetzmäßigkeiten wurden den einzelnen Elementen sodann „Äquivalentmassen" zugeordnet, die es gestatteten, bei chemischen Umsetzungen leicht Bilanz zu ziehen. Als Bezugselement drängte sich das leichteste Element, der Wasserstoff, auf.

Gesetz der Äquivalentmassen: Zwei Elemente verbinden sich immer im Verhältnis ihrer Äquivalentmassen oder ganzzahliger Vielfacher davon. Die Äquivalentmassen geben an, wieviel Gramm eines Stoffes sich mit 1 g Wasserstoff umsetzen oder 1 g Wasserstoff in einer wasserstoffhaltigen Verbindung ersetzen können. Beispiele:

1 g Wasserstoff bildet mit	35,5 g Chlor	36,5 g Chlorwasserstoff
	23 g Natrium	24 g Natriumhydrid
	3 g Kohlenstoff	4 g Methan
	8 g Sauerstoff	9 g Wasser

Das eine Gramm Wasserstoff, das in 36,5 g Chlorwasserstoff enthalten ist, läßt sich also durch 23 g Natrium ersetzen:

23 g Natrium bilden mit	35,5 g Chlor	58,5 g Kochsalz

Das oben genannte Massenverhältnis Natrium : Chlor in Kochsalz bleibt natürlich unverändert (23 : 35,5 = 1 : 1,54).

Es ist wichtig, an dieser Stelle einzusehen, daß die Äquivalentmassen nicht auf der Atomvorstellung beruhen. Sie wurden allein nach ein-

4

gehendem Studium der Massenverhältnisse bei chemischen Reaktionen fest-gelegt und sind offensichtlich auch nicht in jedem Falle mit den heute bekannten molaren Massen (siehe Kapitel 1.2.5) identisch. Beispielsweise sind für Natrium die Werte für die molare Masse und die Äquivalentmasse identisch (23 g/mol bzw. g/Äq.), für Kohlenstoff (molare Masse 12 g/mol, Äquivalentmasse 3 g/Äq.) jedoch nicht.

Auf den stöchiometrischen Gesetzen beruht bis heute das stöchio-metrische Rechnen: Kennt man den Verlauf einer chemischen Reaktion, so kann man aus der Menge der eingesetzten Ausgangsstoffe die zu erwartende Menge der Endprodukte berechnen.

1.2.2   DALTONS Atomtheorie

Mit einem Schlage anschaulich und verständlich wurden die stöchiometri-schen Gesetze, nachdem der englische Lehrer JOHN DALTON (1766–1844) 1803 seine Atomhypothese aufstellte:

- Alle Materie besteht aus kleinsten, harten, nicht weiter teilbaren Teil-chen, den Atomen.
- Ein Element besteht aus lauter gleichen Atomen.
- Atome verschiedener Elemente unterscheiden sich in ihrer Masse und ihren Eigenschaften.
- Atome verschiedener Elemente verbinden sich in ganzzahligen Ver-hältnissen zu Verbindungen.

Wohl sind einige von DALTONS Annahmen aus heutiger Sicht zu streng ge-faßt, etwa die Vorstellung von der Unteilbarkeit der „harten" Atome (vgl. dazu etwa Kapitel 6.5.3) oder das Prinzip, ein Element sei aus lauter gleichen Atomen zusammengesetzt (vgl. dazu Kapitel 1.4.8). Trotzdem war DALTONS Theorie ein Meilenstein in der Entwicklung der Chemie. Der Durchbruch ließ zunächst aber noch auf sich warten, da DALTON willkürlich postulierte, die Zusammensetzung von Verbindungen verschiedener Ele-mente müßte durch einfachst mögliche Verhältnisse ausgedrückt werden können. Für die Verbindung von Sauerstoff mit Wasserstoff zu Wasser sollte etwa gelten:

$$H + O \longrightarrow HO$$

Es versteht sich von selbst, daß DALTONS erste Liste der relativen Atommassen, aufgrund solcher Überlegungen aufgestellt, mit Fehlern behaftet sein mußte. Die Zusammensetzung der Essigsäure illustriert eine weitere Schwierigkeit, mit der man damals konfrontiert war. Die Formel CH_2O beschreibt dieselbe Zusammensetzung wie die (richtige) Formel $C_2H_4O_2$ und andere, durch Erweiterung der Verhältniszahlen zugängliche Formeln.

Einen Ausweg aus dem zunächst herrschenden Durcheinander von relativen Atommassen und Formeln für Zusammensetzungen (für Essigsäure waren zeitweise über ein Dutzend Formeln im Umlauf) wiesen schließlich Arbeiten mehrerer Forscher über das Verhalten von Gasen.

1.2.3 Das ideale Gas

Die uns umgebende Materie existiert gemeinhin in einem festen, flüssigen oder gasförmigen Aggregatzustand. Während der feste und flüssige Zustand sich einer einfachen Beschreibung entziehen, war das Verhalten von Gasen bereits im 17. und 18. Jh. eingehend charakterisiert worden. Zur Beschreibung des Zustands von Gasen benötigt man nämlich nur vier Größen: den Druck P, den das Gas ausübt, sein Volumen V, seine Temperatur T und eine Angabe über die vorhandene Gasmenge, die wir in Form der Anzahl n Teilchen messen wollen.

Der bereits im Zusammenhang mit dem Elementbegriff erwähnte ROBERT BOYLE erkannte als erster, daß sich Druck und Volumen eines Gases umgekehrt proportional verhalten, wenn man darauf achtet, Gasmenge und Temperatur konstant zu halten. Diese Beziehung heißt BOYLE'sches Gesetz:

$$P \cdot V = konstant \quad (n \text{ und } T \text{ konstant})$$

Betrachtet man zwei verschiedene Zustände derselben Gasprobe bei gleicher Temperatur, gilt also:

$$P_1 \cdot V_1 = P_2 \cdot V_2 \quad (n \text{ und } T \text{ konstant})$$

Etwa 100 Jahre später (1787) maß JACQUES CHARLES (1746–1823) die Abhängigkeit des Volumens einer eingeschlossenen Luftprobe von der Temperatur, wobei er darauf achtete, den Druck konstant zu halten. Er stellte fest, daß das Volumen der Temperatur direkt proportional ist. Diese Beziehung wird, wenn man das Volumen gegen die Temperatur aufträgt, durch eine Gerade ausgedrückt. Es ist nun in der Tat bemerkenswert, daß diese Gerade, wenn man sie nach niedrigen Temperaturen extrapoliert, die in °C skalierte Temperaturachse immer bei –273 schneidet, unabhängig davon, mit welchem Gas und welcher Gasmenge man die Beziehung gemessen hat (Figur 1.1).

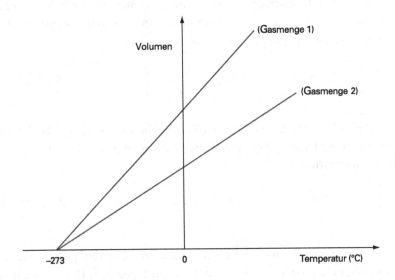

Figur 1.1. Abhängigkeit des Gasvolumens von der Temperatur bei konstantem Druck.

Dies bedeutet nichts anderes, als daß für irgendwelche Gasproben, würde man sie auf –273 °C kühlen, ein verschwindendes Volumen ($V = 0$) zu erwarten wäre. Selbstverständlich verhält sich kein reales Gas so. Die meisten Gase verflüssigen sich bei einem Siedepunkt deutlich oberhalb von –273 °C und das Volumen des Kondensats nimmt dann bei weiterer Abkühlung nicht mehr wesentlich ab. Um aber die Beschreibung des Verhaltens von Gasen von solchen „nicht-idealen" Prozessen unabhängig zu gestalten, bürgerte sich die Vorstellung eines sich ideal verhaltenden Gases ein. Ein solches ideales Gas müßte sich tatsächlich auf $V = 0$ zusammenziehen, wenn man es auf –273 °C kühlt. Entsprechend sind die Teilchen des idealen Gases Massenpunkte im mathematisch-physikalischen Sinn. Da es nun unsinnig wäre anzunehmen, daß ein ideales Gas bei Kühlung unterhalb –273 °C ein negatives Volumen einnehmen könnte, setzte sich die Ansicht durch, –273 °C markiere die niedrigste überhaupt erreichbare Temperatur, den sogenannten *absoluten Nullpunkt* der Temperatur. Dies ist inzwischen allgemein akzeptiert, und der absolute Nullpunkt ist heute mit großer Genauigkeit bekannt: Er beträgt –273,15 °C.

Eine modifizierte Temperaturskala, die beim absoluten Nullpunkt beginnt und nur positive Werte aufweist, wurde vom britischen Physiker

Lord KELVIN (1824–1907) vorgeschlagen. Die in dieser Skala gemessene Temperatur heißt absolute Temperatur und wird in Kelvin (K) angegeben. Es gilt 0 K = –273,15 °C, 273,15 K = 0 °C und 373,15 K = 100 °C.

Die oben beschriebene Beziehung zwischen Volumen und Temperatur heißt CHARLES'sches Gesetz und nimmt eine besonders einfache Form an, wenn man die Temperatur in K mißt:

$$\frac{V}{T} = konstant \qquad oder \qquad \frac{V_1}{T_1} = \frac{V_2}{T_2} \qquad (n \text{ und } P \text{ konstant})$$

JOSEPH LOUIS GAY-LUSSAC (1778–1850) beobachtete weiter, daß bei konstantem Volumen der Druck einer bestimmten Gasprobe proportional zu ihrer absoluten Temperatur ist (GAY-LUSSAC'sches Gesetz):

$$\frac{P}{T} = konstant \qquad oder \qquad \frac{P_1}{T_1} = \frac{P_2}{T_2} \qquad (n \text{ und } V \text{ konstant})$$

AMEDEO AVOGADRO (1776–1856) postulierte dann 1811, daß gleiche Volumen verschiedener Gase bei gleicher Temperatur und gleichem Druck gleich viele Teilchen enthalten. Anders ausgedrückt:

$$\frac{V}{n} = konstant \qquad\qquad (T \text{ und } P \text{ konstant})$$

Die bisher genannten Beziehungen lassen sich zu einer einzigen Gleichung, die als das ideale Gasgesetz bekannt ist, zusammenfassen:

$$P\,V = n\,R\,T$$

Darin ist T die absolute Temperatur und R ein Proportionalitätsfaktor, die *allgemeine Gaskonstante*. Wenn man n in mol mißt (vgl. Kapitel 1.2.5), hat R den Wert 8,314 J K^{-1} mol^{-1}.

Das ideale Gasgesetz, das ursprünglich nach Beobachtungen an realen Gasen aufgestellt worden war, wurde später im Rahmen der *molekularkinetischen Theorie der Gase* von JAMES CLERK MAXWELL (1831–1879), LUDWIG BOLTZMANN (1844–1906) und anderen mit Hilfe von einigen wenigen, einfachen Grundannahmen hergeleitet. Danach besteht ein ideales Gas, wie oben schon formuliert, aus Teilchen, die zwar Masse, aber nur eine vernachlässigbare Ausdehnung besitzen. Die Teilchen bewegen sich, wenn sie nicht durch Zusammenstöße gestört werden, in ungeordneter Weise auf geradlinigen

Bahnen. Zusammenstöße der Teilchen sowohl untereinander als auch mit den Wänden des sie einschließenden Behälters finden vollkommen elastisch statt, d. h. es geht dabei keine Energie verloren. Im übrigen gibt es keine anziehenden oder abstoßenden Wechselwirkungen zwischen den Teilchen oder zwischen Teilchen und Wänden.

Die detaillierte Beschreibung der molekularkinetischen Theorie der Gase würde den Rahmen dieses Buches sprengen. Wir wollen uns hier mit den Schlußfolgerungen der Theorie begnügen. Der *Druck* des Gases entsteht im Rahmen der Theorie durch die Zusammenstöße, die zwischen den Teilchen und der Wand des Behälters pro Zeiteinheit erfolgen. Bei den elastischen Zusammenstößen übertragen die Teilchen eine Komponente ihres Impulses auf die Wand. Diese Änderung des Impulses mit der Zeit entspricht einer Kraft, und als Kraft pro Flächeneinheit des Behälters ergibt sich der Druck. Die absolute *Temperatur* des Gases ist der mittleren kinetischen Energie der Gasteilchen proportional. Wenn also die absolute Temperatur verdoppelt wird, verdoppelt sich auch die kinetische Energie der Teilchen.

1.2.4 Atommassen

Außer dem nach ihm benannten Gesetz erkannte GAY-LUSSAC 1808, daß Gase unter kontrollierten Bedingungen in einfachen Volumenverhältnissen reagieren:

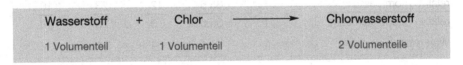

Wasserstoff	+	Chlor	⟶	Chlorwasserstoff
1 Volumenteil		1 Volumenteil		2 Volumenteile

Nicht immer war aber das Volumen der Reaktionsprodukte gleich der Summe der Volumen der Edukte:

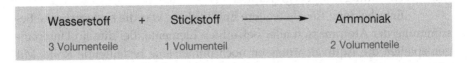

Wasserstoff	+	Stickstoff	⟶	Ammoniak
3 Volumenteile		1 Volumenteil		2 Volumenteile

Zur Erklärung solcher scheinbar widersprüchlicher Volumenbeziehungen zog schließlich 1846 AUGUSTE LAURENT (1808–1853) als erster in Betracht, daß Moleküle nicht nur aus unterschiedlichen Atomen, sondern auch aus lediglich zwei gleichen Atomen aufgebaut sein können. STANISLAO CANNIZZARO

(1826–1910) formulierte 1858 den Unterschied zwischen Atomen und Molekülen erstmals klar. Danach ist ein Molekül ein Verbund aus gleichen oder verschiedenen Atomen und repräsentiert für Stoffe, die aus Molekülen bestehen, den kleinsten für sich selbst existenzfähigen Teil.

Die Einsicht, daß die Atome gewisser Elemente auch unter sich Moleküle bilden können, und AVOGADROS Postulat, daß jeweils gleiche Gasvolumen auch eine gleiche Anzahl Teilchen (Moleküle) enthalten, erlaubten schließlich die widerspruchsfreie Formulierung der obengenannten Reaktionen:

$$H_2 + Cl_2 \longrightarrow 2\,HCl$$

$$3\,H_2 + N_2 \longrightarrow 2\,NH_3$$

Es ist CANNIZZARO zu verdanken, daß die Chemie gegen 1860 zu einer einheitlichen Formelsprache fand und daß die relativen Massen der wichtigsten Atome revidiert wurden und erstmals weitgehend korrekt vorlagen.

Der Begriff der einem Atom zugeordneten Valenz oder Wertigkeit als die Anzahl der „Bindungen", die das Atom mit anderen Atomen eingehen kann, bürgerte sich danach ebenfalls ein und läßt sich durch den Quotienten aus relativer Atommasse und relativer Äquivalentmasse ausdrücken:

Atom	H	Cl	C	Na	O
relative Atommasse	1	35,5	12	23	16
relative Äquivalentmasse	1	35,5	3	23	8
Wertigkeit	1	1	4	1	2

An die Stelle der Begriffe Valenz und Wertigkeit ist später derjenige der Oxidationsstufen getreten, der heute in den meisten Fällen anstatt der alten Begriffe Verwendung findet (vgl. Kapitel 5.1).

Entscheidend für die weitere Entwicklung war die systematische Bestimmung der Atommassen aller bekannten Elemente. Bei diesem Unterfangen spielten die Äquivalentmassen noch immer eine bedeutende Rolle. Mit Hilfe der quantitativen Analyse gelingt es nämlich leicht, die Äquivalentmassen der Elemente zu bestimmen (Elemente verbinden sich ja im Verhältnis der Äquivalentmassen miteinander). Da die relative Atommasse entweder mit der Äquivalentmasse identisch ist oder aber ein ganzzahliges Vielfaches derselben sein muß, ging es lediglich darum, den jeweils gültigen ganzzahligen

Faktor zu bestimmen. Speziell für die Metalle eignet sich dazu die Regel von DULONG und PETIT. Danach erhält man als Produkt aus relativer Atommasse und spezifischer Wärme für Elemente, die fest sind und eine relative Atommasse von mehr als 35 aufweisen, einen Wert von ungefähr 26,4 J/Grad:

$$\text{relative Atommasse} \cdot \text{spezifische Wärme} \approx 26,4 \text{ J/Grad}$$

Ein Beispiel einer Atommassenbestimmung möge das Vorgehen illustrieren: Für Calcium kann man die (relative) Äquivalentmasse (20,04) und die spezifische Wärme (0,67 J/Grad)[4] experimentell genau bestimmen. Daraus ergibt sich für die relative Atommasse nach DULONG-PETIT $M_r = (26,4 \text{ J/Grad})/(0,67 \text{ J/Grad}) = 39,4$. Das ist ungefähr das Doppelte der Äquivalentmasse. Den genauen Wert für die relative Atommasse des Calciums erhält man somit durch Verdoppelung der Äquivalentmasse: $2 \cdot 20,04 = 40,08$!

Die meisten Atommassen wurden aber durch indirekte Verfahren bestimmt. Man untersuchte möglichst einfache Wasserstoff- oder Sauerstoffverbindungen eines Elements und ermittelte das Massenverhältnis der darin gebundenen Elemente. Ursprünglich wurde willkürlich dem Wasserstoff die relative Atommasse 1 zugeordnet. Die übrigen Atommassen ergaben sich dann beispielsweise wie folgt:

Verbindung	Massenverhältnis	Relative Atommasse
H_2O	H : O = 1 : 7,94	O: $2 \cdot 7,94 = 15,88$
HCl	H : Cl = 1 : 35,5	Cl: $1 \cdot 35,5 = 35,5$
NH_3	H : N = 1 : 4,63	N: $3 \cdot 4,63 = 13,89$

Da für derartige Untersuchungen Sauerstoffverbindungen günstiger sind und auch in größerer Anzahl zur Verfügung stehen, wurde später der Sauerstoff mit der relativen Atommasse 16,000 als Bezugselement gewählt, und die oben angegebenen Werte wurden entsprechend umgerechnet. Die so erhaltenen relativen Atommassen waren bis 1960 gebräuchlich.

Seit 1961 werden alle Atommassen auf die Masse des neutralen Kohlenstoff-Isotops $^{12}_{6}C$ bezogen.[5] Ein Zwölftel dieser Masse entspricht $1,66054 \cdot 10^{-27}$ kg und wird als Atommasseneinheit (Symbol: u) bezeichnet.

---

[4] Ältere Tabellenwerke geben spezifische Wärmen in cal/Grad an. Es gilt: 1 cal = 4,186 J.

[5] Über Isotope vgl. Kapitel 1.4.8. Da die Atommasse auf das Kohlenstoff-Isotop $^{12}_{6}C$ bezogen wird, erhält der natürliche Kohlenstoff, der ein Isotopengemisch ist, die relative Atommasse 12,011.

Zur Angabe dieser Masse ist auch die Einheit „Dalton" (Symbol: Da) gebräuchlich, zu Ehren von JOHN DALTON. Für natürlich vorkommenden Wasserstoff, der ein Isotopengemisch ist, gilt die Atommasse 1,00794 Da.

1.2.5 Mengenangaben in der Chemie

Die in der Chemie heute gebräuchlichen Mengenangaben können von der Atommasse abgeleitet werden. Die relative Atommasse ist lediglich eine (dimensionslose) Verhältniszahl und gibt an, um wieviel massereicher, bezogen auf 1 Da, die Atome eines bestimmten Elementes sind (vgl. Liste der relativen Atommassen auf der Innenseite des vorderen Buchdeckels).

Die Molekülmasse, in Da angegeben, entspricht der Summe der Atommassen der im Molekül vorhandenen Atome. Die relative Molekülmasse (Symbol: M_r) ist wiederum eine Verhältniszahl, die angibt, um wieviel massereicher, bezogen auf 1 Da, die Moleküle einer bestimmten Verbindung sind. Der früher zur Bezeichnung von Molekülmassen gebräuchliche Begriff „Molekulargewicht" ist zur Benennung einer Größe, die kein Gewicht ist, offensichtlich unpassend und sollte nicht mehr verwendet werden. Beispiele:

H_2SO_4 rel. Molekülmasse $= 2 \cdot 1{,}008 + 32{,}066 + 4 \cdot 15{,}999 = 98{,}08$

CH_3COOH Molekülmasse $= 4 \cdot 1{,}008\,Da + 2 \cdot 12{,}011\,Da + 2 \cdot 15{,}999\,Da$
$= 60{,}05\,Da$

Fe Atommasse $= 55{,}845\,Da$

Cl_2 rel. Molekülmasse $= 2 \cdot 35{,}453 = 70{,}91$

Da Ionenverbindungen wie NaCl nicht isolierte NaCl-Moleküle, sondern Na^+- und Cl^--Ionen als Bausteine enthalten (vgl. Kapitel 2.3), kann nicht von einer Molekülmasse im eigentlichen Sinn gesprochen werden. Deshalb wird die nach der Formel der Ionenverbindung berechnete relative „Molekülmasse" als relative Formelmasse bezeichnet:

$AlCl_3$ rel. Formelmasse $= 26{,}982 + 3 \cdot 35{,}453 = 133{,}34$

$Na_2CO_3 \cdot 10\,H_2O$ rel. Formelmasse $= 2 \cdot 22{,}990 + 12{,}011 + 13 \cdot 15{,}999$
$+ 20 \cdot 1{,}008 = 286{,}14$

Die zentrale Größe zur Angabe von Mengen in der Chemie ist das Mol (Einheit: mol). Das Mol gehört seit 1971 zu den sieben grundlegenden Größen, die im Rahmen des Internationalen Einheitensystems, des SI-Systems, definiert sind. Es bezeichnet eine Stoffmenge, ausgedrückt als Anzahl Teilchen oder Anzahl Teilchenkombinationen des Stoffs. Die Einheit dieser Größe, 1 mol, steht für $6{,}0221 \cdot 10^{23}$ Teilchen bzw. Teilchenkombinationen. Als solche kommen Atome, Moleküle, Ionen, Elektronen, Photonen, andere Teilchen oder deren Kombinationen in Frage (zur Natur dieser Teilchen vgl. die folgenden Kapitel). Als fundamentale physikalische Konstante ist deshalb die AVOGADRO-Konstante als $N_A = 6{,}0221 \cdot 10^{23} \ mol^{-1}$ definiert. Ein Mol der Verbindung CO_2 besteht demnach aus $6{,}0221 \cdot 10^{23}$ Molekülen CO_2, von denen jedes aus einem Kohlenstoff- und zwei Sauerstoffatomen aufgebaut ist. Ein Mol Kohlendioxid enthält also 1 mol C-Atome und 2 mol O-Atome.

Warum aber gerade die Zahl $6{,}0221 \cdot 10^{23}$? Sie wurde ursprünglich als die Anzahl Wasserstoffatome in 1 g Wasserstoff definiert und später als die Anzahl Sauerstoffatome in 16 g Sauerstoff.[6] Heute ist sie definiert als die Anzahl Atome in genau 12 g reinem Kohlenstoff, dessen Atome ausschließlich die Massenzahl 12 aufweisen ($^{12}_{6}C$-Atome; zur Bedeutung der Massenzahl und dieser Schreibweise vgl. Kapitel 1.4.8). Die heutige Definition hat gegenüber den früheren den Vorteil einer höheren Präzision, da in natürlichen Proben eines bestimmten Elements die Anteile von Atomen mit unterschiedlichen Massenzahlen je nach Herkunft der Proben leicht variieren können.

Wenn man 1 mol eines reinen Stoffs abmessen will, genügt es also, die relative Molekülmasse (bzw. die Formelmasse) des Stoffs, ausgedrückt in Gramm, abzuwägen:

1 mol CO_2	entspricht 44,01 g Kohlendioxid
1 mol H_2SO_4	entspricht 98,08 g Schwefelsäure
1 mol CH_3COOH	entspricht 60,05 g Essigsäure
1 mol Fe	entspricht 55,85 g Eisen
1 mol $Na_2CO_3 \cdot 10 \ H_2O$	entspricht 286,14 g Natriumcarbonat-decahydrat

[6] Die Zahl wurde erstmals 1865 von JOSEPH LOSCHMIDT (1821–1895) aufgrund der kinetischen Gastheorie berechnet und hieß deswegen während langer Zeit LOSCHMIDT'sche Zahl. Zu Ehren AVOGADROS wurde sie schließlich umbenannt.

Entsprechend ordnet man Elementen und Verbindungen die molare Masse oder Molmasse (Einheit: g/mol, kg/mol, usw.) zu. Dieser Begriff ersetzt die früheren Bezeichnungen „Grammformelmasse", „Gramm-Atom" und „Gramm-Molekül". Die molare Masse ist bei Berechnungen eine besonders nützliche Größe, da ihre Einheit die Überprüfung der Dimensionen bei jedem Rechenschritt gestattet. Will man beispielsweise wissen, wie viele Wassermoleküle 1,00 g Wasser (molare Masse 18,015 g/mol) enthält, genügt es, folgende Rechnung durchzuführen:

$$n = \frac{1,00 \text{ g}}{18,015 \frac{\text{g}}{\text{mol}}} = 0.0555 \text{ mol} = 55.5 \text{ mmol}$$

Das molare Volumen von gasförmigen Stoffen ist, wie bereits Avo-GADRO postuliert hat, nur vom Druck und von der Temperatur, nicht aber von der Art der vorliegenden Substanz abhängig. Das Volumen von 1 mol eines Gases läßt sich leicht aus der Litermasse bestimmen. Beispielsweise gilt für Wasserstoff:

1 L Wasserstoff (H_2) wiegt 0,0899 g (bei 0°C und 101,325 kPa).
Welches Volumen nehmen 2,016 g H_2 (= 1 mol) ein?
0,0899 : 2,016 = 1 L : x L.
$x = (2,016 : 0,0899)$ L $= 22,425$ L.

Sehr ähnliche Resultate erhält man für alle weiteren Gase. Tatsächlich gilt bei Standardbedingungen:[7]

Das von 6,0221 · 10^{23} Molekülen (1 mol) eines beliebigen Gases eingenommene Volumen beträgt 22,4 L bei 273,15 K (0 °C) und 1 atm beziehungsweise 24,8 L bei 298,15 K (25 °C) und 100 kPa.

---

[7] Leider sind zur Zeit unterschiedliche Sätze von "Standardbedingungen" in Gebrauch. Man sollte daher in einem konkreten Fall die Standardwerte der Temperatur und des Drucks, auf die man sich bezieht, explizit nennen. Die SI-Einheit für den Druck ist das Pascal (Symbol: Pa). Es gilt: 760 mm Hg = 1 atm = 1,01325 bar = 101,325 kN m^{-2} = 101,325 kPa.

1.3 Die Klassifizierung der Elemente

1.3.1 DÖBEREINERS Triaden und NEWLANDS' Oktavengesetz

Der erste Versuch, verschiedene Elemente zu Gruppen zusammenzufassen, wurde von JOHANN DÖBEREINER (1780–1849) bereits 1829 unternommen. Es gelang ihm, Dreiergruppen von Elementen mit ähnlichen chemischen Eigenschaften aufzustellen, sogenannte Triaden. Interessant ist, daß die relative Atommasse des jeweils mittleren Elements ungefähr dem arithmetischen Mittel der relativen Atommassen der beiden andern Triadenglieder entspricht. Beispiele:

Element	relative Atommasse	Element	relative Atommasse
Ca	40,1	Cl	35,5
Sr	$87,6 \approx \dfrac{40,1 + 137,3}{2} = 88,7$	Br	$79,9 \approx \dfrac{35,5 + 126,9}{2} = 81,2$
Ba	137,3	I	126,9

Weitere Versuche, Elemente mit ähnlichen chemischen Eigenschaften in Gruppen zu klassifizieren, wurden in der Folge, mit oder ohne Berücksichtigung der relativen Atommassen, bis 1866 von mehreren Forschern, u. a. dem englischen Chemiker JOHN NEWLANDS (1837–1898), unternommen. Ihm fiel auf, daß wenn man die leichtesten Elemente nach steigenden relativen Atommassen ordnet, jedes achte Element wieder ähnliche Eigenschaften wie das erste der Reihe zeigt (zur Zeit NEWLANDS' waren die Edelgase noch nicht entdeckt):

H	Li	Be	B	C	N	O
F	Na	Mg	Al	Si	P	S
Cl	K	Ca	Cr	Ti	Mn	Fe

In Anlehnung an musikalische Oktaven nannte er diese Regelmäßigkeit „Oktavengesetz". Allerdings blieb NEWLANDS der durchschlagende Erfolg versagt, weil in seinem starren System für neuentdeckte Elemente kein Platz war und die Ähnlichkeit gewisser untereinander stehender Elemente kaum ersichtlich war.

1.3.2 Das erste Periodensystem

Entscheidende Schritte in der Entwicklung des Periodensystems gelangen dann 1869 dem russischen Chemiker DIMITRI I. MENDELEJEFF (1834–1907) und 1870 dem deutschen Chemiker LOTHAR MEYER (1830–1895) unabhängig voneinander. MEYER ordnete die Elemente zunächst entsprechend den ihnen zugeordneten Wertigkeiten in Gruppen und benutzte die relativen Atommassen dann, um innerhalb der Gruppen weitere Ordnung zu schaffen. MENDELEJEFF hingegen, ohne die Arbeiten DÖBEREINERS und anderer zu kennen, ordnete die damals bekannten Elemente nach steigender relativer Atommasse und faßte dabei Elemente mit ähnlichen chemischen Eigenschaften in Gruppen zusammen, deren Namen zum Teil heute noch verwendet werden (Tabelle 1.1). So erhielt er folgende Ordnung:

Li	Be	B	C	N	O	F	→ Perioden (nach steigender Atommasse)
Na	Mg	Al	Si	P	S	Cl	→
K	C			As	Se	Br	
↓	↓						

Gruppen (nach chemischer Ähnlichkeit)

MENDELEJEFFS Periodensystem, das er zuerst „natürliches System der Elemente" nannte, enthielt bereits ungefähr 60 Elemente, deren Anordnung nicht wesentlich von der heute üblichen abweicht. Die Elemente, die nebeneinander in einer Zeile stehen, bilden eine Periode, die untereinander stehenden Elemente eine Gruppe. Erstmals wurden lange Perioden eingerichtet, um der Existenz jener Elemente, die wir heute Übergangselemente nennen, Rechnung zu tragen.

Die Pionierleistungen MEYERS und MENDELEJEFFS verdienen größte Bewunderung, wenn man bedenkt, daß der innere Aufbau der Atome, aus dem der Aufbau des heutigen Periodensystems zwanglos erklärbar ist (vgl. Kapitel 1.6 und die Darstellung auf der Innenseite des hinteren Buchdeckels), damals noch nicht bekannt war. Bei einigen Elementen, so etwa beim Beryllium, waren sogar noch falsche relative Atommassen in Gebrauch. Bei anderen Elementen ist man in der Tat mit naturgegebenen Unregelmäßigkeiten konfrontiert, die erst mit der Kenntnis des Atombaus erklärbar werden. MENDELEJEFF war ohne diese Kenntnis mutig genug, in solchen Fällen seinem Wissen über die chemischen Eigenschaften der Elemente zu vertrauen und

Tabelle 1.1. Gruppen von Elementen mit ähnlichen chemischen Eigenschaften.

Gruppe	Elemente	Gemeinsame Eigenschaften
Alkalimetalle	Li, Na, K, Rb, Cs	Weiche, unedle Metalle, reagieren heftig mit Wasser unter Bildung von Metallhydroxiden MOH und Wasserstoffgas; typische Flammenfärbungen.
Erdalkalimetalle	Be, Mg, Ca, Sr, Ba	Unedle Metalle, reagieren langsam mit Wasser unter Bildung von $M(OH)_2$; Ca, Sr und Ba zeigen typische Flammenfärbungen.
Erdmetalle	B, Al, Ga, In, Tl	Unedle Metalle, bilden sehr schwache Säure (Bor) oder $M(OH)_3$ (übrige).
Halogene	F, Cl, Br, I	„Salzbildner", gasförmige oder leicht zu verdampfende Elemente, ätzender bis stechender Geruch, sehr reaktionsfähig, bilden mit allen Metallen Salze.
Edelgase	He, Ne, Ar, Kr, Xe	Reaktionsträge Gase, waren zur Zeit von MENDELEJEFF noch nicht entdeckt.

Umstellungen vorzunehmen. So setzte er wegen der chemischen Verwandtschaft das Element I unter die Elemente F, Cl, Br und das Element Te unter die Elemente O, S, Se, obwohl anhand der relativen Atommassen (I: 126,9; Te: 127,6) das Umgekehrte herausgekommen wäre.

Darüber hinaus wies MENDELEJEFF nicht nur auf noch vorhandene Lücken im Periodensystem hin. Er wagte es sogar, die Eigenschaften der noch unentdeckten Elemente vorherzusagen. Dabei hatte er bei Eka-Aluminium und Eka-Silicium, wie er die unbekannten Elemente der Gruppen B, Al bzw. C, Si nannte, mehr Glück als bei einigen Übergangselementen (Tabelle 1.2).

Die Edelgase sind in MENDELEJEFFS Periodensystem nicht enthalten, da sie, offensichtlich wegen ihrer außerordentlichen Reaktionsträgheit, den Chemikern jener Zeit noch nicht bekannt waren.

Die bis jetzt erwähnten Gesetze und Klassifizierungsversuche beruhen alle auf rein empirischen Grundlagen, und es ist bemerkenswert, daß sie sich bis heute als richtig erwiesen haben. Der folgende Abschnitt behandelt die Erforschung des Atombaus, dessen Kenntnis es erst ermöglicht, das Periodensystem der Elemente und ihr chemisches Verhalten wirklich zu verstehen.

Tabelle 1.2. MENDELEJEFFS Vorhersagen über die Eigenschaften der Elemente Gallium und Germanium im Vergleich zu den beobachteten Daten.

	Vorhersage	Gemessene Werte
Element	Eka-Aluminium	Gallium (1875 entdeckt)
Relative Atommasse	68	69,9
Dichte	6,0 g cm^{-3}	5,96 g cm^{-3}
Element	Eka-Silicium	Germanium (1886 entdeckt)
Relative Atommasse	72	72,3
Dichte	5,5 g cm^{-3}	5,47 g cm^{-3}
Oxid (Dichte)	EsO_2 (4,7 g cm^{-3})	GeO_2 (4,70 g cm^{-3})
Chlorid	$EsCl_4$	$GeCl_4$
(Dichte, Siedepunkt)	(1,9 g cm^{-3}, < 100 °C)	(1,89 g cm^{-3}, 86 °C)

1.4 Die Bausteine der Atome

Der Erfolg der DALTON'schen Atomhypothese und die vorläufige Ordnung, die die Klassifizierung der Elemente entsprechend ihrer chemischen Eigenschaften und relativen Atommasse gebracht hatte, bedeuteten natürlich nicht das Ende der Neugier der Forscher. Im Gegenteil, neue Fragen wurden aufgeworfen: Welche Eigenschaften, außer einer charakteristischen Masse, weisen diese „kleinen, harten, unteilbaren Atome" auf? Warum besitzen sie eine charakteristische Masse? Warum und wie bilden sie Verbindungen?

1.4.1 Metallische Festkörper

Die wohl am nächsten liegende Frage ist die nach der *Größe* der Atome. Betrachten wir beispielsweise Aluminiumatome. Die Dichte des festen Aluminiums beträgt 2,70 g cm^{-3}. Daraus folgt, daß 1 mol festes Al (26,982 g) ein Volumen von 9,993 cm^3 einnimmt. Ein einzelnes Aluminiumatom beansprucht also 9,993/(6,0221 · 10^{23}) cm^3 oder 1,659 · 10^{-29} m^3. Wir wollen nun annehmen, daß die Atome im festen Al kugelförmig und so dicht wie möglich gepackt sind. In solchen sogenannten dichtesten Kugelpackungen (vgl. dazu Kapitel 2.6) nehmen die Kugeln, wie man sich mit Hilfe der Geometrie überzeugen kann, 74 % des Gesamtvolumens ein. Der Radius r eines Aluminiumatoms ist demnach durch die Gleichung

$$0,74 \cdot 1,659 \cdot 10^{-29} \, \text{m}^3 = \frac{4}{3} \pi r^3$$

gegeben. Der daraus resultierende Wert $r = 1,43 \cdot 10^{-10}$ m oder 143 pm[8] entspricht dem heute akzeptierten Radius eines Aluminiumatoms in metallischem Aluminium. Für unsere Vorstellung, wie „unvorstellbar" klein atomare Objekte tatsächlich sind, sind solche Zahlen mit ungewohnten Einheiten allerdings wenig hilfreich. Ein anschauliches Gedankenexperiment soll uns deshalb die Größenverhältnisse eindrücklich vor Augen führen.

Man stelle sich eine aus Aluminium gefertigte Kugel mit dem Radius 3 cm vor. Welchen Radius hätte die Kugel, wenn man sie so weit vergrössern würde, dass die darin enthaltenen Al-Atome alle selbst einen Radius von 3 cm besäßen? Der gesuchte Radius x der imaginären Riesenkugel ergibt sich aus der Gleichung

$$\frac{3 \, \text{cm}}{143 \, \text{pm}} = \frac{x}{3 \, \text{cm}}$$

zu 6'290 km. Eine Kugel mit diesem Radius hat etwa die Größe der Erde. Die Anzahl Atome in einer Aluminiumkugel mit dem Radius 3 cm entspricht also ziemlich genau der Anzahl solcher Aluminiumkugeln – so dicht wie möglich gepackt – in einer Kugel der Größe unseres Planeten!

Wie realistisch sind nun solche Vorstellungen? Haben Atome tatsächlich das „Aussehen" von Kugeln? Die Auflösungsgrenze eines Lichtmikroskops liegt aus physikalischen Gründen bei 200–300 nm. Dies ist etwa das Tausendfache des Durchmessers eines Aluminiumatoms. Atome mit einem Lichtmikroskop zu sehen, ist somit nicht möglich; man muß zu Mikroskopen anderer Bauart greifen. In der Tat gelingt es mit Hilfe der Röntgenkristallographie, Atome innerhalb von Kristallen exakt zu lokalisieren. Im Falle von Aluminiumkristallen bestätigte sich dabei, daß die Anordnung der Atome einer dichtesten Kugelpackung entspricht und daß die Atome eine kugelähnliche Form besitzen.

---

[8] Es gilt: 1 pm (Pikometer) = 10^{-12} m. Im Bereich atomarer Abmessungen ist die ältere Einheit Ångström (Symbol: Å; 1 Å = 10^{-10} m), benannt nach dem schwedischen Physiker ANDERS ÅNGSTRÖM (1814–1874), als bequemes Längenmaß immer noch weit verbreitet. In dieser Einheit angegeben beträgt der Radius des Aluminiumatoms 1,43 Å.

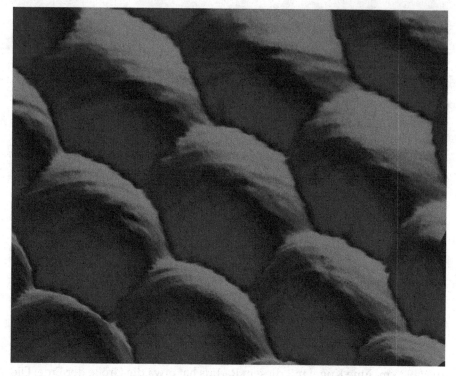

Figur 1.2. Reliefbild der Oberfläche einer Platinprobe in atomarer Auflösung, aufgenommen mit einem Rastertunnelmikroskop. Die Buckel auf dem Bild, das nachträglich künstlich mit Licht- und Schatteneffekten versehen worden ist, entsprechen einzelnen Platinatomen. Der Abstand zwischen zwei Buckeln ist gleich dem Durchmesser eines Platinatoms und beträgt 277 pm. Die feine Oberflächentextur ist das Resultat des Rauschens im Signal des Messinstruments.

Gegen Ende des 20. Jahrhunderts wurde es möglich, die Oberfläche von Materialien mit einer Art mechanischem Mikroskop, genannt Rastertunnelmikroskop, mit atomarer Auflösung abzutasten. Die Methode, für deren Erfindung GERD BINNING (*1947) und HEINRICH ROHRER (*1933) 1986 mit dem Nobelpreis in Physik ausgezeichnet wurden, beruht auf einer als Sonde dienenden, sehr feinen Metallspitze, deren Ende im Idealfall aus nur einem einzelnen Atom besteht. Die Spitze wird in sehr kleinem Abstand berührungslos über die Probe geführt, wobei ein reliefartiges Bild der Oberfläche entsteht (Figur 1.2). Zur Abstandsregelung nützt man die Tatsache aus, daß gemäß der Quantentheorie (vgl. Kapitel 1.5) zwischen zwei Kontakten auch dann ein Strom fließen kann, wenn die Kontakte sich nicht berühren, sondern lediglich sehr nahe kommen. Dieses Phänomen nennt man Tunnel-effekt.

Die in Figur 1.2 sichtbare bienenwabenartige Anordnung von Pt-Atomen stützt zunächst die Vorstellung, daß die Atome auch in metallischem Platin dichtest möglich gepackt sind. Irritierend ist aber auf den ersten Blick, daß die äußeren Begrenzungen der Atome – von oben gesehen – nicht als Kreise, sondern als Sechsecke erscheinen. Man stelle sich aber vor, welchem Weg eine abtastende Spitze, deren Ende kugelförmig ist, um eine Kugel herum folgen muß, die Bestandteil einer Schicht aus dicht gepackten Kugeln ist: Es ist – von oben gesehen – ein Sechseck! Das Bild des Rastertunnelmikroskops stützt also unsere Vorstellung, nach der die äußere Form von Atomen kugelig ist, eindrücklich.

1.4.2 Reale Gase

Erwartungsgemäß weicht das Verhalten realer Gase vom idealen Verhalten, das durch das ideale Gasgesetz beschrieben wird, vor allem dann ab, wenn die Temperatur sich in der Nähe des Siedepunkts der entsprechenden Flüssigkeiten bewegt, oder wenn man die Gasteilchen zwingt, sich einander zu nähern, indem man das Gas unter hohen Druck setzt. Dann nämlich wird deutlich, daß Gasteilchen eben nicht ein vernachlässigbares Volumen besitzen und sehr wohl Wechselwirkungen (von den elastischen Stößen einmal abgesehen) untereinander eingehen. Der niederländische Physiker JOHANNES VAN DER WAALS (1837–1923) hat das Verhalten realer Gase 1873 in der Form eines empirisch abgewandelten Gasgesetzes formuliert:

$$\left(P + \frac{n^2 a}{V^2} \right) \left(V - n b \right) = n\, R\, T$$

Darin ersetzen die beiden Klammerausdrücke den „Idealdruck" bzw. das „Idealvolumen" des idealen Gasgesetzes (Kapitel 1.2.3), die Größen P und V stehen aber für den gemessenen Druck bzw. das gemessene Volumen des realen Gases. Die Konstanten a und b nehmen Werte an, die für ein bestimmtes reales Gas charakteristisch sind und empirisch ermittelt werden.

Die im Term für den „Idealdruck" erscheinende Größe $n^2 a / V^2$ entspricht einer Korrektur, die den gemessenen Druck des realen Gases in den eines idealen Gases überführt. Die Korrektur ist auf eine *schwache Anziehung zwischen den Teilchen*, die sogenannte VAN DER WAALS'sche Wechselwirkung, zurückzuführen. Diese Anziehung führt dazu, daß der Druck eines realen Gases kleiner ist, als nach dem idealen Gasgesetz zu erwarten wäre, und vermag auch die Kondensation eines Gases zu einer Flüssigkeit zu erklären.

Die im Term für das „Idealvolumen" auftretende Größe $n\,b$ entspricht in analoger Weise der Korrektur, die wegen der nicht vernachlässigbaren Größe der Teilchen am gemessenen Volumen des realen Gases vorzunehmen ist, um ein Volumen zu erhalten, das dem eines idealen Gases entspricht. Der empirisch ermittelte Wert für b erlaubt uns deshalb, die Größe der Teilchen eines bestimmten Gases abzuschätzen. Man hat beispielsweise für CO_2 $b = 0{,}04286$ L/mol gemessen. Dies läßt sich unter der Annahme, die CO_2-Moleküle seien Kugeln, zu einem Molekülradius von 162 pm umrechnen. Schätzt man denselben Molekülradius mit Hilfe der oben für Aluminiumatome beschriebenen Methode ab, so erhält man 202 pm. Die scheinbar schlechte Übereinstimmung soll uns hier nicht stören, sind wir uns doch dessen bewußt, daß die beiden Werte mit gänzlich verschiedenen Methoden ermittelt wurden. Vielmehr nehmen wir zur Kenntnis, daß Atome und kleine Moleküle Durchmesser in der Größenordnung von einigen wenigen hundert Pikometern besitzen.

Weitere für unsere Vorstellung von Atomen und Molekülen im gasförmigen Zustand nützliche und anschauliche Größen können nun abgeleitet werden. So folgt etwa aus dem molaren Volumen von Gasen, daß nur etwa 1/1000 des vom Gas beanspruchten Volumens auch tatsächlich von den Molekülen der Größe von N_2, O_2 oder CO_2 ausgefüllt wird. Aus der molekularkinetischen Theorie folgt weiter, daß sich beispielsweise Stickstoffmoleküle bei Standardbedingungen mit einer mittleren Geschwindigkeit von etwa 500 m/s (bei Einzelwerten zwischen 0 und über 1000 m/s) bewegen. Dabei fliegen sie zwischen zwei Zusammenstößen im Durchschnitt 10^{-7} m (das dreihundertfache ihres eigenen Durchmessers) weit und erleiden annähernd fünf Milliarden elastische Zusammenstöße pro Sekunde.

1.4.3 Materie und Elektrizität

Bereits zur Zeit der alten Griechen war bekannt, daß ein Stück Bernstein, das mit Wolle gerieben wird, leichte Objekte, etwa Federn, anzieht. Im 16. Jh. wurde für diese Erscheinung der Begriff elektrische Anziehung[9] geprägt. Bis

---

[9] grch. *elektron* „Bernstein".

zum 19. Jh. wurden weitere elektrische Phänomene eingehend studiert. So fand beispielsweise Benjamin Franklin (1706–1790), daß ein mit Wolle geriebener Stab aus Siegelwachs sich gleich verhält wie Bernstein, daß aber ein Glasstab, der mit einem Seidentuch gerieben wird, auf eine andere Art „elektrisch geladen" wird. Franklin stellte nämlich fest, daß zwei geladene Siegelwachsstäbe sich untereinander ebenso abstoßen wie zwei geladene Glasstäbe, daß aber ein geladener Siegelwachsstab von einem geladenen Glasstab angezogen wird. Es mußte also zwei Arten elektrischer Ladung geben, die Franklin willkürlich als positiv und negativ bezeichnete. Er stellte sich vor, daß man beim Reiben des Glasstabs etwas elektrisch Geladenes vom Seidentuch auf den Stab übertrage und daß der Stab dadurch positiv geladen würde[10].

Genaue Messungen, u. a. durch Charles Coulomb (1736–1806), ergaben dann, daß die Kraft F zwischen zwei elektrischen Ladungen q_1 und q_2 dem Produkt aus den beiden Ladungsmengen proportional und dem Quadrat des Abstands r zwischen den Ladungen umgekehrt proportional ist:

$$F = k\,\frac{q_1 q_2}{r^2}$$

Für Ladungen mit gleichem Vorzeichen ist die Kraft F abstossend, für solche mit entgegengesetztem Vorzeichen ist sie anziehend. Setzt man in dieser Gleichung, die als Coulomb'sches Gesetz bekannt ist, die Ladungen in Coulomb (Symbol C)[11] und ihren Abstand in m ein, hat die Proportionalitätskonstante k den Wert $8{,}99 \cdot 10^9\ \mathrm{Nm^2C^{-2}}$.

Will man zwei Ladungen q_1 und q_2 mit gleichem Vorzeichen von einem unendlich großen Abstand auf einen Abstand r bringen, muß Arbeit (Energie) aufgewendet werden. Diese Energie E ist dem Produkt der beiden Ladungen direkt und dem Abstand umgekehrt proportional:

$$E = k\,\frac{q_1 q_2}{r}$$

Die Energie kann wieder zurückgewonnen werden, wenn sich die Ladungen wieder voneinander entfernen. Man nennt deshalb die in einem System von zwei Ladungen im Abstand r gespeicherte Energie die potentielle Energie des

---

[10] Heute wissen wir, daß beim Reiben tatsächlich Elektronen vom Glasstab auf das Seidentuch übertragen werden.

[11] Das Coulomb ist eine von den Grundeinheiten des SI-Systems abgeleitete Größe. Es gilt: 1 C = 1 As (Ampere · Sekunde).

Systems. Sie ist positiv, wenn die Ladungen das gleiche Vorzeichen tragen, und negativ, wenn die Ladungen entgegengesetzte Vorzeichen aufweisen.

Die Erscheinungen der Elektrizität und des mit ihr in Zusammenhang stehenden Magnetismus wurden vor allem von MICHAEL FARADAY (1791–1867) erforscht und schließlich 1873 durch MAXWELL in einem Satz von Gleichungen erfolgreich gedeutet. Die MAXWELL'schen Gleichungen erklären eine ganze Reihe von elektrischen und magnetischen Phänomenen im Rahmen einer Theorie, die die Existenz von entsprechenden Feldern annimmt. So wird ein elektrisches Feld durch elektrische Ladungen erzeugt und mit Hilfe von Kraftlinien beschrieben, die von den Ladungen ausgehen und deren Dichte, zu verstehen als die Anzahl Kraftlinien pro Querschnittsfläche senkrecht zu den Linien, ein Maß für die *elektrische Feldstärke* ist (Figur 1.3). Die Arbeit, die geleistet werden muß, um eine Probeladung gegen ein elektrisches Feld über eine Strecke d zu bewegen (z. B. eine negative Ladung von der positiv zur negativ geladenen Platte in Figur 1.3b), ist dem Produkt aus der Feldstärke und der Strecke d proportional und heißt *Spannung* oder *Potentialdifferenz*. Die Dimension dieser Größe ist Energie pro Ladung und ihre Einheit das Volt (Symbol: V). Es gilt: 1 C V = 1 J.

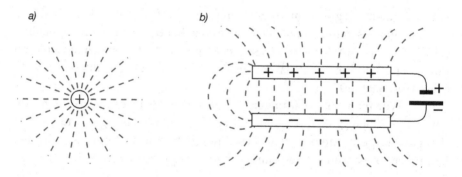

Figur 1.3. Elektrische Felder a) einer einzelnen Ladung, b) zweier entgegengesetzt geladener Metallplatten.

Ein Magnetfeld hingegen besteht zwischen magnetischen Nord- und Südpolen (die immer paarweise auftreten) und wird ähnlich wie ein elektrisches Feld mit Feldlinien beschrieben (Figur 1.4a). Interessant ist nun der experimentelle Befund, daß stationäre elektrische Ladungen von einem konstanten Magnetfeld nicht beeinflußt werden, daß aber ein Magnetfeld auf bewegte Ladungen eine Kraft ausübt, die sowohl zur Bewegungsrichtung als auch zur Richtung der magnetischen Feldlinien senkrecht ausgerichtet ist. Dieser Befund läßt sich damit erklären, daß elektrische Ströme, die ja nichts anderes sind als bewegte Ladungen, um die Stromrichtung herum ein Magnetfeld erzeugen. Dieses Feld kann durch entsprechende kreisförmig geschlossene Feldlinien beschrieben werden (Figur 1.4b).

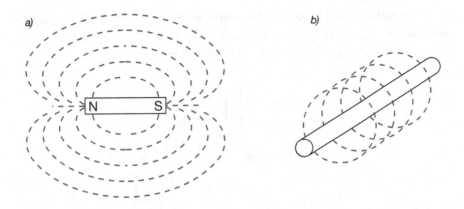

Figur 1.4. Magnetfelder a) eines Stabmagneten, b) eines von elektrischem Strom durchflossenen Drahts.

1.4.4 Elektrolyse

Seit dem Anfang des 19. Jh. ist bekannt, daß bestimmte Verbindungen durch Elektrolyse[12] zersetzt werden können. Diese Einsicht kam durch das Studium der elektrischen Leitfähigkeit von Feststoffen, Flüssigkeiten und Lösungen zustande. Der Elektrolyse unterwerfbare Substanzen, zu denen z. B. die Salze gehören, nennt man entsprechend Elektrolyte. Während reines Wasser den elektrischen Strom nur sehr schlecht leitet, ist Wasser, in dem man ein Salz (etwa NaCl) aufgelöst hat, ein außerordentlich guter Leiter. Salze leiten den Strom im geschmolzenen, nicht aber im festen Zustand (vgl. auch Kapitel 5.4.4). Andere Verbindungen, etwa der bei Standardbedingungen gasförmige und nichtleitende Bromwasserstoff (HBr), werden erst bei der Auflösung in Wasser zu Elektrolyten.

Zur Durchführung einer Elektrolyse ist eine Apparatur, wie etwa in Figur 1.5 gezeigt, notwendig. Eine Stromquelle ist mit zwei Elektroden, nämlich der negativ geladenen Kathode und der positiv geladenen Anode verbunden. Der Stromkreis wird durch eine elektrisch leitende Flüssigkeit in

---

[12] grch. *lysis* „Auflösung".

Form einer Salzschmelze oder einer Elektrolytlösung geschlossen. Betrachten wir nun etwa die Elektrolyse von Kupferchlorid ($CuCl_2$), das wir uns in Wasser gelöst vorliegend denken. Wasserfreies $CuCl_2$ ist ein gelb-braunes, kristallines Salz, das aber, wenn man es in Wasser auflöst, der Lösung eine blaugrüne Farbe verleiht.

Setzt man die Elektrolyse in Gang, so setzt sich an der Kathode elementares, metallisches Kupfer fest, während die Anode elementares, grüngelb gefärbtes Chlorgas in Form von Gasblasen freisetzt.

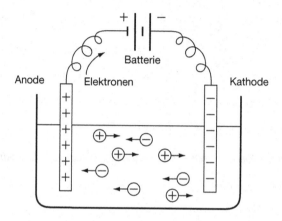

Figur 1.5. Elektrolyseapparatur. Das Gefäß enthält entweder eine Salzschmelze oder eine Elektrolytlösung. Das Material für die Elektroden (Anode und Kathode) kann entsprechend dem Verwendungszeck optimal gewählt werden (z. B. Platin, Graphit, Eisen, usw.).

Dieser Vorgang ist an sich schon bemerkenswert, bestätigt er uns doch *qualitativ* die elementare Zusammensetzung der sich zersetzenden Verbindung. Der eigentliche Erkenntnisgewinn stellt sich jedoch erst ein, wenn man sich die Mühe macht, die Vorgänge bei der Elektrolyse *quantitativ* zu erfassen. So ist die Summe der Massen der Produkte (Kupfer (Cu) und Chlorgas (Cl_2)) der bei der Elektrolyse verbrauchten Elektrizitätsmenge (d. h. Ladung = Stromstärke · Zeit) proportional. Außerdem sind die abgeschiedenen Massen der einzelnen Produkte ihren Äquivalentmassen proportional, was die Zusammensetzung der Verbindung quantitativ erklärt. Aufgrund solcher Zusammenhänge postulierte der Engländer G. JOHNSTONE STONEY (1826–1911) bereits 1874, elektrische Ladung existiere in diskreten, mit Atomen assoziierten Einheiten, und schlug 1891 den Namen *Elektron* für eine solche Einheit vor. Inzwischen (1887) hatte der Schwede SVANTE ARRHENIUS (1859–1927) bereits seine Ionisationstheorie formuliert. ARRHENIUS nahm an (richtig, wie wir heute wissen), daß eine wäßrige Lösung von Kochsalz frei bewegliche positiv geladene Natrium-Ionen, Na^+, und negativ geladene Chlorid-Ionen, Cl^-, enthalte. Bei der Elektrolyse würden dann die positiv geladenen Ionen zur negativ geladenen Kathode und die negativ geladenen Ionen zur positiv geladenen Anode wandern, um dort jeweils neutralisiert zu werden. Die heute gebräuchlichen Namen für positiv und negativ geladene Ionen leiten sich von diesem Verhalten ab:

> Als Kationen werden alle positiv geladenen Ionen bezeichnet, da sie bei der Elektrolyse zur negativ geladenen Kathode hinwandern.
> Als Anionen werden alle negativ geladenen Ionen bezeichnet, da sie bei der Elektrolyse zur positiv geladenen Anode hinwandern.

Umgekehrt richtet sich die Bezeichnung der Elektroden in elektrochemischen Experimenten nach dem Verhalten der Ionen (vgl. Kapitel 5.3.2).

1.4.5 Das Elektron

Daß es Elektronen wirklich gibt, ist seit 1897 bekannt, nachdem JOSEPH J. THOMSON (1856–1940) einige bahnbrechende Experimente mit sogenannten Kathodenstrahlen ausgeführt hatte. Solche Strahlen entstehen in einer evakuierten Glasröhre, an deren einem Ende sich eine Glühwendel befindet, die als Kathode an eine Spannungsquelle angeschlossen ist. Die Anode befindet sich im einfachsten Fall am gegenüberliegenden Ende der Röhre. Bei genügend hoher Spannung (einige 1000 V) findet ein Entladungsprozeß in Form von Strahlen statt, die von der (negativ geladenen) Kathode ausgehen. Diese Kathodenstrahlen können sichtbar gemacht werden, da sie Restgas in der Röhre oder einen geeignet angebrachten Fluoreszenzschirm zum Leuchten anregen.

Bringt man die Röhre in ein Magnetfeld, verhalten sich die Kathodenstrahlen wie schnell bewegte *negative* Ladungen: sie werden abgelenkt. Es gelang THOMSON als erstem, aus dem Ausmaß der Ablenkung das Verhältnis zwischen Ladung und Masse sowie die Geschwindigkeit der negativ geladenen Teilchen in seinem Kathodenstrahlexperiment abzuschätzen. Danach bewegten sich die Teilchen mit etwa 1/5 der Lichtgeschwindigkeit und trugen eine Ladung von etwa 10^8 C/g. Legte man nun die Annahme zugrunde, daß die Ladung der Teilchen im Kathodenstrahlexperiment und die von Ionen getragene Ladung vom gleichen Typ sind, so folgt daraus die relative

Masse eines elementaren, negativ geladenen Teilchens. Von der Elektrolyse des Wassers wußte man nämlich, daß zur Produktion von 1 g Wasserstoff etwa 10^5 C verbraucht werden. Deshalb schloß Thomson, daß die Masse der geladenen Teilchen des Kathodenstrahls etwa tausendmal kleiner sei als die Masse eines Wasserstoffatoms. Nach genaueren Messungen wissen wir heute, daß Thomsons Schätzung um etwa einen Faktor zwei zu hoch ausgefallen war. Die Masse des elementaren negativ geladenen Teilchens, des Elektrons, beträgt 1/1837 der Masse des Wasserstoffatoms, also $5{,}44 \cdot 10^{-4}$ Da.

Dem amerikanischen Physiker R. A. Millikan (1868–1953) gelang es 1909, die Ladung des Elektrons mit einer bemerkenswerten Genauigkeit zu bestimmen. Er benutzte dazu Öltröpfchen, die mit Hilfe von Röntgenstrahlen elektrisch aufgeladen worden waren. Nach genauer Beobachtung ihrer Sinkgeschwindigkeit im Schwerefeld der Erde und gegen ein von außen angelegtes elektrisches Feld berechnete Millikan, unter Berücksichtigung der Viskosität der Luft, für die Ladung des Elektrons einen Wert, der bis auf ca. 1 % mit dem heute akzeptierten übereinstimmt. Dieser beträgt $-1{,}60218 \cdot 10^{-19}$ C. Der Betrag der Ladung des Elektrons wird auch als elektrische Elementarladung bezeichnet.

Nach der Entdeckung des Elektrons zeichnete sich ab, daß Atome, die Dalton noch für unteilbar gehalten hatte, aus Elektronen und weiteren Bestandteilen aufgebaut sein mußten. Aufgrund der Eigenschaften des Elektrons konnte man schließen, daß der weitaus größte Teil der Masse eines Atoms durch etwas anderes als Elektronen repräsentiert sein muß. Da Atome nach außen elektrisch ungeladen auftreten, mußte man außerdem schließen, daß die Hauptmasse des Atoms positiv geladen sein muß.

1.4.6 Röntgenstrahlung und Radioaktivität

Die Entdeckung des Elektrons gehört zu einer ganzen Reihe von bedeutenden Entdeckungen, deren Anfang durch die Beschreibung der Röntgenstrahlen durch Wilhelm. K. Röntgen (1845–1923) im Jahre 1895 markiert wird und die in der Physik und in der Chemie zu großen Fortschritten geführt haben.

Die Natur der Röntgenstrahlen, die Materie je nach Beschaffenheit und Dicke zu durchdringen und photographische Platten im Dunkeln zu schwärzen vermögen, war zunächst umstritten. Die Tatsache aber, daß die Strahlen bei einer Vielzahl von Materialien Fluoreszenzerscheinungen auslösen können, regte Henri Becquerel (1852–1908) in der Folge dazu an, fluoreszierende Stoffe näher zu untersuchen. Dabei stieß er zunächst auf gewisse fluoreszierende Uransalze und beobachtete im Jahre 1896, daß nicht nur diese, sondern alle Verbindungen des Urans Strahlung emittieren, die photographische Platten schwärzen kann. Von uranhaltigen Stoffen mußte also eine weitere, bis dahin noch unbekannte Strahlung ausgehen.

An der weiteren Erforschung dieser Strahlung waren neben Becquerel auch Marie S. Curie (1867–1934) und ihr Ehemann Pierre Curie (1859–1906), Ernest Rutherford (1871–1937) und Paul Villard (1860–1934) beteiligt. Mehrere Elemente, die ähnlich wie Uran Strahlung aussenden, wurden entdeckt und als „radioaktive" Elemente charakterisiert.

Bereits 1898 gelang es beispielsweise Marie und Pierre Curie, durch einen langwierigen Aufarbeitungsprozeß die beiden radioaktiven Elemente Radium und Polonium aus Joachimsthaler Pechblende (Uranerz) zu isolieren. Die Schwierigkeit des Verfahrens geht schon daraus hervor, daß eine Tonne Uranpechblende nur etwa 0,14 g Radium und 0,03 g Polonium enthält. Dennoch wurden beträchtliche Mengen dieser Elemente gewonnen, und zwar meist in Form der Chloride. Diese Präparate ermöglichten dank ihrer intensiveren Strahlung eine bessere Untersuchung der radioaktiven Erscheinungen als die radioaktiven Mineralien mit nur sehr geringem Gehalt an radioaktiven Elementen.

Die Eigenschaften der radioaktiven Strahlung zeigten bald, daß es sich dabei nicht um Röntgenstrahlung handeln konnte. Während nämlich die letztere durch ein Magnetfeld nicht abgelenkt wird, läßt sich Strahlung, die von Uranproben emittiert wird, durch ein Magnetfeld in drei Komponenten α (alpha), β (beta) und γ (gamma) auffächern. Eine Teilstrahlung (α) muß aufgrund ihrer Ablenkung als positiv geladen und eine weitere (β) als negativ geladen klassifiziert werden. Lediglich die dritte Strahlungskomponente (γ) passiert das Magnetfeld unbeeinflußt und gleicht diesbezüglich den Röntgenstrahlen (Figur 1.6). Von den letzteren unterscheiden sich die γ-Strahlen aber durch ihr sehr viel stärkeres Durchdringungsvermögen.

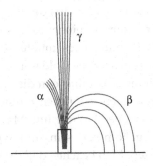

Figur 1.6. Trennung der radioaktiven α-, β- und γ-Strahlung im Magnetfeld.

Das Vorkommen von Heliumgas in radioaktiven Mineralien war ein weiterer merkwürdiger Befund. Dieses Helium mußte nach der Bildung der Erdkruste durch einen zunächst noch unbekannten Prozeß gebildet worden sein, da alle gasförmigen Elemente und Verbindungen vor der Erstarrung der Erdkruste in die Atmosphäre übergetreten waren.

Bei der Bestimmung der relativen Atommasse von Blei ergab sich, daß diese von der Art des untersuchten Erzes abhängt. Das in uranhaltigen Erzen gefundene Blei hat die relative Atommasse 206, dasjenige, das man in thoriumhaltigen Erzen findet, jedoch die Atommasse 208.

Eine befriedigende Erklärung all dieser zunächst zusammenhanglos erscheinenden Befunde ergab sich nach einer genauen Untersuchung der radioaktiven Strahlung durch RUTHERFORD. Er konnte beweisen, daß die negativ geladene β-Strahlung lediglich aus Elektronen besteht, die positiv geladene α-Strahlung hingegen aus Partikeln besteht, die mit dem positiv geladenen Teil von Heliumatomen identisch sind. RUTHERFORDS Untersuchungen führten im Jahre 1903 zur Theorie, daß die für radioaktive Stoffe typische Strahlung auf einen spontanen Zerfall der radioaktiven Elemente zurückzuführen sei.

1.4.7 Der Atomkern

Sehr aufschlußreich und für unsere Vorstellung vom Aufbau der Atome prägend war schließlich RUTHERFORDS berühmter Versuch im Jahre 1911. Er bestrahlte eine sehr dünne Goldfolie mit α-Partikeln, also doppelt positiv geladenen Helium-Ionen. Die meisten der Teilchen traten ungehindert durch die Folie hindurch. Einige wenige (etwa eines von 100 000 für eine 0,5 µm dicke Folie) wurden jedoch stark abgelenkt oder sogar zurückgeworfen. Verdoppelte man die Dicke der Folie, so verdoppelte sich auch die Anzahl der stark abgelenkten α-Partikel. RUTHERFORD schloß aus diesem Ergebnis, daß die positiv geladene Hauptmasse der Atome in einem sehr, sehr kleinen Gebilde, dem Atomkern, konzentriert sein muß. Dies mußte sowohl für ein α-Teilchen (Atomkern des Heliums) als auch für die Goldatome gelten. Die meisten α-Teilchen passierten die Metallfolie also, ohne je in die Nähe eines Goldatomkerns zu geraten. Die stark abgelenkten α-Teilchen mußten hingegen in die Nähe eines im Vergleich zu ihrer eigenen Ladung und Masse viel stärker geladenen, massiven Goldatomkerns gekommen sein und wurden entsprechend abgelenkt oder zurückgeworfen. Man beachte, daß die α-Teilchen von den Elektronen praktisch nicht abgelenkt werden, da sie sehr viel schwerer als diese sind.

Nach der bisher entworfenen Vorstellung besteht das Atom also aus einem Kern, der die positive Ladung und fast die gesamte Masse des Atoms enthält, und einer Hülle, welche aus Elektronen (negative Ladung) besteht und zur Atommasse praktisch nichts beiträgt. Die quantitative Auswertung des RUTHERFORD'schen Streuexperiments ergibt, daß der Durchmesser eines Atomkerns in der Goldfolie weniger als $3 \cdot 10^{-14}$ m ausmacht, während der Durchmesser eines einzelnen Goldatoms doch immerhin etwa $3 \cdot 10^{-10}$ m (3 Å) beträgt. Könnten wir ein Goldatom so weit vergrößern, daß der Atomkern die Größe einer Haselnuß hätte, dann wäre das Goldatom eine Art Ballon von etwa 100 m Durchmesser!

Der leichteste Atomkern ist demnach jener des Wasserstoffatoms. Er erhielt den Namen Proton[13]. Das einfachste Atom, das Wasserstoffatom, besteht aus nichts weiter als einem einzigen Proton, das praktisch die gesamte Masse des Wasserstoffatoms auf sich vereinigt und eine positive Elementarladung trägt, und einem entgegengesetzt geladenen, sehr viel leichteren Elektron, das aber praktisch den gesamten Raum, den das Wasserstoffatom ausfüllt, für sich beansprucht.

Bereits beim nächstschwereren Atom, dem Heliumatom, geraten wir aber in Schwierigkeiten. Die Ladung des Heliumkerns, in Übereinstimmung mit der Ladung des α-Teilchens, beträgt zwei positive Elementarladungen, entsprechend zwei Protonen. Dies steht zwar im Einklang mit der Vorstellung, daß das Heliumatom zwei Elektronen enthält und damit nach außen neutral erscheint. Die relative Atommasse des Heliums (4,00) deutet aber darauf hin, daß der Heliumkern die vierfache Masse des Protons besitzt. Die Masse des α-Teilchens bestätigt dies wiederum.

Die Ungereimtheiten setzen sich fort, wenn wir schwerere Elemente betrachten. Das Lithiumatom beispielsweise besitzt drei Elektronen in der Hülle und drei Protonen im Kern. Die relative Atommasse beträgt aber 6,94 (nicht 7,00), entsprechend *ungefähr* 7 Protonenmassen. Die Atomkerne dieser Elemente sind also durchwegs schwerer als die Zahl der in ihren Atomkernen enthaltenen Protonen erwarten läßt. Darüber hinaus gibt es sowohl relative Atommassen, die auffallend gut mit ganzzahligen Werten übereinstimmen (N: 14,007), als auch solche, die Zwischenwerte aufweisen (Mg: 24,305). Woher kommen diese Unregelmäßigkeiten?

Es erscheint zunächst angebracht, die Elemente ganz einfach entsprechend der Anzahl Protonen im Kern (oder, was das gleiche bedeutet, entsprechend der Anzahl Elektronen in der Hülle) zu ordnen. Das experimentelle Werkzeug hierzu wurde im Jahre 1913 von HENRY G. MOSELEY (1887–

---

[13] grch. *proton* „das erste".

1915) bei der Untersuchung von Röntgenspektren entdeckt. Er fand nämlich, daß die Quadratwurzel aus der Frequenz der Grenzlinie von solchen Röntgenspektren der Kernladungszahl des untersuchten Elements proportional ist. Es gelang ihm so, für die meisten Elemente die sogenannte Ordnungszahl, die gleich der Protonen- oder Elektronenzahl ist, zu ermitteln. Die Ordnungszahl bildet die Grundlage für die Anordnung der Elemente im modernen Periodensystem (vgl. Kapitel 1.7).

Den Schlüssel für die Erklärung der seltsamen Unregelmäßigkeiten bezüglich der Atommassen bildete dann THOMSONS Beobachtung, daß Kationen des Edelgases Neon (Ordnungszahl 10, relative Atommasse 20,18) aus zweierlei Spezies bestehen. Die eine, häufigere Spezies wird durch Kationen mit der 20fachen Protonenmasse repräsentiert, und die andere, weniger häufige Spezies durch solche mit der 22fachen Protonenmasse. THOMSON gelang die Unterscheidung der beiden unterschiedlich schweren Kationen mit Hilfe einer einem heutigen Massenspektrometer gleichenden Apparatur, in der die Ionen zunächst durch ein elektrisches Feld beschleunigt werden und dann ein Magnetfeld durchfliegen. Durch das letztere Feld werden die Kationen abgelenkt, und zwar umso stärker, je leichter sie sind.

Zur Erklärung dieses Phänomens schlug RUTHERFORD im Jahre 1921 vor, der Atomkern enthalte außer positiv geladenen Protonen auch ungeladene Partikel mit derselben Masse wie Protonen. Diese Teilchen wurden Neutronen genannt. Erst 1932 gelang es JAMES CHADWICK (1891–1974), die Existenz der Neutronen nachzuweisen. Er untersuchte dabei die Strahlung, die entsteht, wenn man Beryllium mit α-Partikeln bombardiert. Andere Forscher hatten diese zunächst als γ-Strahlung bezeichnet. CHADWICK mußte aus seinen Experimenten jedoch den Schluß ziehen, daß es sich um eine sehr durchdringende *Partikelstrahlung* handelt und daß die Teilchen dieser Strahlung gerade jene Eigenschaften besitzen, die man für Neutronen postuliert hatte: Sie sind ungeladen und besitzen die Masse eines Protons. Genaue Messungen haben später ergeben, daß das Neutron um 0,14 % massereicher ist als das Proton.

Im Jahre 1932 waren die Bestandteile des Atoms also alle identifiziert und weitgehend charakterisiert. Jedes Atom trägt so viele positiv geladene Protonen im Kern, wie die Ordnungszahl angibt, und, mit Ausnahme des Wasserstoffatoms, mindestens ebenso viele ungeladene Neutronen. Die Zahl der Protonen im Kern bestimmt die Art des Atoms. So ist ein Atom mit 11 Protonen immer ein Natriumatom, ein solches mit 79 Protonen immer ein Goldatom. Die Summe der Anzahl Protonen und der Anzahl Neutronen wird als Massenzahl bezeichnet. Dabei handelt es sich um eine dimensionslose ganze Zahl, die mit der relativen Atommasse nicht übereinstimmt (vgl. Kapitel 1.4.8).

Für die Anzahl der negativ geladenen Elektronen in der Hülle jedes Atoms ist wiederum die Ordungszahl maßgebend. Die sehr leichten Elektronen tragen zur Masse des Atoms praktisch nichts bei. Tabelle 1.3 faßt die wichtigsten Eigenschaften der Elementarteilchen, aus denen Atome aufgebaut sind, zusammen.

Tabelle 1.3. Die wichtigsten Eigenschaften der Atombausteine.

Elementarteilchen	Masse	Ladung
Proton	$1{,}6726 \cdot 10^{-27}$ kg	$+ 1{,}6022 \cdot 10^{-19}$ C
Neutron	$1{,}6749 \cdot 10^{-27}$ kg	keine
Elektron	$9{,}1094 \cdot 10^{-31}$ kg	$- 1{,}6022 \cdot 10^{-19}$ C

1.4.8 Nuklide und Isotope

Entgegen DALTONS ursprünglicher Hypothese, daß alle Atome eines Elements unter sich genau gleich seien, stellen wir also fest, daß die Atome eines Elements sich bezüglich ihrer Masse unterscheiden können. Wohl besitzen beispielsweise alle Chloratome (Ordnungszahl 17) 17 Protonen und 17 Elektronen, die Neutronenzahl – und damit die Massenzahl – kann jedoch von Atom zu Atom verschieden sein. So gibt es Chloratome mit 18 Neutronen (Massenzahl 17 + 18 = 35) und solche mit 20 Neutronen (Massenzahl 17 + 20 = 37).

Eine bestimmte Atomart, definiert durch die Werte der Ordnungszahl und der Massenzahl, wird als Nuklid bezeichnet. Bezieht man sich auf zwei oder mehrere Nuklide mit derselben Ordnungszahl, d. h. auf Atome eines Elements, die sich nur in der Neutronenzahl unterscheiden, so spricht man von Isotopen[14].

Um ein bestimmtes Nuklid zu bezeichnen, benutzt man hoch- und tiefgestellte ganze Zahlen, die dem Elementsymbol vorangestellt werden. Die hochgestellte Zahl steht dabei für die Massenzahl und die tiefgestellte Zahl für die Ordnungszahl. Die letztere kann auch weggelassen werden, da durch das Elementsymbol die Ordnungszahl ja bereits festgelegt ist. Handelt es sich um ein radioaktives Nuklid, so kann dies im Symbol durch einen Stern angedeutet werden (Figur 1.7).

Die verschiedenen Isotope eines Elements unterscheiden sich in den physikalischen Eigenschaften und reagieren, wenn auch nur im Fall der Was-

---

[14] grch. *isos* „gleich", und grch. *topos* „Ort" (im Periodensystem).

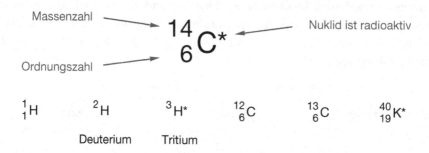

Figur 1.7. *Formelsprache zur Bezeichnung von Isotopen und Nukliden, mit einigen Beispielen.*

serstoff-Isotope ^{1}H, ^{2}H und ^{3}H gut meßbar, bei chemischen Reaktionen mit unterschiedlicher Geschwindigkeit. Im übrigen unterscheiden sie sich bezüglich ihres chemischen Verhaltens aber nicht.

Das Vorhandensein von Isotopen ist der Hauptgrund dafür, daß die relativen Atommassen oft ganz beträchtlich von ganzen Zahlen abweichen. Aus der Tatsache, daß Chlorgas beliebiger Herkunft im Durchschnitt immer 75,4 % Chloratome mit der Massenzahl 35 und 24,6 % Chloratome mit der Massenzahl 37 enthält, folgt für die relative Atommasse von Chlor ein Wert von 35,453. Nach der Definition der Atommassen (vgl. Kapitel 1.2.4) heißt das, daß ein Chloratom im Durchschnitt 35,453 mal schwerer ist als 1/12 $^{12}_{6}$C-Kohlenstoffatom.

Für die Zahl der pro Element in der Natur vorkommenden Isotope wurde bis jetzt keine Gesetzmäßigkeit nachgewiesen. Immerhin stellt man fest, daß die Neutronenzahl pro Proton mit steigender Protonenzahl zunimmt, und daß Elemente mit gerader Ordnungszahl mehr Isotope aufweisen als solche mit ungerader Ordnungszahl. Zudem wächst die Isotopenzahl pro Element ganz allgemein etwas mit steigender Ordnungszahl. Tabelle 1.4 zeigt die Art und Häufigkeit der in der Natur vorkommenden Isotope der 3. Periode. Wie man an den Beispielen Natrium, Aluminium und Phosphor sieht, kann es vorkommen, daß gewisse Elemente in der Natur isotopenrein auftreten. Es gibt über ein Dutzend weitere solche Fälle, unter ihnen Fluor, Iod und Gold.

Es ist möglich, seltene oder in der Natur überhaupt nicht vorkommende Nuklide künstlich herzustellen, indem man Atome mit Neutronen beschießt. Da sie keine elektrische Ladung tragen, gehen Neutronen nur sehr schwache Wechselwirkungen mit geladenen Elementarteilchen ein, außer bei sehr geringen Abständen in der Größenordnung von 5 fm ($5 \cdot 10^{-15}$ m). Bei solchen Abständen können langsam genug fliegende Neutronen von den beschossenen Atomkernen eingefangen werden. Es entsteht dann in der Regel ein neues, schwereres Isotop der ursprünglichen Atomsorte, denn die Ordnungszahl bleibt bei dem Prozeß unverändert. Fliegen die Neutronen dagegen zu schnell, dann können sie Kernzertrümmerung verursachen (vgl. Kapitel 6.5.3).

Tabelle 1.4. Die natürlichen Isotope der Elemente der 3. Periode.

Element	Ordnungs-zahl	Neutronen-zahl	Massen-zahl	Natürliche Häufigkeit (%)	Relative Atommasse
Na	11	12	23	100,00	22,9898
Mg	12	12	24	78,99	23,9850
		13	25	10,00	24,9858
		14	26	11,01	25,9826
Al	13	14	27	100,00	26,9815
Si	14	14	28	92,23	27,9769
		15	29	4,67	28,9765
		16	30	3,10	29,9738
P	15	16	31	100,00	30,9738
S	16	16	32	95,02	31,9721
		17	33	0,75	32,9715
		18	34	4,21	33,9679
		20	36	0,02	35,9671
Cl	17	18	35	75,77	34,9688
		20	37	24,23	36,9659
Ar	18	18	36	0,34	35,9675
		20	38	0,06	37,9627
		22	40	99,60	39,9624

Viele Nuklide, vor allem künstliche, sind radioaktiv. Sie sind unbeständig und gehen durch Abgabe bestimmter Strahlungen in stabile Atome über.

Nuklide, namentlich radioaktive, spielen in Biologie, Medizin und Technik eine große Rolle. Beispielsweise kann man durch Einführen von radioaktiven $^{14}_{6}$C-Atomen in organische Verbindungen deren Verhalten im Stoffwechsel eines Organismus verfolgen (vgl. Kapitel 6.7).

1.5   Die Entwicklung des modernen Atommodells

Durch die Erforschung der Radioaktivität und die Entdeckung der Elementarteilchen war offensichtlich geworden, daß auch Atome aus kleineren Teilchen aufgebaut sind. Die Bausteine, aus denen sich sämtliche Atome zusammensetzen, sind die Protonen (mit einer positiven elektrischen Elementarladung), die Elektronen (mit einer negativen elektrischen Elementarladung) und die elektrisch neutralen Neutronen. Außerdem wurde noch eine größere Zahl weiterer, meist sehr leichter und instabiler Elementarteilchen gefunden, die jedoch nur im Zusammenhang mit Kernreaktionen eine Rolle spielen.

Grundlegend für alle modernen Anschauungen auf dem Gebiet des Atombaus sind die Arbeiten von MAX PLANCK (1858–1947). PLANCK postulierte im Jahre 1900, daß die Energie der Strahlung, die ein heisser Körper emittiert, nur in Quanten der Größe

$$E = h \cdot v$$

auftreten kann (E = Energie, v = Frequenz der abgegebenen Strahlung, h = $6{,}626 \cdot 10^{-34}$ J sec). Die Grösse h in dieser Beziehung ist als PLANCK'sche Konstante bzw. als PLANCK'sches Wirkungsquantum bekannt. Die Frequenz v ist nach der Wellentheorie mit der Wellenlänge λ gemäss der Formel

$$c = \lambda \cdot v$$

verknüpft. Die Konstante c ist die Lichtgeschwindigkeit ($c = 3{,}00 \cdot 10^8$ m/sec im Vakuum). PLANCKS Postulat hat ALBERT EINSTEIN (1879–1955) 1905 zu einer Neuinterpretation des bereits vor der Jahrhundertwende bekannten photoelektrischen Effekts inspiriert. Die beiden Ereignisse markieren den Beginn einer der bisher erfolgreichsten Theorien der Wissenschaftsgeschichte, der Quantentheorie. Gemäß dieser Theorie treten Licht und andere elektromagnetische Strahlung nicht in kontinuierlichen Wellen auf, wie man es sich vorher vorgestellt hatte, und auch nicht in Korpuskeln, sondern eben in einer Art „Wellenpaketen", deren Energie mit der Frequenz und damit auch mit der Wellenlänge untrennbar verknüpft ist. Für ein einzelnes „Wellenpaket" elektromagnetischer Strahlung hat sich der Begriff Photon eingebürgert.

Ein einzelnes Photon der Wellenlänge 500 nm, ein für unsere Augen blaugrün erscheinendes Photon, besitzt also die folgende, genau definierte Energie:

$$E = \frac{6{,}626 \cdot 10^{-34} \cdot 3{,}00 \cdot 10^{8}}{500 \cdot 10^{-9}} \; J = 3{,}98 \cdot 10^{-19} \; J$$

Weitere physikalische Größen treten ebenfalls nur in gequantelter Form auf. Das heißt z. B. für die elektrische Ladung, daß es eine genau bestimmte Elementarladung e gibt. Elektronen tragen eine negative und Protonen eine positive Elementarladung. In beliebigen Materieportionen, die aus Protonen, Neutronen und Elektronen zusammengesetzt sind, können also elektrische Ladungen q nur negative oder positive ganzzahlige Vielfache dieses elementaren Ladungsquantums e sein: $q = n \cdot e$ ($n = \pm 1, \pm 2, \pm 3, \ldots$).

1.5.1 Das Wasserstoffatom nach NIELS BOHR

Eines der ersten Atommodelle, das auf dieser Grundlage beruht, wurde von NIELS BOHR (1885–1962) 1913 vorgeschlagen. Das Modell beschreibt das einfachste existierende Atom, das Wasserstoffatom, das aus einem Proton (Kern) und einem Elektron (Hülle) besteht.

Bohr nahm an, daß die Energie, die das Elektron des Wasserstoffatoms besitzt, gequantelt ist. Er stellte sich vor, daß das Elektron sich nur auf Kreisbahnen von ganz bestimmten Radien um den Kern bewegen kann. Jeder Bahn entspricht ein Energiewert, so daß die Kreisbahnen auch als Energieniveaus bezeichnet werden können (Figur 1.8).

Diese Tatsache zeigt sich im optischen Spektrum des atomaren Wasserstoffs. Dieses ist nämlich nicht kontinuierlich, sondern besteht aus einzelnen Linien bei ganz bestimmten Wellenlängenwerten.

Wie kommen nun diese Linien zustande? Wir setzen gemäß BOHR voraus, daß dem Elektron des Wasserstoffatoms nur ganz bestimmte Energieniveaus zur Verfügung stehen (Figur 1.8). BOHR benutzte damals die Buchstaben $K, L, M, \ldots$ zur Kennzeichnung der Niveaus, während man sie heute von innen nach außen mit Hilfe der sogenannten Hauptquantenzahl n = 1, 2, 3, ... numeriert.

Im sogenannten Grundzustand des Wasserstoffatoms besetzt das Elektron das niedrigste Energieniveau (d. h. die innerste Bahn). Führt man dem Atom nun Energie zu, so kann das Elektron auf ein höheres Energieniveau gehoben werden (a in Figur 1.8). Dies findet dann statt, wenn das Atom *genau* jene Energiemenge absorbiert, die der Differenz zwischen den beiden Energieniveaus entspricht. Das Atom befindet sich dann in einem an-

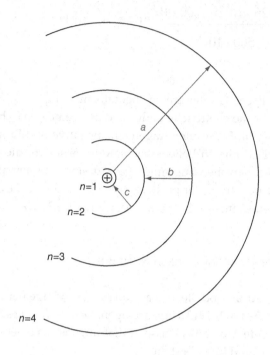

Figur 1.8. Einige Umlaufbahnen, die dem Elektron im BOHR'schen Modell des Wasserstoffatoms zur Verfügung stehen. a, b, c: Auswahl möglicher Elektronenübergänge.

geregten Zustand. Wenn das Elektron später wieder auf die ursprüngliche
Bahn zurückfällt, wird die vorher aufgenommene Energie in Form eines Photons wieder freigesetzt.

Da nun die Energieniveaus fest sind, entsprechen solchen Elektro-
nenübergängen ganz bestimmte Energiedifferenzen ΔE. Durch die Energie-
differenz ΔE ist nach

$$\Delta E = E_2 - E_1 = h\,\nu$$

die Frequenz und damit auch die Wellenlänge λ des ausgestrahlten Photons
eindeutig bestimmt. Deshalb ergibt jeder mögliche Übergang des Elektrons
von einem höheren Energieniveau auf ein tieferes (z. B. von $n = 3$ nach $n = 2$,
b in Figur 1.8, oder von $n = 2$ nach $n = 1$, c in Figur 1.8) eine ganz bestimmte
Linie im Spektrum (Tabelle 1.5).

Tabelle 1.5. Charakteristische Linien im sichtbaren Bereich des Wasserstoffspektrums. Die hier gezeigte Serie mit dem Zielniveau n = 2 wird als BALMER-Serie bezeichnet.

Elektronenübergang	Wellenlänge (nm)	Farbe
$n = 3 \rightarrow n = 2$	656,3	rot
$n = 4 \rightarrow n = 2$	486,1	grün-blau
$n = 5 \rightarrow n = 2$	434,0	blau
$n = 6 \rightarrow n = 2$	410,2	violett

Daß mit einer einzigen Quantenzahl das Verhalten des Elektrons nicht völlig erfaßt wird, stellte sich bald heraus, besonders als man sich anschickte, Atome mit mehreren Elektronen zu untersuchen. Während nämlich BOHRS Modell das Wasserstoffatom angemessen beschreiben kann, versagt es bei Atomen mit mehreren Elektronen. Bereits für das Heliumatom, das ja nur zwei Elektronen enthält, mußte das Modell modifiziert werden.

1.5.2 SOMMERFELDS Verbesserung des Atommodells

Während die Elektronen bei BOHR auf Kreisbahnen liefen, ließ ARNOLD SOMMERFELD (1868–1951) auch elliptische Bahnen zu, wobei sich der Atomkern in einem Brennpunkt der Ellipse befinden sollte. Zur Charakterisierung von elliptischen Bahnen sind zwei Größen notwendig: die große und die kleine Halbachse. Die große Halbachse entspricht der bereits genannten Hauptquantenzahl n und die kleine Halbachse wird mit einer Nebenquantenzahl k beschrieben. Diese Vorstellung trägt dem Umstand Rechnung, daß die von BOHR verwendeten festen Energieniveaus wiederum gesetzmäßig in Unterniveaus aufgespalten sind.

Im Rahmen des SOMMERFELD'schen Modells kann die Nebenquantenzahl k für eine bestimmte Hauptquantenzahl n alle ganzzahligen Werte zwischen 1 und n, also insgesamt n Werte, annehmen. Das entspricht elliptischen Bahnen mit der großen Halbachse n und den kleinen Halbachsen $k = 1, 2, 3 \ldots$ bis n.

Bei den neueren Vorstellungen über den Atombau erhält die Nebenquantenzahl den Buchstaben l und eine etwas andere Bedeutung (vgl. Kapitel 1.5.3).

Es gilt die Bedingung, daß die Werte von l zwischen 0 und $n-1$ liegen (z. B. $n = 4$, $l = 0, 1, 2, 3$).

Nach der Nebenquantenzahl l lassen sich verschiedene Elektronentypen unterscheiden:

- Ist $l = 0$, so handelt es sich um s-Elektronen ($s$harp),

- ist $l = 1$, so handelt es sich um p-Elektronen ($p$rincipal),

- ist $l = 2$, so handelt es sich um d-Elektronen ($d$iffuse),

- ist $l = 3$, so handelt es sich um f-Elektronen ($f$undamental),

wobei die Buchstaben s, p, d, f aus den englischen Bezeichnungen für das Aussehen der zugehörigen Spektrallinien abgeleitet worden sind. Korrekt wäre an sich die Bezeichnung „Elektronen im s- oder p-Zustand", doch soll im folgenden die weit verbreitete einfachere Ausdrucksweise „s-Elektronen", „p-Elektronen" usw. verwendet werden. Höhere Werte als $l = 3$ für die Nebenquantenzahl kommen in der Praxis nicht vor.

1.5.3 Atome im Magnetfeld

Selbst mit den beiden Quantenzahlen n und l ist der Zustand des Elektrons noch nicht ausreichend erfaßt. Einen Schritt weiter führten Versuche im Magnetfeld. Wird während der Aufnahme eines Spektrums das Atom in ein Magnetfeld gebracht, so erfolgt für alle Elektronen außer den s-Elektronen eine weitere Aufspaltung der Spektrallinien.

Würde im Wasserstoffatom das Elektron das Proton wirklich auf einer kreisförmigen oder elliptischen Bahn umfliegen, so entstünde ein ebenes Gebilde, das sich im Magnetfeld ausrichten müßte (Kreisstrom im Magnetfeld!). Da eine solche Ausrichtung aber nicht stattfindet, muß angenommen werden, daß es sich beim Wasserstoffatom im Grundzustand um ein kugelsymmetrisches Gebilde handelt. Das BOHR-SOMMERFELD'sche Atommodell kann also den Tatsachen nicht voll entsprechen. Was für das eine s-Elektron des Wasserstoffs gilt, ist ganz allgemein für alle s-Elektronen richtig: Anstelle einer Kreisbahn wird ihnen nun ein kugelförmiger Raum zugeordnet, der als Orbital bezeichnet wird (Figur 1.9).

Ein weiterer Grund für die Einführung von Elektronenräumen war die 1927 von WERNER HEISENBERG (1901–1976) aufgestellte Unschärferelation. Danach ist es unmöglich, für ein Elektron zu einem bestimmten Zeitpunkt sowohl den Aufenthaltsort als auch die Richtung und den Betrag der Geschwindigkeit genau anzugeben. Diese Erkenntnis führte dazu, jedem

Elektron anstelle einer festen Bahn einen Raum (ein Orbital) zuzuordnen. Für jeden Punkt in einem solchen Raum läßt sich lediglich die Wahrscheinlichkeit angeben, mit der sich das Elektron dort aufhält. Größe und Form des Raumes, den man sich als „Elektronenwolke" vorstellen kann, hängen vom Zustand (charakterisiert durch die beiden Quantenzahlen n und l) ab, in dem sich das Elektron befindet.

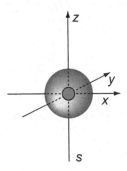

Figur 1.9. Die Form eines s-Orbitals.

Zur Charakterisierung der Einstellmöglichkeiten von Orbitalen im Magnetfeld benutzt man die magnetische Quantenzahl m. Dabei beträgt die Zahl der Einstellmöglichkeiten $2\,l + 1$. Die Einzelwerte von m werden so bezeichnet, daß sie zwischen $-l$ und $+l$ liegen. Ist also $l = 2$, so kann die magnetische Quantenzahl $2 \cdot 2 + 1 = 5$ Werte annehmen, die mit $-2, -1, 0, +1, +2$ bezeichnet werden.

Für s-Elektronen ist $l = 0$, also kann m nur den Wert 0 annehmen $(2 \cdot 0 + 1 = 1)$. Das bedeutet, daß ein Magnetfeld keinen Einfluß auf die s-Orbitale hat, diese also kugelsymmetrisch sind. Dabei steigt der Radius der Orbitale mit zunehmender Hauptquantenzahl n an.

Für p-Elektronen ist $l = 1$, und m kann demnach die Werte $-1, 0, +1$ annehmen. Es sind also drei Stellungen des p-Orbitals im Raum möglich. Die p-Orbitale besitzen eine sogenannte Knotenebene, d. h. eine Ebene, in der die Aufenthaltswahrscheinlichkeit der Elektronen null ist. Dies führt zu einem hantelförmigen Aussehen der Orbitale. Die p-Orbitale ordnen sich entlang der drei Achsen des Koordinatensystems (Figur 1.10) an. Deshalb werden die p-Elektronen oft als p_x-, p_y- und p_z-Elektronen unterschieden.

Die fünf Orbitale der d-Elektronen weisen jeweils zwei senkrecht zueinander stehende Knotenebenen auf. Es handelt sich also um vierteilige Elektronenwolken. Die ersten drei d-Orbitale sind in den xy-, yz- und xz-Ebe-

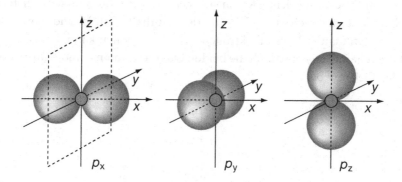

Figur 1.10. Form und Ausrichtung von p-Orbitalen. Für das p_x-Orbital ist auch die Knotenebene angedeutet.

nen des Koordinatensystems so angeordnet, daß die vier Teile jedes Orbitals zwischen die Achsen des Koordinatensystems zu liegen kommen. Entsprechend ihrer Lage in diesen Ebenen werden diese drei d-Orbitale als $3d_{xy}$-, $3d_{yz}$- und $3d_{xz}$-Orbitale bezeichnet. Das (vierte) $3d_{x^2-y^2}$-Orbital liegt wie das $3d_{xy}$-Orbital in der xy-Ebene, nun aber so, daß die vier Teile des Orbitals auf die Achsen des Koordinatensystems zu liegen kommen. Das $3d_{z^2}$-Orbital schließlich, das eine andere Form hat, entsteht durch mathematische Kombination von zwei weiteren denkbaren Orbitalen, die gleich gebaut sind wie das $3d_{x^2-y^2}$-Orbital, aber in den xz- und yz-Ebenen liegen. Figur 1.11 zeigt das Aussehen der verschiedenen d-Orbitale.

Die Nebenquantenzahl l kann in erweitertem Sinne als die Zahl der Knotenebenen aufgefaßt werden. Die kugelsymmetrischen s-Orbitale ($l = 0$) besitzen keine, die hantelförmigen p-Orbitale ($l = 1$) eine, die rosettenförmigen d-Orbitale ($l = 2$) zwei und die f-Orbitale ($l = 3$) drei Knotenebene(n). Auf die kompliziertere Form der f-Orbitale kann hier nicht eingegangen werden.

1.5.4 Der Spin

Die vierte und letzte Quantenzahl des Elektrons, die Spinquantenzahl s, beruht auf der Tatsache, daß sich das Elektron so verhält, als ob es sich um eine Achse dreht und ein magnetisches Moment besitzt. Für diesen sogenannten Eigendrehimpuls (englisch *spin*) des Elektrons gibt es nur zwei Möglichkei-

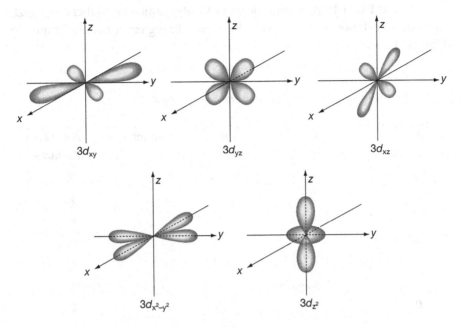

Figur 1.11. Form und Ausrichtung von d-Orbitalen.

ten: Die Drehung kann im positiven oder negativen Sinn erfolgen. Entsprechend kann die Spinquantenzahl s die beiden Werte $+\frac{1}{2}$ und $-\frac{1}{2}$ annehmen.

1.5.5 Das PAULI-Prinzip

Durch die vier Quantenzahlen kann der Zustand eines Elektrons vollständig charakterisiert werden. Für die Verteilung von mehreren Elektronen auf die Energieniveaus von komplizierteren Atomen gilt das von WOLFGANG PAULI (1900–1958) im Jahre 1925 aufgestellte Ausschlußprinzip:

> **In einem Atom können nie zwei Elektronen in allen vier Quantenzahlen übereinstimmen.**

Zwei Elektronen, für die die Quantenzahlen n, l und m übereinstimmen, müssen sich also mindestens in der Spinquantenzahl s unterscheiden. Die Spins solcher Elektronen sind dann *antiparallel* ausgerichtet bzw. *gepaart*. Alle in Figur 1.9 bis Figur 1.11 dargestellten Orbitale können demnach nur je zwei Elektronen enthalten.

Das PAULI-Prinzip und die vier Quantenzahlen ermöglichen es jetzt, die Art der Besetzung der verschiedenen Energieniveaus zu ermitteln (Tabelle 1.6).

Tabelle 1.6. Energiezustände des Wasserstoffatoms bis $n = 4$.

n	l	m	s	Bezeichnung	Anzahl der Zustände
1	0	0	$\pm 1/2$	1s	2
2	0	0	$\pm 1/2$	2s	2
	1	−1, 0, +1	$\pm 1/2$	2p	6
3	0	0	$\pm 1/2$	3s	2
	1	−1, 0, +1	$\pm 1/2$	3p	6
	2	−2, −1, 0, +1, +2	$\pm 1/2$	3d	10
4	0	0	$\pm 1/2$	4s	2
	1	−1, 0, +1	$\pm 1/2$	4p	6
	2	−2, −1, 0, +1, +2	$\pm 1/2$	4d	10
	3	−3, −2, −1, 0, +1, +2, +3	$\pm 1/2$	4f	14

Aus der Tabelle kann beispielsweise entnommen werden, daß das Niveau $n = 3$ höchstens zwei s-Elektronen, sechs p-Elektronen und zehn d-Elektronen, also insgesamt 18 Elektronen enthalten kann. Diese werden, da sie zum Niveau mit der Hauptquantenzahl $n = 3$ gehören, als 3s-, 3p- und 3d-Elektronen bezeichnet (analog enthält das Niveau $n = 2$ zwei 2s- und sechs 2p-Elektronen). Die maximale Besetzung eines Niveaus mit der Hauptquantenzahl n ist durch $2 n^2$ gegeben.

1.5.6 Die Elektronenkonfiguration

Die Art der Verteilung von mehreren Elektronen auf die Energieniveaus eines Atoms wird als Elektronenverteilung oder Elektronenkonfiguration bezeichnet. Diese wird üblicherweise für Atome im Grundzustand angegeben, bei dem sich alle Elektronen in den energieärmsten der zur Verfügung stehenden Orbitale aufhalten (vgl. Kapitel 1.6). Von den möglichen Schreibarten für Elektronenkonfigurationen werden hier zwei vorgestellt:

In der graphischen Darstellungsweise sind die Elektronen kleine Pfeile, die je nach der Spinrichtung auf- oder abwärts gerichtet sind. Die Pfeilchen zweier Elektronen, die sich nur im Spin unterscheiden, werden in einem Kästchen untergebracht, genau so, wie sich die entsprechenden Elektronen zusammen in einem Orbital aufhalten.

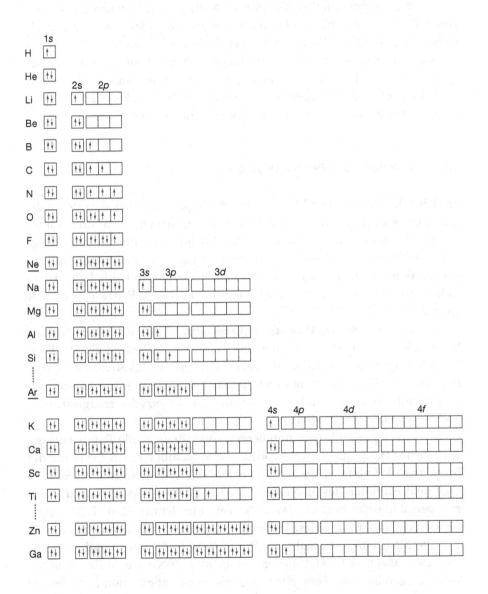

Figur 1.12. Elektronenkonfigurationen einiger ausgewählter Elemente.

Jedes s-Niveau besteht aus einem solchen Kästchen, denn ein s-Orbital kann ja nur durch zwei Elektronen besetzt sein. Ein p-Niveau besteht entsprechend aus 3 Kästchen, da 6 Elektronen unterzubringen sind, ein d-Niveau aus 5 und schließlich ein f-Niveau aus 7 Kästchen. Nach diesem System wurde Figur 1.12 entwickelt (vgl. dazu auch Kapitel 1.6).

Neben der graphischen gibt es auch eine zahlenmäßige Schreibweise. Dabei werden für ein Atom die vorhandenen Elektronen aufgezählt, wobei die Anzahl der im gleichen Energieniveau vorhandenen Elektronen mit einer hochgestellten Zahl wiedergegeben wird. Sauerstoff besitzt beispielsweise zwei $1s$-Elektronen, zwei $2s$-Elektronen und vier $2p$-Elektronen, so daß die Elektronenkonfiguration durch den Ausdruck $1s^2\, 2s^2\, 2p^4$ (lies: „eins s zwei, zwei s zwei, zwei p vier") wiederzugeben ist.

1.6 Ableitung des Periodensystems

Mit Hilfe der dargestellten Prinzipien ist es möglich, das Periodensystem der Elemente logisch herzuleiten, wenn man zusätzlich noch die relative Energie der verschiedenen Niveaus berücksichtigt, die für die Reihenfolge der Auffüllung maßgebend ist. Die relative Lage der Energieniveaus der verschiedenen s-, p-, d- und f-Orbitale ist schematisch in Figur 1.13a dargestellt. Jedes Elektron besetzt das energieärmste noch freie Plätze aufweisende Orbital.

Das Elektron des Wasserstoffatoms befindet sich auf dem $1s$-Niveau. Beim Helium tritt noch ein zweites Elektron in das $1s$-Niveau ein, die Elektronenkonfiguration des Heliums ist also $1s^2$. Damit ist das Niveau $n = 1$ vollständig aufgefüllt. Das dritte Elektron, das beim Lithium dazukommt, hat deshalb auf dem $1s$-Niveau keinen Platz mehr. Es besetzt den energieärmsten noch freien Platz, das $2s$-Niveau.

Aus Figur 1.13a geht nun hervor, weshalb nicht alle Teilniveaus mit der gleichen Hauptquantenzahl vollständig aufgefüllt werden, bevor mit der Besetzung von Orbitalen des nächsthöheren Niveaus begonnen wird. So wird nach dem Auffüllen des $3p$-Niveaus zunächst das $4s$-Niveau besetzt, da es energiemäßig tiefer liegt als das $3d$-Niveau. Mit dem in Figur 1.13b dargestellten Schema läßt sich diese Reihenfolge jederzeit leicht rekonstruieren. Es gibt allerdings einige Ausnahmen: Die $5d$- und $6d$-Niveaus werden jeweils mit einem Elektron besetzt, bevor das $4f$- bzw. $5f$-Niveau in der üblichen Weise aufgefüllt wird. Ferner tritt anstelle der Konfiguration $d^4\, s^2$ immer $d^5\, s^1$ und anstelle von $d^9\, s^2$ immer $d^{10}\, s^1$ auf, da ein halb oder vollständig aufgefülltes d-Niveau energetisch besonders günstig ist.

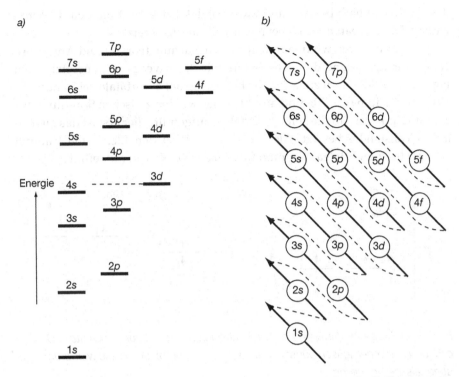

Figur 1.13. a) Relative Lage der Energieniveaus; b) Regel für die Reihenfolge der Auffüllung der Energieniveaus mit Elektronen.

Die Besetzung von Orbitalen gleicher Energie, sogenannten entarteten Orbitalen, erfolgt dabei gemäß einer von FRIEDRICH HUND (1896–1997) aufgestellten Regel. Diese legt fest, daß jedes Orbital (Kästchen in Figur 1.12) zunächst nur einfach besetzt wird. Die HUND'sche Regel läßt sich leicht verstehen, wenn man bedenkt, daß Elektronen sich aufgrund ihrer negativen Ladung abstoßen. Betrachtet man zwei entartete Orbitale, auf die zwei Elektronen verteilt werden müssen, dann ist die Konfiguration mit den einfach besetzten Orbitalen und parallel ausgerichteten Spins energetisch begünstigt (Figur 1.14).

Damit läßt sich nun das heute gebräuchliche Periodensystem leicht ableiten: Bei den Elementen Wasserstoff (H, Ordnungszahl 1) und Helium (He, 2) werden die $1s$-Plätze aufgefüllt. Die Besetzung des Niveaus $n = 2$ beginnt mit zunächst zwei $2s$-Elektronen beim Lithium (Li, 3) und Beryllium (Be, 4) und dann sechs $2p$-Elektronen von Bor (B, 5) bis zu Neon (Ne, 10). Die Elektronenkonfigurationen von Kohlenstoff und Stickstoff illustrieren die HUND'sche Regel (vgl. Figur 1.12). Bei Stickstoff ist beispielsweise das 2p-Niveau halb besetzt, und zwar so, daß jedes 2p-Orbital ein Elektron enthält. Das Niveau $n = 2$ ist bei Neon vollständig besetzt.

Im weiteren werden nun zwischen Natrium (Na, 11) und Argon (Ar, 18) die beiden 3s- und die sechs 3p-Orbitale des Niveaus $n = 3$ besetzt. Nach Figur 1.13a erfolgt nun zunächst die Besetzung der 4s-Orbitale bei Kalium (K, 19) und Calcium (Ca, 20), und anschließend werden zwischen Scandium (Sc, 21) und Zink (Zn, 30) die zehn 3d-Orbitale aufgefüllt. Hier erst ist das Niveau $n = 3$ vollständig besetzt. Als nächstes wird bei den Elementen Gallium (Ga, 31) bis zum Edelgas Krypton (Kr, 36) das 4p-Niveau aufgefüllt.

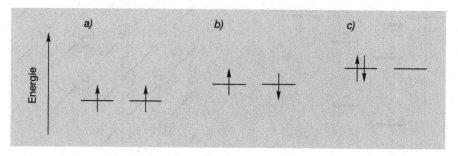

Figur 1.14. Mögliche Verteilung zweier Elektronen auf zwei entartete Orbitale. Die Anordnung a) ist energetisch günstiger als die Anordnung b), und diese wiederum günstiger als die Verteilung c).

1.7 Das moderne Periodensystem

Das Periodensystem, das jetzt vorliegt, ist demjenigen von MENDELEJEFF sehr ähnlich, es ist jedoch anders abgeleitet. Während MENDELEJEFF für sein Periodensystem die Elemente nach steigender relativer Atommasse geordnet hatte, beruhen die Ordnungszahlen der Elemente im modernen Periodensystem auf dem Atombau: Die Elemente werden nach der Anzahl der Protonen im Atomkern, welche der Anzahl der Elektronen in der Hülle entspricht, eingereiht.

Obschon man auf beiden Wegen praktisch dieselbe Ordnung erreicht, mußten am ursprünglichen, auf den Atommassen beruhenden System einige Umstellungen vorgenommen werden, nämlich:

Ordnungszahl	18	19	27	28	52	53
Element	Ar	K	Co	Ni	Te	I
Rel. Atommasse	39,948	39,098	58,933	58,693	127,60	126,90

Der Grund für diese Unregelmäßigkeit liegt darin, daß mit wachsender Ordnungszahl zwar der Protonenzuwachs gleichmäßig ist, nicht aber der Neutronenzuwachs, der auf die Atommasse einen ebenso großen Einfluß hat (Näheres siehe Kapitel 1.4.7). Solche Umstellungen sind zum Teil schon von MENDELEJEFF vorgenommen worden, da er bei der Aufstellung seines Periodensystems neben der Atommasse auch die chemische Ähnlichkeit unter den Elementen berücksichtigte.

Nach der chemischen Ähnlichkeit gebildete Gruppen von Elementen gab es schon zur Zeit MENDELEJEFFS. (vgl. Tabelle 1.1, Kapitel 1.3.2). Ihre Namen werden zum Teil heute noch verwendet. Einen vertieften Einblick in den Aufbau des Periodensystems erhält man nun aber, wenn man die nach den Erkenntnissen über den Atombau gewonnene Ordnung der Elemente mit der älteren Ordnung nach chemischer Ähnlichkeit korreliert. Es gilt offensichtlich:

> **Die chemischen Eigenschaften eines Elementes werden durch die Elektronenkonfiguration bestimmt.**

Für jede Gruppe des Periodensystems (vgl. Tabelle 1.1) ist eine ganz bestimmte Elektronenkonfiguration des *äußersten Energieniveaus* charakteristisch. Man nennt die Elektronen, die dieses Niveau besetzen und damit das chemische Verhalten eines Elementes wesentlich bestimmen, auch Valenzelektronen. Entsprechend heißen die Orbitale, die von Valenzelektronen besetzt werden, Valenzorbitale.

Die Alkalimetalle (Li, Na, K, Rb, Cs) folgen immer auf ein Edelgas (He, Ne, Ar, Kr, Xe) und besitzen auf dem äußersten besetzten Niveau ein einzelnes s-Elektron, das sehr leicht abgegeben werden kann. Darauf beruht die Reaktionsfähigkeit dieser Elemente und ihr Auftreten als einfach positiv geladene Ionen in den meisten ihrer Verbindungen.

Die Edelgase, die sich durch vollständig aufgefüllte s- und p-Niveaus auszeichnen (He: $1s^2$, Ne: $\dots 2s^2\, 2p^6$, Ar: $\dots 3s^2\, 3p^6$, Kr: $\dots 4s^2\, 4p^6$ usw.), verdanken ihre Reaktionsträgheit der energetisch besonders günstigen $s^2 p^6$-Konfiguration.

Entsprechend der Elektronenkonfiguration unterteilt man das Periodensystem in Haupt- und Nebengruppen. In die Hauptgruppen gehören alle Elemente, die nur ganz leere oder ganz gefüllte d- und f-Niveaus aufweisen. Die Elemente der beiden ersten Hauptgruppen werden als s-Elemente bezeichnet, da ihre Elektronenkonfiguration $\dots ns^1$ (Alkalimetalle, z. B. Na: $1s^2\, 2s^2\, 2p^6\, 3s^1$) beziehungsweise $\dots ns^2$ (Erdalkalimetalle, z. B. Mg: $1s^2\, 2s^2\, 2p^6\, 3s^2$) ist. Die Elemente der übrigen Hauptgruppen werden als *p*-Elemente zusammengefaßt. Ihre Elektronenkonfiguration liegt zwischen ... $ns^2 np^1$ (Borgruppe) und ... $ns^2 np^6$ (Edelgase). Dabei bezeichnet *n* jeweils die Hauptquantenzahl des äußersten, unvollständig besetzten Niveaus.

Alle *d*- und *f*-Elemente sind in den Nebengruppen zu finden. Bei den *d*-Elementen, bei denen es sich durchwegs um Metalle handelt und die man deswegen auch als Übergangsmetalle bezeichnet, gibt es im Prinzip vier Reihen zu je zehn Elementen:

Scandium (Sc, 21) bis Zink (Zn, 30)	1. Reihe, Auffüllung der zehn 3*d*-Plätze
Yttrium (Y, 39) bis Cadmium (Cd, 48)	2. Reihe, Auffüllung der zehn 4*d*-Plätze
Lanthan (La, 57) und	3. Reihe, Auffüllung der zehn 5*d*-Plätze
Hafnium (Hf, 72) bis Quecksilber (Hg, 80)	
Actinium (Ac, 89) und Elemente	4. Reihe, Auffüllung der 6*d*-Plätze
ab Rutherfordium (Rf, 104)	

Das äußerste Niveau besetzen dabei normalerweise zwei *s*-Elektronen, während die neu eintretenden Elektronen auf das *d*-Niveau des nächsttieferen Niveaus eintreten (man beachte aber die Ausnahmen $d^5 s^1$ und $d^{10} s^1$, vgl. Kapitel 1.6). So hat Mangan (Mn, 25) die Elektronenkonfiguration $1s^2 2s^2 2p^6 3s^2 3p^6 3d^5 4s^2$, und für Eisen (Fe, 26) mit einem Elektron mehr lautet sie $1s^2 2s^2 2p^6 3s^2 3p^6 3d^6 4s^2$.

Die Elemente der letzten der vier Reihen sind allerdings alle extrem unstabil. Sie gehören zu den sogenannten Transuranen (durchwegs radioaktive Elemente mit Ordnungszahlen über 92), die nicht aus natürlichen Erzen gewonnen werden können. Sie wurden alle künstlich erzeugt. Das Element mit der Ordnungszahl 104 wurde beispielsweise 1964 unter dem provisorischen Namen Kurchatovium erstmals beschrieben. Heute heisst es Rutherfordium, und es wird erwartet, daß dieses Element in seinen Eigenschaften dem Hafnium gleicht (vgl. auch Kapitel 6.6).

Die *f*-Elemente werden auch als innere Übergangsmetalle bezeichnet und umfassen die *Lanthanoide* (nach dem Element Lanthan) und die *Actinoide* (nach dem Element Actinium).

Die 14 Lanthanoide (entsprechend vierzehn 4*f*-Elektronen) sind zwischen dem La (57) und dem Hf (72) eingeschoben und umfassen die Elemente Cer (Ce, 58) bis Lutetium (Lu, 71). Sie sind untereinander noch ähnlicher als die Elemente einer *d*-Reihe, da ihre Elektronenfigurationen sich nur auf dem Niveau $n = 4$, wo die 4*f*-Elektronen eingefügt werden, unterscheiden, während die Besetzung der weiter außen liegenden Niveaus $n = 5$ und $n = 6$ bei allen 14 Elementen gleich ist (wie später gezeigt wird, hängt das chemische Verhalten eines Elements in erster Linie von der Elektronenanordnung auf dem äußersten Niveau ab).

Die zweite Reihe von 14f-Elementen, die Actinoide, folgen nach Ac (89) und umfassen die radioaktiven Elemente Thorium (Th, 90) bis Lawrencium (Lr, 103).

1.8 Übungen

1.1 Skizzieren Sie das elektrische Feld, das zwischen zwei einzelnen, entgegengesetzten elektrischen Ladungen, die sich im Abstand d befinden, existiert.

1.2 Man stelle sich einen waagrecht liegenden Zylinder vor, der auf der einen Seite geschlossen und auf der anderen Seite mit einem reibungsfrei beweglichen Kolben versehen ist. In dem Zylinder befinde sich, gegen außen durch den Kolben abgeschirmt, 1,00 g reines Aceton. Es herrsche ein Druck von 101,325 kPa und eine Temperatur von 20 °C. Aceton ist bei diesen Bedingungen eine Flüssigkeit mit der Dichte 0,7899 g/cm^{-3}. Ferner ist über Aceton bekannt, dass es aus Molekülen der Formel C_3H_6O besteht und beim gegebenen Druck bei 56 °C siedet.

a) Welches Volumen nimmt das eine Gramm Aceton bei den gegebenen Bedingungen ein?

b) Berechnen Sie unter Zuhilfenahme des idealen Gasgesetzes, welches Volumen 1 g Aceton einnehmen wird, wenn man die Anordnung bei gleichbleibendem Druck auf 100 °C erwärmt.

1.3 Die Masse von 1 mol einer Verbindung, die in ihren Molekülen nur die Atomsorten Stickstoff und Sauerstoff enthält, wurde experimentell zu 108 g bestimmt. Wieviele Atome der beiden Sorten muß ein Molekül dieser Verbindung folglich enthalten?

1.4 Bei der Verbrennung von Propan (C_3H_8) mit Sauerstoff entstehen Kohlendioxid und Wasser.

a) Formulieren Sie die stöchiometrisch korrekte Reaktionsgleichung für diesen Vorgang.

b) Berechnen Sie die Masse des Kohlendioxids, das bei der Verbrennung von 100 g Propan gebildet wird.

c) Berechnen Sie das Volumen des Sauerstoffs, der bei der Verbrennung von 100 g Propan verbraucht wird (umgerechnet auf 0 °C und 101,325 kPa).

1.5 Wieviele Schichten Aluminium-Atome hat handelsübliche Haushalt-Aluminiumfolie? Wir nehmen der Einfachheit halber an, die Aluminiumfolie bestehe aus reinem Aluminium und die Aluminium-Atome seien wie bei einer dichtesten Kugelpackung in Schichten angeordnet (vgl. Kapitel 2.6, Figur 2.4). Der Radius eines Aluminiumatoms beträgt 143 pm. Die Dichte von Aluminium beträgt 2,7 g/cm^3. Ein rechteckiges Stück Aluminiumfolie der Grösse 30 cm × 27 cm wiegt 2,7 g.

1.6 Berechnen Sie die Kraft, die im Wasserstoffatom zwischen dem Kern und dem Elektron wirkt, nach dem COULOMB'schen Gesetz. Nehmen Sie dazu an, die Entfernung des Elektrons vom Kern entspreche dem Atomradius des Wasserstoffatoms (79 pm).

1.7 Von einem Glasstab werden durch Reiben mit einem Seidentuch eine Billion Elektronen abgestreift. Um wieviel ist der Glasstab nachher leichter? Geben Sie die Massendifferenz in g an!

1.8 Das in der Natur vorkommende Kupfer (relative Atommasse 63,546) besteht aus zwei stabilen Isotopen mit den folgenden Massen:

^{63}Cu: 62,929601 Da $\qquad$ ^{65}Cu: 64,927794 Da

Berechnen Sie mit Hilfe dieser Angaben und der mittleren Atommasse von Kupfer die Häufigkeiten der beiden Isotope!

1.9 Ein Radiosender sendet sein Programm mit Photonen der Wellenlänge 2,85 m. Berechnen Sie die Frequenz (in MHz), auf die Sie Ihr Radio einstellen müssen, um diesen Sender zu empfangen.

1.10 Bei der Analyse des Flammenspektrums von Quecksilber beobachtet man u. a. eine intensive Linie bei der Wellenlänge 254 nm. Berechnen Sie, welche Energie die entsprechenden Photonen besitzen.

1.11 Was sagt Ihnen a) die Periodennummer und b) die Gruppennummer über den Atombau?

2. Die chemische Bindung

2.1 Einführung

Es ist auffallend, daß die meisten Elemente in der Natur nur in Form von Verbindungen vorkommen. So treten die Metalle in der Regel als u. a. Oxide, Sulfide, Silikate auf, und die Hauptbestandteile der Atmosphäre, die Elemente Sauerstoff und Stickstoff, liegen in der Form von O_2- bzw. N_2-Molekülen vor. Demgegenüber kommen die Edelgase atomar vor. Lange Zeit herrschte die Überzeugung vor, die außerordentlich reaktionsträgen Edelgase könnten keine Verbindungen bilden. Dank Arbeiten von NEIL BARTLETT (*1932) kennt man seit 1962 aber auch von den schwereren Edelgasen Krypton, Xenon und Radon Verbindungen mit Fluor oder Sauerstoff, etwa $XePtF_6$, XeF_n ($n = 2, 4, 6$), KrF_4 oder RnF_4.

Der Grund für die Neigung der Atome zur Verbindungsbildung liegt in der Elektronenkonfiguration. Bei den Edelgasen sind die s- und p-Orbitale des äußersten Energieniveaus vollständig besetzt (Konfiguration s^2p^6, vgl. Figur 1.12). Bei allen anderen Elementen weisen die Atome Energieniveaus auf, die nur teilweise mit Elektronen aufgefüllt sind. Solche Anordnungen sind alle mehr oder weniger instabil. Die Atome haben daher das Bestreben, eine der günstigeren Elektronenkonfigurationen zu erreichen.

Eine dieser günstigen Elektronenanordnungen ist die Edelgaskonfiguration s^2p^6. Das Bestreben vieler Atome, diese s^2p^6-Konfiguration (8 Elektronen auf dem äußersten besetzten Niveau) zu erreichen, wird oft als Oktettprinzip bezeichnet. Zwei oder mehrere Atome fügen sich dabei derart zu einer Verbindung zusammen, daß alle Verbindungspartner das günstige Elektronenoktett erreichen können. Dafür gibt es zwei Wege: Entweder findet eine Elektronenübertragung von einem Verbindungspartner zum andern statt, oder zwei an einer Bindung beteiligte Atome bilden gemeinsame Elektronenpaare. Diese beiden Möglichkeiten führen zu den beiden Bindungstypen Ionenbindung und kovalente Bindung (Elektronenpaarbindung).

Die Bedeutung des Oktettprinzips in der anorganischen Chemie darf aber insofern nicht überschätzt werden, als es nur für die Periode mit der Hauptquantenzahl $n = 2$ verbindlich ist. Für die übrigen Elemente stehen außer dem Oktett noch andere günstige Elektronenkonfigurationen zur Verfügung. Eine solche ist die Konfiguration mit 18 Elektronen, die oft von d- und f-Elementen bevorzugt wird. Aus der Elektronenkonfiguration von Zink (vgl. Figur 1.12) ist ersichtlich, daß nach Abgabe der beiden $4s$-Elektronen eine Konfiguration $3s^2$, $3p^6$, $3d^{10}$ zurückbleibt, die stabil ist und auf dem äußersten, in diesem Falle dritten Niveau 18 Elektronen aufweist.

2.2 Größen zur Charakterisierung der chemischen Bindung

2.2.1 Atom- und Ionenradien

Unter Ionen versteht man Atome oder Atomgruppen, welche nach Abgabe oder Aufnahme von Elektronen elektrisch geladen sind. Angaben über den Radius von Atomen und Ionen werden sich im folgenden oft als nützlich erweisen. Für die hier gezeigten Überlegungen sollen diese Teilchen als Kugeln betrachtet werden. Abgesehen vom VAN DER WAALS'schen Radius, der beschreibt, wie dicht sich nicht gebundene Atome einander nähern können (vgl. Kapitel 1.4.1), kennt man den kovalenten Radius und den Ionenradius. Sowohl die VAN DER WAALS'schen Atomradien als auch die Ionenradien werden aus den Abständen hergeleitet, die man zwischen Atomen bzw. (entgegengesetzt geladenen) Ionen in Festkörpern findet. Die kovalenten Radien andererseits leiten sich von der Bindungslänge zwischen Atomen, die sich ein Elektronenpaar teilen, ab. Die Radien liegen alle in der Größenordnung von 0,1 bis 2,5 Å.

In Tabelle 2.1 sind die Radien der Alkalimetallatome denjenigen der entsprechenden einfach positiv geladenen Ionen gegenübergestellt. Innerhalb einer Gruppe des Periodensystems nimmt sowohl der Atom- als auch der Ionenradius von oben nach unten zu, weil immer mehr weiter außen liegende Energieniveaus durch Elektronen besetzt werden (vgl. auch Figur 1.8, Kapitel 1.5.1). Die Abgabe von Elektronen (Übergang zu positiv geladenen Ionen) führt entsprechend zu einer Radiusverkleinerung.

Stellt man die VAN DER WAALS'schen Radien der Halogenatome den kovalenten Radien und den Radien der entsprechenden Anionen gegenüber (Tabelle 2.2), dann beobachtet man wiederum eine Zunahme der Werte von oben nach unten. Die Aufnahme von Elektronen (Übergang zu negativ geladenen Ionen) führt nun aber erwartungsgemäß zu einer (wenn auch im Falle der Halogene bescheidenen) Radiusvergrößerung. Die kovalenten Radien sind kleiner als die beiden anderen, weil die Ausbildung einer kovalenten Bindung eine stärkere Annäherung der Atome erlaubt.

Tabelle 2.1. Atom- und Ionenradien der Alkalimetalle in Å.

Element	Atomradius	Ionenradius
Lithium	1,55	0,76
Natrium	1,90	1,02
Kalium	2,35	1,51
Rubidium	2,48	1,61
Caesium	2,67	1,74

Tabelle 2.2. Atomradien nach VAN DER WAALS, Ionenradien und kovalente Radien der Halogene in Å.

Element	Atomradius	Ionenradius	Kovalenter Radius
Fluor	1,35	1,33	0,64
Chlor	1,80	1,81	0,99
Brom	1,95	1,96	1,14
Iod	2,15	2,20	1,33

2.2.2 Die Ionisierungsenergie

Durch Energiezufuhr können einzelne Elektronen eines Atoms in höhere Energieniveaus gehoben werden (vgl. Figur 1.8). Erreicht diese Energie einen gewissen Wert, so wird dabei das Elektron so weit vom Kern entfernt, daß es selbständig wird und nicht mehr zum Atom gehört. Das Atom besitzt dann ein Elektron und damit eine negative Ladung weniger als vorher. Da bei diesem Vorgang die Zahl der Protonen und damit die Zahl der positiven Ladungen gleichgeblieben ist, diejenige der negativen Ladungen jedoch um 1 abgenommen hat, trägt das Atom nun eine positive Ladung. Ein elektrisch geladenes Atom wird immer als Ion bezeichnet (vgl. auch Kapitel 1.4.4).

Natriumatome besitzen auf dem höchsten Energieniveau ein einzelnes Elektron (Konfiguration $1s^2\,2s^2\,2p^6\,3s^1$). Durch Energiezufuhr kann dieses Elektron vom Atom losgelöst werden:

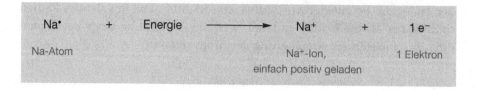

Die Energiemenge, die für diesen Vorgang benötigt wird, hat die Bezeichnung Ionisierungsarbeit oder Ionisierungsenergie erhalten.

Bei Atomen mit mehreren Elektronen auf dem äußersten Niveau können mehrfach positiv geladene Ionen entstehen: Aluminium mit der Konfiguration $1s^2\,2s^2\,2p^6\,3s^2\,3p^1$ besitzt auf dem äußersten Niveau drei Elektronen:

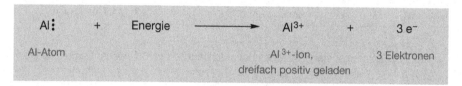

Sobald auf diese Weise durch Elektronenabgabe die Elektronenzahl des im Periodensystem vorangehenden Edelgases erreicht ist, liegt ein stabiles Ion mit einer Edelgaskonfiguration vor.

Das Na^+- und das Al^{3+}-Ion besitzen jeweils noch zehn Elektronen, also genau gleich viele wie das Edelgas Neon. Von diesem unterscheiden sie sich jedoch durch den schwereren Kern und die elektrische Ladung.

Tabelle 2.3. Ionisierungsenergien der Atome der ersten und zweiten Gruppe des Periodensystems (in kJ/mol). Die erste Ionisierungsenergie entspricht dem Übergang $M \rightarrow M^+$, die zweite dem Übergang $M^+ \rightarrow M^{2+}$ und die dritte dem Übergang $M^{2+} \rightarrow M^{3+}$.

Element	Ionisierungsenergie		Element	Ionisierungsenergie		
	erste	zweite		erste	zweite	dritte
Li	520	7298	Be	899	1757	14850
Na	496	4562	Mg	738	1451	7733
K	419	3052	Ca	590	1145	4912
Rb	403	2633	Sr	549	1064	4138
Cs	376	2234	Ba	503	965	

Ein Vergleich der Ionisierungsenergien der Alkalimetallatome zeigt, daß die Ionisierungsarbeit in den Gruppen des Periodensystems von oben nach unten abnimmt (Tabelle 2.3). Das Wasserstoffatom paßt ebenfalls in diese Reihe. Seine Ionisierungsenergie beträgt 1312 kJ/mol. Zwar nimmt die positive Kernladung von H über Na bis Cs stark zu, die zwischen dem Kern und dem abzulösenden Elektron liegenden, voll mit Elektronen besetzten Energieniveaus wirken jedoch abschirmend, so daß die auf das äußerste, einzelne Elektron einwirkende *Rumpfladung*[15] bei allen Elementen gleich groß ist. Da aber vom Na bis zum Cs der Abstand des Elektrons von dieser Rumpfladung zunimmt, wird das Elektron beim Cs am wenigsten stark angezogen und kann daher am leichtesten entfernt werden.

Um von Ionen mit einer Edelgaskonfiguration ein weiteres Elektron abzulösen, müßte ein vollständig aufgefülltes Niveau angegriffen werden. Dies erfordert jedoch außerordentlich hohe Energiemengen, so daß doppelt geladene Alkalimetall-Ionen (z. B. Na^{2+}), dreifach geladene Erdalkalimetall-Ionen (z. B. Be^{3+}) usw. in der Praxis nicht gebildet werden (vgl. die zweiten bzw. dritten Ionisierungsenergien in Tabelle 2.3).

Für das Chloratom beträgt die erste Ionisierungsenergie 1251 kJ/mol. Dieses Beispiel zeigt, daß auch Atome mit fast vollständig aufgefüllten Energieniveaus wie die Halogene in positiv geladene Ionen überführt werden können. Die zugehörigen Ionisierungsarbeiten liegen allerdings ziemlich hoch.

2.2.3 Die Elektronenaffinität

Die Elektronenaffinität charakterisiert den entgegengesetzten Ionisierungsvorgang, nämlich die Bildung von negativ geladenen Ionen durch Elektronenaufnahme. Sie gibt die Energiemenge an, die bei der Aufnahme eines Elektrons durch das Atom frei wird.

Das Chloratom besitzt auf dem äußersten besetzten Energieniveau 7 Elektronen (Konfiguration $3s^2 \, 3p^5$). Durch Aufnahme eines Elektrons geht das Chloratom unter *Energieabgabe* in ein einfach negativ geladenes Chlorid-Ion über, das wie das Edelgas Argon 18 Elektronen aufweist:

$$:\ddot{\underset{..}{Cl}}\cdot \; + e^- \longrightarrow \; :\ddot{\underset{..}{Cl}}:^- \; + \; Energie$$

Elektronenaffinitäten sind wesentlich schwieriger zu messen als Ionisierungsenergien. Tabelle 2.4 zeigt einige Beispiele. Müssen bis zur Erreichung

---

[15] Die Rumpfladung ist die Ladung des Atomrumpfs, den man erhält, wenn man aus einem Atom die Valenzelektronen entfernt.

der Edelgaskonfiguration mehrere Elektronen aufgenommen werden, wie etwa beim Sauerstoff, so wird, im Gegensatz zu den in Tabelle 2.4 gezeigten Beispielen, Energie verbraucht. Das zweite Elektron muß gegen die elektrostatische Abstoßung in ein bereits negativ geladenes Ion eingebaut werden. Dies erfordert eine Energiemenge, die wesentlich größer ist als diejenige, die bei der Aufnahme des ersten Elektrons frei wird. Deshalb sind für die Überführung von O in O^{2-} 703 kJ/mol erforderlich.

Tabelle 2.4. *Elektronenaffinitäten der sechsten und siebten Gruppe des Periodensystems (in kJ/mol). Gezeigt ist die Energie, die bei der Aufnahme eines Elektrons frei wird.*

Element	Elektronenaffinität	Element	Elektronenaffinität
O	141	F	328
S	200	Cl	349
Se	195	Br	325
Te	190	I	295

2.2.4 Elektronegativität

Weiteren Aufschluß über das Verhalten der Elemente in Verbindungen erhält man mit Hilfe des von LINUS PAULING (1900–1994) im Jahre 1932 eingeführten Begriffs der Elektronegativität (Figur 2.1). Die Elektronegativität ist ein Maß für das Bestreben eines Atoms, die Elektronen einer Elektronenpaarbindung (vgl. Kapitel 2.4), an der das Atom beteiligt ist, an sich zu ziehen. Je größer die Differenz der Elektronegativitätswerte zweier Atome A und B ist, desto stärker ist der ionische Charakter der Bindung A–B.

Die Elektronegativitätsskala reicht von 0,7 (Caesium und Francium) bis 4,0 (Fluor). Fluor mit der deutlich stärksten Elektronegativität wird gefolgt von Sauerstoff (3,5) auf dem zweiten Rang und Stickstoff sowie Chlor (3,0) auf dem dritten Rang. Das andere Ende der Skala ist mit den Alkali- und Erdalkalielementen (alle zwischen 0,7 und 1,5) wesentlich dichter besetzt. Wasserstoff und die Halbmetalle sind mit Werten um 2 in der Mitte der Skala zu finden.

Die Elemente links vom Wasserstoff (vgl. Figur 2.1) neigen zur Elektronenabgabe, diejenigen rechts zur Elektronenaufnahme. Links stehen dabei die Metalle, die auf dem äußersten besetzten Energieniveau nur wenige Elektronen aufweisen und deshalb die Edelgaskonfiguration am einfachsten durch Elektronenabgabe erreichen können. Den rechts vom Wasserstoff stehenden Nichtmetallen fehlen bis zur nächsten Edelgaskonfiguration nur wenige Elektronen, so daß das Oktett hier am einfachsten durch Elektronenaufnahme erreicht wird. Diese Elemente zeigen daher das Bestreben, Elektronen aufzunehmen.

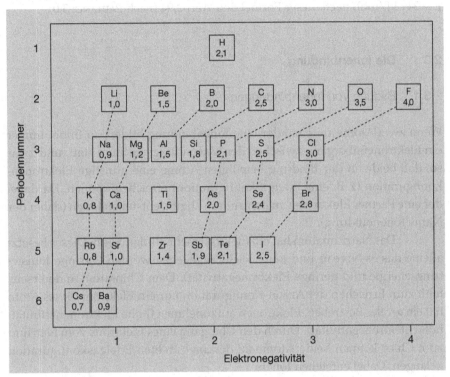

Figur 2.1. Die Elektronegativität einiger Elemente als Funktion der Periodennummer (nach L. PAULING).

Die Elektronegativitätstabelle ermöglicht demnach eine grobe Unterscheidung zwischen Metallen, Halbmetallen und Nichtmetallen:

Ist der Wert der Elektronegativität *kleiner als 1,7*, so handelt es sich um *Metalle*; die Elektronenabgabe wird bevorzugt.

Ist der Wert *1,7 bis 2,1*, so handelt es sich um *Halbmetalle*; einzelne davon haben als Halbleiter in der modernen Elektronik eine große Bedeutung erlangt.

Ist die Elektronegativität *größer als 2,1*, so handelt es sich um *Nichtmetalle*; die Elektronenaufnahme wird bevorzugt.

Die in Figur 2.1 gezeigten Zahlenwerte hatte PAULING durch den Vergleich der Bindungsenergie einer Bindung zwischen ungleichen Atomen mit dem Mittel aus den Bindungsenergien zwischen den jeweils gleichen Elementen gefunden. ROBERT S. MULLIKEN (1896–1986) konnte später zeigen, daß man mit der Näherungsformel $(I + E)/544$ Zahlen erhält, die sehr gut mit den PAULING'schen Werten übereinstimmen (I = Ionisierungsarbeit, E = Elektronenaffinität in kJ/mol). Beispielsweise erhält man für Chlor (I = 1251 kJ/mol, E = 349 kJ/mol) nach dieser Formel den Wert 2,94 (nach PAULING: 3,0).

2.3 Die Ionenbindung

2.3.1 Bildung von Ionenbindungen

Wenn zwei Atome miteinander eine Ionenbindung bilden, so findet immer ein Elektronenübergang zwischen den Verbindungspartnern statt, und zwar so, daß beide an der Bindung beteiligten Atome eine günstige Elektronenkonfiguration (z. B. eine Edelgaskonfiguration) erreichen können. Da dabei der eine Partner Elektronen an den andern abgibt, entstehen Ionen (daher der Name Ionenbindung).

Das Natriumatom hat ein Elektron mehr als das Neon. Dieses besetzt alleine das 3s-Niveau und kann leicht abgegeben werden (geringe Ionisierungsenergie und geringe Elektronegativität). Dem Chloratom andererseits fehlt zum Erreichen der Argon-Konfiguration nur ein Elektron; dieses Atom hat ein großes Bestreben, Elektronen aufzunehmen (hohe Elektronenaffinität, hohe Elektronegativität). Durch den Übergang eines Elektrons vom Natrium zum Chlor können beide Atome zu der angestrebten Edelgaskonfiguration gelangen. Dabei entstehen Ionen:

$$\text{Na}^{\cdot} \; + \; {\cdot}\overset{\cdot\cdot}{\underset{\cdot\cdot}{\text{Cl}}}{:} \quad\longrightarrow\quad \text{Na}^+ \; :\overset{\cdot\cdot}{\underset{\cdot\cdot}{\text{Cl}}}{:}^-$$

An dieser Stelle soll der *Modellcharakter* von graphischen Darstellungen, wie sie in diesem Buch und ganz allgemein in der Chemie zur Darstellung von Zuständen (z. B. Atom- und Molekülorbitale) oder Vorgängen (z. B. Reaktionen) verwendet werden, hervorgehoben werden. So sind z. B. Elektronen in Wirklichkeit natürlich nicht voneinander unterscheidbar. Die Verwendung von Punkten, Kreisen, Farbe u. ä. erleichtert lediglich die „Buchhaltung" beim Formulieren von Vorgängen. Wenn hier also verschiedene Farben verwendet werden, so dient das einzig der Veranschaulichung des Elektronenübergangs vom Natrium zum Chlor. Bei der verwendeten Schreibweise werden außerdem nur diejenigen Elektronen angegeben, die sich auf dem äußersten besetzten Niveau befinden.

Bei Atomen, die auf dem äußersten besetzten Niveau mehrere Elektronen besitzen, können auch mehrere abgegeben werden. Das äußerste Niveau des Calciumatoms enthält zwei Elektronen. Bis das Ca-Atom für sich die Argonkonfiguration erreicht hat, kann es also zwei Chloratomen zur Edelgaskonfiguration verhelfen:

$$Ca + 2\,Cl \longrightarrow Ca^{2+} + 2\,Cl^-$$

In dieser Verbindung, $CaCl_2$, ist das Calcium als doppelt positiv geladenes Ion enthalten. Gleichzeitig sind zwei einfach negativ geladene Chlorid-Ionen entstanden. Damit weisen nun alle beteiligten Partikel die stabile Elektronenkonfiguration des Argons auf.

Liegt die entstandene Verbindung als Festkörper vor, dann bilden die beteiligten Ionen unter Freisetzung von Energie ein Ionengitter (vgl. Kapitel 2.3.2). Je größer dieser Energiegewinn ist, desto stabiler ist das entstandene Gitter.

2.3.2 Ionengitter

Bei dem beschriebenen Elektronenübergang sind zwei elektrisch geladene Teilchen, z. B. ein positiv geladenes Natrium-Ion und ein negativ geladenes Chlorid-Ion, entstanden. Diese entgegengesetzt geladenen Ionen ziehen sich nach dem Gesetz von COULOMB mit einer Kraft

$$K = k\,\frac{q_1\,q_2}{r^2}$$

gegenseitig an (q_1, q_2 = Ladungen der Verbindungspartner, r = Abstand der Atomkerne der Verbindungspartner = Summe der Ionenradien, k = Proportionalitätsfaktor; vgl. Kapitel 1.4.2).

Aus dieser Gleichung kann entnommen werden, daß der Zusammenhalt einer Ionenbindung um so stärker ist, je höher die Ladungen und je kleiner die Radien der beteiligten Ionen sind.

Die Kräfte, welche die entgegengesetzt geladenen Ionen zusammenhalten und aufgrund des Gesetzes von COULOMB wirken, sind elektrostatische Kräfte, die durch elektrische Felder der Ionenladungen vermittelt werden. Das Feld einer einzelnen Ladung wirkt nach allen Richtungen des Raumes gleichmäßig (vgl. Figur 1.3, Kapitel 1.4.3) und wird durch die Anwesenheit einer einzelnen entgegengesetzten Ladung nur lokal gestört. Deshalb ist das Feld eines Na^+-Ions nach Anziehung eines Cl^--Ions nicht neutralisiert. Das Na^+-Ion kann noch weitere Chlorid-Ionen anziehen, und zwar so viele, wie um das Natriumatom herum Platz finden. Im Fall des Kochsalzes NaCl sind es sechs. Dasselbe gilt umgekehrt für die Chlorid-Ionen: Jedes Cl^--Ion kann sechs Na^+-Ionen anziehen. Die Bildung eines solchen Ionengitters aus zunächst isolierten Ionen ist immer mit einem Energiegewinn verbunden (vgl. Kapitel 4.2.1). Man nennt Stoffe, die im festen Zustand Ionengitter bilden, auch Salze.

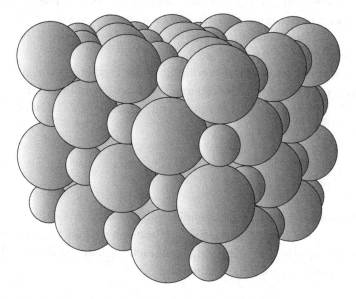

Figur 2.2. Die Struktur von festem Kochsalz. Die kleinen Kugeln stellen Na^+-, die großen Kugeln Cl^--Ionen dar.

In dem räumlichen Gebilde aus Na^+- und Cl^--Ionen, das sich nach allen Richtungen beliebig weit ausdehnen kann, ist jedes Na^+-Ion von 6 Cl^--Ionen und jedes Cl^--Ion von 6 Na^+-Ionen umgeben (Figur 2.2). Eine solche Anordnung von Ionen wird als Ionengitter bezeichnet. Die chemische Formel NaCl bedeutet hier nur, dass im Gitter Na^+- und Cl^--Ionen im Verhältnis 1:1 vorkommen. Ein „Molekül" NaCl gibt es dagegen nicht, da man nicht festlegen kann, welches Na^+-Ion im Gitter zu welchem Cl^--Ion gehört.

Ein Ionengitter wird durch die Koordinationszahl charakterisiert. Diese gibt an, wie viele Ionen der einen Sorte sich in nächster und gleicher Entfernung von einem bestimmten Ion der anderen Sorte befinden. Für das in Figur 2.2 dargestellte Kochsalzgitter ist die Koordinationszahl 6.

Der Bautyp eines Gitters, und damit auch die Koordinationszahl, wird durch das Verhältnis der Ionenradien der am Gitter beteiligten Ionen bestimmt. Um ein gegebenes Ion haben mehr kleinere Ionen einer anderen Sorte Platz als gleich große oder gar größere (Tabelle 2.5).

Tabelle 2.5. Die wichtigsten Ionengittertypen. Zur Bedeutung der Begriffe kubisch raumzentriert und kubisch flächenzentriert vgl. Kapitel 2.6.

Beispiel	Koordinationszahl	Gittertyp	Beschreibung
CsI	8		Jedes Ion sitzt im Zentrum eines Würfels, dessen 8 Ecken von 8 Ionen der andern Sorte gebildet werden. Betrachtet man alle Ionen als gleichwertig, so ist dies die Anordnung der kubisch raumzentrierten Struktur.
NaCl	6		Jedes Ion sitzt im Zentrum eines Oktaeders, dessen 6 Ecken von 6 Ionen der andern Sorte gebildet werden (vgl. Figur 2.2). Dabei bilden die beiden Ionensorten einzeln je ein kubisch flächenzentriertes Gitter.
ZnS	4		Jedes Ion sitzt im Zentrum eines Tetraeders, dessen 4 Ecken von 4 Ionen der andern Sorte gebildet werden. Die Kationen besetzen dabei die Punkte einer kubisch flächenzentrierten Struktur, während die Anionen die Hälfte der Tetraederlücken dieser Packung besetzen.

2.3.3 Die Wertigkeit bei Ionenverbindungen

Die Wertigkeit eines Elements in einer Ionenverbindung gibt an, wie viele Elektronen die Atome des betreffenden Elements bei der Verbindungsbildung aufgenommen bzw. abgegeben haben. In der Verbindung $BaCl_2$ ist also das Barium +2-wertig (Ba^{2+}) und das Chlor –1-wertig (2 Cl^-).

Wie hier muß für jede aus Ionen aufgebaute Verbindung die Summe der positiven Ladungen in der Formeleinheit gleich der Summe der negativen Ladungen sein. Dieses Prinzip erlaubt es auch herauszufinden, daß z. B. die Eisen-Ionen in FeF_3 +3-wertig sind, wenn man weiß, daß Fluor in Salzen immer als –1-wertiges Ion auftritt. Für die Elemente der Hauptgruppen des Periodensystems ist die Wertigkeit der positiv geladenen Ionen in den meisten Fällen mit der Gruppennummer und der Anzahl der Elektronen auf dem äußersten besetzten Niveau identisch.

Negativ geladene Ionen werden praktisch nur von den Elementen der V. bis VII. Hauptgruppe gebildet. Ihre häufigste Wertigkeit ist gleich der Gruppennummer minus 8, also gleich der Zahl der Elektronen, die bis zur vollen Besetzung des äußersten Niveaus des betreffenden Atoms noch fehlen. Beispielsweise gilt für das negativ geladene Ion des Sauerstoffs (VI. Hauptgruppe) die Wertigkeit 6–8 = –2.

2.3.4   Bedingungen für die Bildung einer Ionenbindung

Damit sich zwischen zwei Atomsorten eine Ionenbindung bilden kann, muß der eine Partner zur Elektronenabgabe neigen (typisch für Metalle) und der andere die Tendenz haben, diese freigewordenen Elektronen aufzunehmen (typisch für Nichtmetalle).

Man kann diese Bedingung auch anders formulieren: Geeignete Partner für eine Ionenbindung weisen eine möglichst große Elektronegativitätsdifferenz auf, sie haben in Figur 2.1 einen möglichst großen Abstand.

Nicht zufällig enthalten die bisher als Beispiele erwähnten Ionenverbindungen deshalb Metall- und Nichtmetall-Ionen nebeneinander.

Unterschreitet die Elektronegativitätsdifferenz einen bestimmten Wert, so kann keine Ionenbindung mehr gebildet werden. In solchen Fällen beobachtet man die Ausbildung von Elektronenpaarbindungen.

2.4   Die Elektronenpaarbindung

2.4.1   Bildung von Elektronenpaarbindungen

Dieser zweite Bindungstyp wird bei Bindungen zwischen Nichtmetallatomen verwirklicht. An die Stelle eines Elektronenübergangs tritt hier die Bildung von gemeinsamen Elektronenpaaren. Chloratome besitzen auf dem äußersten Niveau sieben Elektronen:

zwei Chloratome   ein Chlormolekül Cl_2

Aus den beiden ungepaarten Elektronen der zwei Chloratome wird ein Elektronenpaar gebildet, das beiden Atomen gleichzeitig angehört. So ist nun im Chlormolekül Cl_2 jedes Chloratom von einem vollständigen Elektronenoktett in Form von vier Elektronenpaaren umgeben. Die gezeigte Schreibweise geht auf einen Vorschlag von GILBERT N. LEWIS (1875–1946) zurück, kovalente Bindungen zu charakterisieren. In solchen LEWIS-Formeln werden Atome durch das Elementsymbol dargestellt, wobei nur die Elektronen der äußersten, nicht vollständig besetzten Schale (die Valenzelektronen), aufgezeichnet werden. Diese werden entweder als einzelne Punkte oder als Punktepaare bzw. Striche, die jeweils für ein Elektronenpaar stehen, dargestellt und um das Elementsymbol herum angeordnet. Dabei unterscheidet man bindende Elektronenpaare, die zwischen die Elementsymbole geschrieben werden, und nicht bindende, auch einsame oder freie Elektronenpaare genannt, die einem einzelnen Elementsymbol zugeordnet sind. Häufig vereinfacht man das Formelbild dadurch, daß nur das beiden Atomen gemeinsame Elektronenpaar gezeichnet wird:

$$| \overline{B}r - \overline{B}r | \qquad \text{oder} \qquad Br - Br$$

ein Brommolekül Br_2

Eine Bindung, die durch die Bildung von gemeinsamen Elektronenpaaren entstanden ist, wird als Elektronenpaarbindung oder kovalente Bindung bezeichnet. Im Gegensatz zur Ionenbindung entstehen hier keine Ionen, da ja keine Elektronen abgegeben oder aufgenommen werden. Bei dieser Verbindungsbildung wird aus den Orbitalen der beiden Atome, welche eine Bindung eingehen, ein einziges *Molekülorbital* gebildet, das beide Atome gleichzeitig umgibt.

Eine Elektronenpaarbindung kann auch in der Weise entstehen, daß der eine Partner (Donor) beide Elektronen für die Bindung zur Verfügung stellt, während der andere (Akzeptor) eine Elektronenlücke aufweist. Solche Donor-Akzeptor-Bindungen kommen vor allem bei Komplexen (vgl. Kapitel 2.7.5) vor.

2.4.2   Die Bindungszahl

Das Wasserstoffatom benötigt zum Erreichen der nächsten Edelgaskonfiguration (Helium) nur ein Elektron. Das Wasserstoffmolekül H_2, in dem die Edelgaskonfiguration für beide H-Atome erreicht ist, kann also durch die

Lewis-Formel H : H oder H–H wiedergegeben werden. Da dem Wasserstoff pro Atom nur ein Elektron zur Verfügung steht, kann pro H-Atom auch dann nur eine Bindung gebildet werden, wenn als Partner Atome mit höherer Ordnungszahl zur Verfügung stehen:

$$
\cdot \overset{\textstyle .}{\underset{\textstyle .}{C}} \cdot \ + \ 4\,H\cdot \ \longrightarrow \ H : \overset{\textstyle H}{\underset{\textstyle H}{\overset{..}{C}}} : H \quad \text{oder} \quad H - \overset{\textstyle H}{\underset{\textstyle H}{C}} - H
$$

Methan

Aus der Formel des Methanmoleküls ist klar zu ersehen, daß jedes der fünf an der Verbindung beteiligten Atome eine Edelgaskonfiguration erreicht hat.

In diesem Beispiel hat Kohlenstoff die Bindungszahl vier, Wasserstoff die Bindungszahl eins. Als *Bindungszahl* definiert wird die Anzahl der Atome, mit denen ein bestimmtes Atom in einem Molekül verbunden ist.

2.4.3 Doppel- und Dreifachbindungen

Außer den bis jetzt gezeigten Einfachbindungen können auch Mehrfachbindungen gebildet werden. So müssen die beiden Stickstoffatome im N_2-Molekül drei gemeinsame Elektronenpaare bilden, damit jedes Atom die Neonkonfiguration erreichen kann:

$$
:\overset{.}{N}\cdot \ + \ \cdot\overset{.}{N}: \ \longrightarrow \ \big(:N \ \vdots \ N: \big) \quad \text{oder} \quad |N \equiv N|
$$

Hier liefert jeder Verbindungspartner gleich viele, nämlich drei Elektronen für die Bildung der drei gemeinsamen Elektronenpaare; bei dieser Bindung handelt es sich um eine Dreifachbindung.

Eine Doppelbindung ist z. B. im Molekül Ethen (Ethylen) mit der Formel

$$
\overset{\textstyle H\ H}{\underset{\textstyle H\ H}{\overset{..}{C} :: \overset{..}{C}}} \quad \text{oder} \quad \overset{\textstyle H}{\underset{\textstyle H}{\diagdown}} C = C \overset{\textstyle H}{\underset{\textstyle H}{\diagup}}
$$

enthalten.

2.4.4 Verbindungen mit ungepaarten Elektronen

Nicht für alle durch kovalente Bindungen zusammengehaltenen Moleküle lassen sich Bindungen so formulieren, daß sich für alle Atome Elektronenoktette ergeben und im Formelbild nur gepaarte Elektronen auftreten. Betrachten wir beispielsweise den Luftschadstoff Stickstoffmonoxid, NO. Für dieses Molekül kann keine Formel so geschrieben werden, daß sich sowohl für das O- als auch für das N-Atom ein Elektronenoktett ergibt. Man muß sich dafür entscheiden, ein Elektron ungepaart zu lassen und dabei einem der beiden Atome nur 7 Elektronen zuzuordnen. Da Sauerstoff stärker elektronegativ ist als Stickstoff, ergibt sich folgende beste Lewis-Formel:

$$:\!\dot{N}\!=\!\ddot{O}\!\cdot$$

Damit erhält das Stickstoffatom das ungepaarte Elektron. Verbindungen, deren Moleküle oder Ionen ungepaarte Elektronen aufweisen, werden von Magnetfeldern stark angezogen. Solche Stoffe bezeichnet man als *ferromagnetisch* (wenn sie, wie z. B. Eisen, Cobalt oder Nickel, ihre Magnetisierung nach Entfernen des Magnetfelds beibehalten) oder als *paramagnetisch* (wenn sie, wie NO, ihre Magnetisierung nach Entfernen des Magnetfelds wieder verlieren). Bei paramagnetischen Stoffen kann die Anzahl der ungepaarten Elektronen aus der Stärke der Wechselwirkung mit dem Magnetfeld ermittelt werden.

Enthalten die Moleküle oder Ionen einer Verbindung keine ungepaarten Elektronen, dann ist sie *diamagnetisch*. Solche Verbindungen werden von Magnetfeldern sehr schwach abgestoßen, da das äußere Magnetfeld in ihnen ein schwaches, entgegengesetztes magnetisches Moment induziert.

2.4.5 Polarisierte Elektronenpaarbindungen

In den meisten bis jetzt besprochenen Fällen waren beide an der Elektronenpaarbindung beteiligten Atome von der gleichen Sorte, z. B. in H_2, Cl_2 und N_2.

Im Chlormolekül sind zwei Atome mit hoher Elektronegativität (3,0; vgl. Figur 2.1) miteinander verbunden. Das bedeutet, daß jedes der beiden Cl-Atome das gemeinsame Elektronenpaar ganz zu sich herüberziehen möchte. Da diese Tendenz bei zwei gleichen Atomen natürlich genau gleich stark ist, wird auf das gemeinsame Elektronenpaar von beiden Seiten her die gleiche Kraft ausgeübt. Deshalb ist das gemeinsame Elektronenpaar im Molekülorbital als Elektronenwolke symmetrisch über die beiden Cl-Atome verteilt. Die restlichen sechs Elektronen pro Cl-Atom sind auf beiden Seiten gleichartig angeordnet. Deshalb ist das Chlormolekül vollständig symmetrisch aufgebaut.

Wie oben am Beispiel von Methan gezeigt, können Elektronenpaarbindungen jedoch auch zwischen verschiedenen Atomen gebildet werden. Als weiteres Beispiel soll hier das Fluorwasserstoff-Molekül HF etwas näher betrachtet werden. Die beiden Verbindungspartner unterscheiden sich nicht nur in der Größe (Atomradius von H sehr viel kleiner als der von F), sondern auch in der Elektronegativität (F: 4,0; H: 2,1; vgl. Figur 2.1). Fluor ist viel stärker elektronegativ als Wasserstoff und hat deshalb die deutlich größere Tendenz, das gemeinsame Elektronenpaar zu sich herüberzuziehen, als der weniger elektronegative Wasserstoff. Deshalb wird das gemeinsame Elektronenpaar etwas in die Nähe des Fluoratoms gezogen. Durch diese Verschiebung ist die Verteilung der Elektronen, also der negativen Ladungen, über das Molekül asymmetrisch geworden. Es ist eine Polarisierung eingetreten. Dasjenige Ende des Moleküls, an dem das Wasserstoffatom sitzt, ist leicht positiv, das andere leicht negativ geladen. In der Formel kann dies mit Hilfe von Symbolen für entgegengesetzt gleich große *Teilladungen* wie folgt angedeutet werden:

$$\overset{\delta^+}{H}\!\!-\!\!\overset{\delta^-}{\underline{F}}|$$

Man beachte, daß durch die Polarisierung keine Ionen entstehen. Die hier auftretenden Ladungen sind klein im Vergleich zur Elementarladung. Die asymmetrische Ladungsverteilung bewirkt aber, daß sich das Molekül wie ein *Dipol* verhält und sich in einem elektrischen Feld entlang der Feldlinien ausrichtet. Für Dipolmoleküle kann das folgende Symbol verwendet werden (vgl. auch Kapitel 4.1.1):

Bei mehratomigen Molekülen besteht die Möglichkeit, daß sich die Wirkungen von verschiedenen polarisierten Elektronenpaarbindungen gegenseitig aufheben. Beispielsweise sind die Elektronenpaarbindungen in der bereits besprochenen, tetraedrisch gebauten (vgl. Kapitel 2.4.7) Verbindung Methan leicht polarisiert, da ein kleiner Elektronegativitätsunterschied (0,4) zugunsten des Kohlenstoffs besteht (Figur 2.1). Da der Schwerpunkt der positiven Teilladungen, welche die H-Atome tragen, jedoch aus Symmetriegründen mit der negativen Teilladung des C-Atoms zusammenfällt, ist das Methan-molekül kein Dipol.

Beim Tetrachlormethan-Molekül CCl_4 ist der Elektronegativitätsun-terschied, diesmal zugunsten der Chloratome, etwas größer (0,5). Dank der symmetrischen Anordnung der vier polarisierten Bindungen in einem Tetraeder (vgl. Tabelle 2.6) weist auch das CCl_4-Molekül nach außen keinen Dipolcharakter auf.

2.4.6 Das Wassermolekül H_2O

Das Wassermolekül hingegen ist wiederum ein Dipol. Die beiden O–H-Bin-dungen schließen einen Winkel von 104°40′ ein und sind polarisiert, wobei die Wasserstoffatome je eine partielle positive, das Sauerstoffatom eine partielle negative Ladung erhält. (Die Summe aller Teilladungen ist natürlich null.)

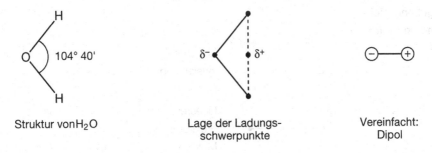

Struktur von H_2O Lage der Ladungs-   Vereinfacht:
                              schwerpunkte   Dipol

Figur 2.3. Struktur und Dipolcharakter des Wassermoleküls.

Der Schwerpunkt δ^- der negativen Ladung, der beim Sauerstoffatom liegt, fällt nun aber nicht mit dem Schwerpunkt δ^+ der positiven Ladung, der sich in der Mitte zwischen den beiden H-Atomen befindet, zusammen. Das Was-sermolekül hat deshalb beim Sauerstoffatom einen negativen, auf der Seite der Wasserstoffatome einen positiven Pol; es liegt also ein Dipolmolekül vor.

Die besonderen Eigenschaften des Wassers, die sich unter anderem aus dem Dipolcharakter des Moleküls ergeben, werden im Kapitel 4.1 aus-führlich behandelt.

2.4.7 Die Richtung von Elektronenpaarbindungen

Bei Ionenverbindungen beruht der Zusammenhalt zwischen den einzelnen Ionen auf elektrostatischen Anziehungskräften. Diese Kräfte wirken nach

69

allen Richtungen des Raumes hin gleichmäßig, was bei den Salzen zur Bildung von Ionengittern führt (vgl. Kapitel 2.3.2). Dies bedeutet, daß die Richtung von Ionenbindungen in solchen Feststoffen durch die Kristallsymmetrie gegeben ist.

Im Gegensatz dazu sind Elektronenpaarbindungen gerichtet. Ihre Richtungen sind dabei durch die Lage und Symmetrie der entsprechenden Molekülorbitale im Molekül gegeben und können durch Kristallisation der entsprechenden Verbindungen nicht beeinflußt werden.

Enthält ein Molekül mehrere Elektronenpaarbindungen, so stellen sich diese gesetzmäßig zueinander ein. Dabei gibt es für die Bindungszahlen 2 bis 4 jeweils mehrere Möglichkeiten (Tabelle 2.6).

Tabelle 2.6. Bindungszahl und Richtung von Elektronenpaarbindungen.

Bindungszahl des als ○ gekennzeichneten Atoms	Form des Moleküls	Richtung der Bindungen	Beispiel
1		Lineares, zweiatomiges Molekül.	Cl_2, HF
2		Lineares, dreiatomiges Molekül.	BeH_2
		Gewinkeltes, dreiatomiges Molekül.	H_2O
3		Trigonal planares Molekül. Die Bindungen sind nach den Ecken eines gleichseitigen Dreiecks gerichtet.	BF_3
		Trigonal pyramidales Molekül. Die drei Bindungen bilden eine dreiseitige Pyramide.	NH_3

Tabelle 2.6. (Fortsetzung)

Bindungszahl des als ○ gekennzeichneten Atoms	Form des Moleküls	Richtung der Bindungen	Beispiel
4		Tetragonal ebenes Molekül. Die vier Bindungen sind nach den vier Ecken eines Quadrats gerichtet.	IF_4^-; häufig bei Komplexen
		Tetraedrisches Molekül. Die vier Bindungen sind nach den vier Ecken eines Tetraeders gerichtet.	CCl_4, CH_4
5		Trigonal bipyramidales Molekül. Drei Bindungen bilden die Basis zweier dreiseitiger Pyramiden.	PCl_5
6		Oktaedrisches Molekül. Die sechs Bindungen sind nach den sechs Ecken eines Oktaeders gerichtet.	SF_6; häufig bei Komplexen

2.5 Übergänge zwischen den Bindungstypen

In den beiden vorangehenden Kapiteln wurden zwei Grundtypen von Bindungen dargestellt. Die Verschiedenheiten im Bindungscharakter widerspiegeln sich in den makroskopischen Eigenschaften der beiden Verbindungstypen:

Die aus einem Gitter aufgebauten Ionenverbindungen sind salzartig und schwerflüchtig, d. h. sie weisen meist sehr hohe Schmelzpunkte auf.

Beim Schmelzen eines Salzes wird die Ordnung des Ionengitters zwar zerstört, aber die elektrostatische Anziehung zwischen den Ionen bleibt auch in der Schmelze erhalten.

Die aus Molekülen mit kovalenten Bindungen bestehenden Verbindungen bilden im festen Zustand zwar ebenfalls ein Gitter. Die Gitterelemente (Moleküle) sind aber in diesem Falle ungeladen, so daß die Schmelzpunkte im Vergleich zu Ionenverbindungen deutlich niedriger liegen. Die Siedepunkte liegen für viele Verbindungen so tief, daß sie leicht in den gasförmigen Zustand übergeführt werden können. Sowohl die Schmelz- als auch die Siedepunkte steigen allgemein mit zunehmender Molekülmasse an.

Die in den vorhergehenden Abschnitten erwähnten Beispiele für die beiden Bindungsarten stellen Idealfälle dar. Viele chemischen Bindungen stehen zwischen den beiden reinen Bindungsarten und besitzen typische Merkmale sowohl der einen als auch der andern. Schematisch können atypische Bindungen beliebig innerhalb des folgenden Übergangs angesiedelt werden:

$A : B$	Reine Elektronenpaarbindung. A und B dürfen keine Elektronegativitätsdifferenz aufweisen; die Elektronenverteilung ist symmetrisch. Diese Bedingung wird meist nur von Atomen desselben Elements erfüllt.
$A^{\delta+} : B^{\delta-}$	Polarisierte Elektronenpaarbindung. Es gibt immer noch ein gemeinsames Elektronenpaar. Zwischen A und B besteht eine Elektronegativitätsdifferenz, die in der Regel kleiner als 2,0 sein soll. B ist hier der stärker elektronegative Partner und hat deshalb das Elektronenpaar etwas zu sich herübergezogen.
$A^{+} : B^{-}$	Reine Ionenbindung. A hat ein Elektron an B abgegeben, es sind Ionen entstanden. In diesem Fall muss A ein Metall- und B ein Nichtmetallatom sein, und die Elektronegativitätsdifferenz zwischen A und B soll größer oder gleich 2,0 sein.

Der Grad der Polarisation ist der Elektronegativitätsdifferenz proportional. Durch Variation der Bindungspartner A und B ist es möglich, alle denkbaren Schattierungen von Übergängen zwischen der reinen Ionenbindung und der reinen Elektronenpaarbindung zu verwirklichen. Zur Illustration betrachte man die Reihe der Verbindungen von Elementen der dritten Periode mit Chlor (Tabelle 2.7).

Tabelle 2.7. Bindungscharakter und physikalische Eigenschaften der Verbindungen der Elemente der dritten Periode mit Chlor.

Verbindung	Schmelzpunkt (°C)	Siedepunkt (°C)	Charakter
NaCl	800	1465 (Zersetzung)	Ionenbindung, schwerflüchtiges Salz
$MgCl_2$	714	1412 (Zersetzung)	Ionenbindung, schwerflüchtiges Salz
$AlCl_3$	190 (sublimiert)		Kovalente Bindung, flüchtiger Netzwerkfestkörper
$SiCl_4$	−69	58	Kovalente Bindung, leichtflüchtige Flüssigkeit
PCl_3	−112	76	Kovalente Bindung, leichtflüchtige Flüssigkeit
SCl_2	−122	60	Kovalente Bindung, leichtflüchtige Flüssigkeit
Cl_2	−101	−34	Kovalente Bindung, Gas

2.6 Die metallische Bindung

Obwohl die meisten Elemente Metalle sind, wurde die Theorie der metallischen Bindung erst nach der Theorie der Ionen- und der Elektronenpaarbindung entwickelt und hat sich in den letzten Jahrzehnten auch ständig wieder geändert. Schwierigkeiten treten hier auf, weil der Charakter der metallischen Bindung nur auf dem Umweg über die Untersuchung einer Reihe von typischen physikalischen Eigenschaften der Metalle erkennbar wird.

Die wichtigste Eigenschaft der Metalle ist ihre große *Leitfähigkeit für Elektrizität und Wärme.* Dabei ist zu beachten, daß an einem metallischen Leiter (z. B. Kupferdraht) beim Stromdurchtritt keine stofflichen Änderungen auftreten und auch scheinbar keine Materie transportiert wird. Im Gegensatz dazu leitet die Schmelze oder die wäßrige Lösung eines Elektrolyten den

Strom dadurch, daß Ionen transportiert werden. Außerdem wird der Elektrolyt durch den elektrischen Strom in seine Bestandteile zerlegt (Elektrolyse, vgl. Kapitel 1.4.4, 5.4.4 und 5.4.5).

Alle Metalle zeichnen sich ferner durch ihre *Schmiedbarkeit* und ihre *Duktilität* aus, d. h. sie sind deformierbar und dehnbar. Daß eine derartige Behandlung ohne Bruch möglich ist, weist auf eine gewisse Beweglichkeit der Metallbausteine untereinander hin, bei gleichzeitiger Anwesenheit starker Kohäsionskräfte zwischen ihnen.

Erwähnenswert ist ferner noch der *Oberflächenglanz* und die Fähigkeit mancher Metalle, nach Bestrahlung mit kurzwelligem Licht oder starker Erhitzung Elektronen zu emittieren.

Diese Eigenschaften unterscheiden die Metalle von allen übrigen Elementen und Verbindungen. Sie lassen sich nur erklären, wenn man annimmt, daß jedes Metall im elementaren Zustand leicht bewegliche Elektronen enthält. In diesem Punkt stimmen alle Theorien über die metallische Bindung überein.

In der klassischen Theorie der metallischen Bindung war angenommen worden, daß die Metallatome ihre Valenzelektronen aufgrund der sehr niedrigen Ionisierungsenergie abgeben und ein dichtgepacktes Ionengitter bilden. Die Valenzelektronen sollten sich dabei frei als sogenanntes Elektronengas in den Gitterzwischenräumen bewegen und so die Abstoßung der eng benachbarten positiv geladenen Metall-Ionen verhindern. Das leicht bewegliche Elektronengas erklärt auch die Leitfähigkeit der Metalle, indem diese Ladungswolke durch Anlegen einer Spannung leicht in einer bestimmten Richtung verschoben werden kann. Die klassische Theorie ist jedoch unbefriedigend, besonders wegen des aus durchwegs positiv geladenen Ionen aufgebauten Gitters. Sie darf heute als überholt betrachtet werden.

Eine modernere Theorie geht auf PAULING zurück. Röntgenkristallographische Untersuchungen an Metallen ergaben, daß sie aus Gittern mit der Koordinationszahl 12 aufgebaut sind. Dabei kann es sich um die *kubisch flächenzentrierte* oder *hexagonal dichteste Kugelpackung* handeln (Figur 2.4). In beiden Anordnungen hat jedes Atom 12 Nachbarn, und die Atome nehmen, wenn man sie als Kugeln betrachtet, 74 % des Gittervolumens ein.

Manche Metalle bilden die etwas weniger dichte *kubisch raumzentrierte Packung* mit der Koordinationszahl 8. Bei dieser Anordnung besetzen die Atome die Ecken und die Mitte eines Würfels. Sie nehmen dann 68 % des Gittervolumens ein. Die hier dargestellten Überlegungen sind auch auf diesen Fall anwendbar.

Die für die Bildung von Bindungen zur Verfügung stehenden Valenzelektronen (Elektronen des äußersten, nicht vollständig aufgefüllten Niveaus)

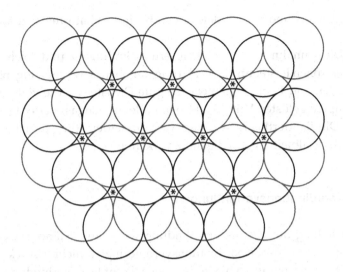

Figur 2.4. Schichten von Metallatomen in dichtesten Kugelpackungen. Auf der untersten der gezeigten Schichten (farbig) liegt eine zweite Schicht (schwarz) derart, daß die Atome der zweiten Schicht über die Lücken zwischen den Atomen der ersten Schicht zu liegen kommen. Für die Anordnung einer dritten Schicht, deren Atome wiederum über den Lücken zwischen den Atomen der zweiten Schicht liegen sollen, gibt es nun zwei Möglichkeiten: Entweder ordnet man die Atome so an, daß sie sich direkt über den Atomen der ersten Schicht befinden (hexagonal dichteste Packung), oder auf die mit einem Stern bezeichneten Lücken (kubisch flächenzentrierte Packung).

reichen nun bei weitem nicht aus, um Bindungen zwischen einem bestimmten Atom und jedem seiner 12 (oder 8) Nachbarn zu ermöglichen. Bei allen Metallen gibt es nämlich eine sehr viel größere Zahl von Valenzorbitalen als Elektronen, die diese besetzen könnten.

Nach der Theorie von PAULING werden nun pro Atom nach Maßgabe der vorhandenen Valenzelektronen eine bestimmte Anzahl von Bindungen ausgebildet, die aber völlig *delokalisiert* sind. An die Stelle der Valenzorbitale der einzelnen Atome treten im Atomverbund eines Metalls eine große Anzahl von Molekülorbitalen, die sich bezüglich ihrer Energie nur geringfügig unterscheiden. Gemäß dem PAULI-Prinzip (vgl. Kapitel 1.5.5) kann jedes dieser Orbitale nur von zwei Elektronen besetzt werden, so daß sich die Elektronen auf ein *Band* eng benachbarter Energieniveaus verteilen. Innerhalb eines solchen Bandes sind die Valenzelektronen sehr beweglich. Sie können praktisch ohne Energieaufwand ihre Plätze wechseln. Diese Elektronenübergänge erfolgen selbstverständlich so, daß nirgends eine Anhäufung von Ladungen entsteht.

Die Annahme von delokalisierten Bindungen und leicht beweglichen Elektronen leistet für die Erklärung der oben erwähnten Eigenschaften von Metallen und Legierungen ebenso gute Dienste wie die völlig von den Atomrümpfen gelösten Valenzelektronen (Elektronengas) in der klassischen Theorie. Die Bändertheorie vermag aber ausserdem die speziellen Eigenschaften der Halbleiter befriedigend zu erklären.

2.7   Koordinationsverbindungen

Eine Darstellung der chemischen Bindung wäre unvollständig, wenn man das große Gebiet der Koordinationsverbindungen nicht berücksichtigen würde. Diese Verbindungen werden auch komplexe Verbindungen oder Komplexe genannt. Die ersten Arbeiten über dieses wichtige und vielseitige Gebiet wurden vom Chemiker ALFRED WERNER (1866–1919) aus Zürich durchgeführt und im Jahre 1893 veröffentlicht.

Was ist nun unter einer Koordinationsverbindung zu verstehen? Ganz allgemein besteht sie aus einem *Zentralteilchen* und einigen um dieses herum angeordneten *Liganden*. Beim Zentralteilchen handelt es sich in den meisten Fällen um ein positiv geladenes Metall-Ion, seltener um ein ungeladenes Metallatom. In beiden Fällen muß das Zentralteilchen aber unbesetzte Atomorbitale relativ niedriger Energie aufweisen, die von Elektronen des Liganden besetzt werden können.

Bei den Liganden handelt es sich meistens um Moleküle oder Ionen, die wenigstens ein *einsames Elektronenpaar* aufweisen. Im Gegensatz zu den gemeinsamen Elektronenpaaren, die sich aus Elektronen zweier Atome zur Ausbildung von kovalenten Bindungen zusammensetzen, sind einsame Elektronenpaare solche, die einem einzelnen Atom zugeschrieben werden können und die (in Abwesenheit eines Zentralteilchens) keine kovalente Bindung vermitteln. Beispielsweise besitzt das Sauerstoffatom im Wassermolekül zwei einsame Elektronenpaare:

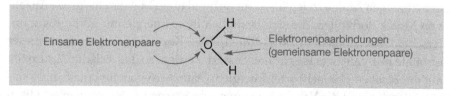

In den häufig *farbigen* komplexen Verbindungen besetzen die einsamen Elektronenpaare der Liganden unbesetzte Atomorbitale des Zentralteilchens und vermitteln so eine chemische Bindung, die dem Typus der (polarisierten) Elektronenpaarbindung sehr nahe kommt.

Verbindungen, die zwar keine einsamen Elektronenpaare besitzen, stattdessen aber *Mehrfachbindungen* aufweisen, können ebenfalls als Liganden auftreten. In den entsprechenden Komplexen werden die Bindungen zwischen dem Zentralteilchen und den Liganden von Elektronenpaaren der Mehrfachbindungen vermittelt.

2.7.1 Ion-Ion-Komplexe

Bei Ion-Ion-Komplexen treten als Liganden Ionen auf. Vom positiv geladenen Zentral-Ion aus wirken auf negativ geladene Ionen zunächst elektrische Feldkräfte, die nicht gerichtet sind. Treten die Ligand-Ionen aber in die Ligandsphäre des Zentral-Ions ein, dann spielen nicht nur diese Kräfte, sondern auch die Form und Orientierung der unbesetzten Orbitale des Zentral-Ions, die von den Elektronenpaaren der Ligand-Ionen besetzt werden, für die Geometrie der Koordinationsverbindung eine ausschlaggebende Rolle. Zur Illustration betrachte man die beiden Komplexe, die von Cyanid-Ionen (CN^-) mit den Zentral-Ionen Zn^{2+} und Fe^{2+} gebildet werden:

$$Zn^{2+} + 4\,CN^- \longrightarrow [Zn(CN)_4]^{2-}$$

$$Fe^{2+} + 6\,CN^- \longrightarrow [Fe(CN)_6]^{4-}$$

Man kann hier wie bei Ionen in Ionengittern eine *Koordinationszahl* angeben. In diesem Fall bezeichnet sie die Zahl der an das Zentral-Ion angelagerten Liganden. Während ein Zink-Ion vier Cyanid-Ionen koordiniert, bevorzugt das Eisen-Ion sechs Ligand-Ionen, obwohl die Ionenradien der beiden Zentral-Ionen praktisch identisch sind (Zn^{2+}: 0,60 Å bei Koordinationszahl 4; Fe^{2+}: 0,61 Å bei Koordinationszahl 6). Die Liganden sind dabei im Falle des Eisenkomplexes oktaedrisch und im Falle des Zinkkomplexes tetraedrisch angeordnet. Andere Ionen, etwa Ag^+ und Au^+ bilden leicht Komplexe mit lediglich zwei Liganden:

$$Ag^+ + 2\,CN^- \longrightarrow [Ag(CN)_2]^-$$

Bei den Gebilden $[Ag(CN)_2]^-$, $[Zn(CN)_4]^{2-}$ und $[Fe(CN)_6]^{4-}$ handelt es sich um Ion-Ion-Komplexe. Die Beispiele zeigen, daß Ion-Ion-Komplexe elektrisch geladen sein können; man müßte sie also genauer als komplexe Ionen bezeichnen. Es ist in solchen Fällen üblich, die Komplexe durch eckige Klammern einzurahmen und ihre Ladung außerhalb der Klammer anzugeben.

Komplexe Ionen werden hauptsächlich in Lösung gebildet, wenn die Ligand-Ionen im Überschuß vorhanden sind. Sie können aber auch als Ganzes in ein Ionengitter eingebaut werden (z. B. im Kalium-hexacyanoferrat $K_4[Fe(CN)_6]$).

2.7.2 Ion-Molekül-Komplexe

Anstelle von Ionen können vom Zentral-Ion auch ungeladene Moleküle über ihre freien Elektronenpaare koordiniert werden. Zu den wichtigsten hier auftretenden Liganden gehören das Wasser- und das Ammoniakmolekül (H_2O und NH_3). Beide haben einen ausgeprägten Dipolcharakter, wie er für das Wassermolekül in Kapitel 2.4.6 erklärt worden ist. Die negative Teilladung des Dipols ist zwar mitbestimmend für die Stabilität der Ion-Molekülkomplexe, wie es die negative Ladung der Liganden bei den Ion-Ion-Komplexen ist. Wiederum ist aber die Anwesenheit freier Elektronenpaare für Moleküle, die als Liganden dienen sollen, unerläßlich.

Figur 2.5 zeigt einen Ion-Molekül-Komplex mit Wassermolekülen als Liganden. Die Koordinationszahl ist hier 6, und die Liganden befinden sich an den Ecken eines Oktaeders, in dessen Zentrum sich ein Mg^{2+}-Ion befindet. Die meisten Metall-Kationen bilden in wäßriger Lösung derartige, Aqua-Komplexe genannte Koordinationsverbindungen mit H_2O-Molekülen (vgl. Kapitel 4.2.1). Die Ionen liegen dabei meist als Hexaqua-Komplexe von oktaedrischer Struktur vor. Analoge Komplexe werden mit NH_3-Molekülen gebildet (Ammin-Komplexe).

2.7.3 Komplexe mit ungeladenen Zentralatomen

In Komplexen wie $Ni(CO)_4$, $Fe(CO)_5$ oder $Co(CO)_3NO$ bilden formal ungeladene Liganden (CO oder NO) mit Zentralteilchen insgesamt *ungeladene* Spezies. Man kann deshalb die Zentralteilchen als formal ungeladen betrachten. Solche Komplexe besitzen meist relativ niedrige Schmelz- und Siedepunkte. Tetraedrisch gebautes Tetracarbonylnickel, $Ni(CO)_4$, das bei −25 °C schmilzt

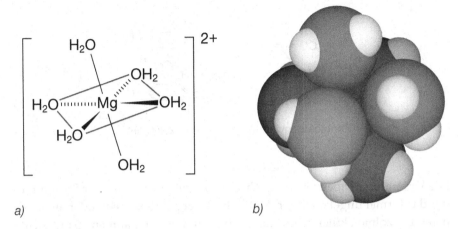

a)   b)

Figur 2.5. Das oktaedrische Komplex-Ion [Mg(H₂O)₆]²⁺. In der Strukturformel a) sind nach vorne (hinten) aus der Zeichenebene herausragende Bindungen als Keile (mit gestrichelten Linien) dargestellt. Die Sauerstoffatome der Ligandmoleküle besetzen die Ecken eines Oktaeders (die farbigen Linien dienen der besseren Visualisierung). In der Kalottendarstellung b) erscheinen die O-Atome der Wassermoleküle als größere, die H-Atome als kleinere Kugeln, entsprechend ihrer relativen Atomradien (vgl. Kapitel 2.2.1). Dabei sind die Wassermoleküle so orientiert, daß ihre negativen Pole gegen das Zentral-Ion (dunkelfarbig) gerichtet sind.

und bei 43 °C siedet, ist ein wichtiges Zwischenprodukt bei der Raffination (Reinigung) von Nickel. Es bildet sich leicht, wenn elementares Nickel, das nach Reduktion von nickelhaltigen Erzen mit Wasserstoff als Bestandteil eines komplizierten Gemischs vorliegt, bei Raumtemperatur mit Kohlenmonoxid in Kontakt gebracht wird:

$$Ni + 4\,CO \longrightarrow Ni(CO)_4$$

Auf Grund des niedrigen Siedepunkts entweicht Tetracarbonylnickel, zusammen mit überschüssigem CO, als Gas aus dem Gemisch. Metallisches Nickel kann dann aus dem Gasgemisch abgeschieden werden, indem man dieses auf 150 °C erhitzt. Das beim Zerfall des Komplexes freiwerdende CO kann in den Prozeß zurückgeführt werden.

Eisen bildet mit Kohlenmonoxid einen Komplex mit der Koordinationszahl 5. Die Verbindung, Pentacarbonyleisen, ist trigonal bipyramidal gebaut und siedet bei 103 °C.

Pentacarbonyleisen   Dibenzolchrom

Die Verbindung Dibenzolchrom, $Cr(C_6H_6)_2$, gehört wegen ihrer Struktur, in der das formal ungeladene Cr-Atom von zwei parallel zueinander angeordneten Benzolmolekülen koordiniert wird, zu den sogenannten „Sandwich"-Komplexen. Das Beispiel illustriert, daß Moleküle ohne einsame Elektronenpaare das Zentralteilchen über Elektronenpaare von Mehrfachbindungen koordinieren können.

2.7.4 Chelatkomplexe

Bei den bisher besprochenen Komplexen war jeder Ligand mit nur einem Elektronenpaar an der Auffüllung der Energieniveaus des Zentral-Ions beteiligt. Die Zahl der Liganden entsprach deshalb immer der Koordinationszahl. Chelatkomplexe[16] zeichnen sich dagegen dadurch aus, daß sogenannte *mehrzähnige Liganden* das Zentralteilchen mit mehreren, mindestens aber zwei einsamen Elektronenpaaren gleichzeitig koordinieren. Dies führt zu cyclischen (ringförmigen) Strukturen.

    Ein geeigneter und gebräuchlicher zweizähniger Ligand für den Aufbau eines Chelatkomplexes ist Ethan-1,2-diamin (Trivialname: Ethylendiamin, häufig mit „en" abgekürzt). In diesem Molekül sind zwei einsame Elektronenpaare vorhanden:

Bildet Ethan-1,2-diamin mit Co^{3+}-Ionen einen Komplex, so entsteht die in Figur 2.6 dargestellte Anordnung.

---

[16] grch. *chele* „Krebsschere"

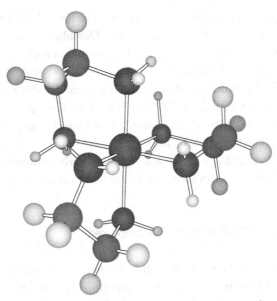

Figur 2.6. Struktur eines oktaedrischen Komplexes aus einem Co^{3+}-Ion und drei Molekülen Ethan-1,2-diamin. Jedes Ligand-Molekül besetzt zwei Ecken des Oktaeders und bildet folglich mit dem Zentral-Ion zusammen einen fünfgliedrigen Ring.

Etwas komplizierter gebaute Liganden mit mehreren einsamen Elektronenpaaren im Molekül können vier oder sogar alle sechs Koordinationsplätze eines Metall-Ions besetzen. Ein Beispiel für einen solchen Liganden ist (Ethan-1,2-diyldinitrilo)tetraessigsäure (Trivialname: Ethylendiamintetraessigsäure, häufig mit EDTA oder H_4edta abgekürzt:

Ethylendiamintertaessigsäure (EDTA)

Nach Abspaltung von vier Protonen der Carbonsäuregruppen (vgl. Kapitel 4.3.2) entsteht ein 4-fach negativ geladenes Ion ($edta^{4-}$), das insgesamt sechs Elektronenpaare für die Koordination eines Zentralteilchens zur Verfügung stellen kann (vier an je einem O-Atom und zwei an den beiden N-Atomen). Ein einziges solches Ion kann dann mit einem geeigneten Metall-Ion einen oktaedrischen Komplex bilden.

Das Umschlagbild dieses Buches zeigt einen solchen Chelatkomplex. Der Ligand edta^{4-} koordiniert hier ein Co^{3+}-Ion. Der abgebildete Komplex trägt also insgesamt eine negative Ladung, die von einem rechts unten sichtbaren NH$_4^+$-Ion kompensiert wird. Der Abbildung liegt eine Röntgenstrukturanalyse von Ammonium[edta]cobaltat(III) zugrunde, die von H. A. WEAKLIEM und J. L. HOARD im Jahre 1959 veröffentlicht wurde.

Chelatkomplexe besitzen in der Biochemie eine große Bedeutung. Beim grünen Blattfarbstoff Chlorophyll, dem roten Blutfarbstoff Hämoglobin, dem Vitamin B$_{12}$ und vielen weiteren Verbindungen, z. B. manchen Metall-Ionen-haltigen Enzymen, handelt es sich um Chelatkomplexe.

2.7.5 Elektronische Struktur von Komplexen

Wie können nun die Elektronenpaarbindungen in Komplex näher charakterisiert werden? Handelt es sich beim Zentral-Ion z. B. um Eisen, so kann zunächst die Elektronenkonfiguration für das Eisenatom angegeben werden (vgl. Figur 1.12):

Beim Übergang Fe $\rightarrow$ Fe^{2+} werden zunächst die beiden 4s-Elektronen abgegeben. Die Konfiguration ist jetzt

Bei der Komplexbildung werden nun die einsamen Elektronenpaare der Liganden in die Orbitale des Zentral-Ions eingebaut. Dabei handelt es sich um Donor-Akzeptor-Bindungen, da das bindende Elektronenpaar ganz vom Liganden geliefert wird. Zuerst rücken die Elektronen des Eisen-Ions unter geringfügigem Energieaufwand (vgl. Figur 1.14) paarweise zusammen. In die dadurch freigewordenen sechs Orbitale werden die sechs Elektronenpaare der Liganden eingeführt:

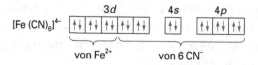

Das Eisenatom hat nun insgesamt 36 Elektronen in seinen $3d$-, $4s$- und $4p$-Orbitalen (weitere 18 Elektronen befinden sich auf den $1s$- bis $3p$-Niveaus) und erreicht damit die Elektronenkonfiguration des Edelgases Krypton.

Bei diesem Typus spricht man von einer d^2sp^3-Bindung, da die Elektronenpaare der Liganden zwei d-, ein s- und drei p-Orbitale des Zentral-Ions besetzt haben. Zu einer d^2sp^3-Bindung gehört die oktaedrische Anordnung der sechs Liganden. Fast alle Komplexe mit der Koordinationszahl 6 werden nach diesem Schema gebildet.

Bei der Koordinationszahl 4 können die Liganden quadratisch planar (eben) oder tetraedrisch angeordnet sein. Ob die eine oder andere Form gebildet wird, hängt davon ab, wo die Elektronenpaare der Liganden in die freien Orbitale des Zentral-Ions eingebaut werden. Die ebene Anordnung der Liganden wird beispielsweise bei Ni^{2+} als Zentral-Ion deutlich bevorzugt:

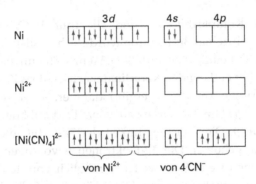

Aus der Darstellung der Elektronenkonfiguration von $[Ni(CN)_4]^{2-}$ kann entnommen werden, daß hier eine dsp^2-Bindung gebildet wurde. Dies bedingt eine ebene Anordnung der Liganden: Die vier Liganden liegen in den vier Ecken eines Quadrats, in dessen Zentrum sich das Zentral-Ion befindet.

Besonders viele Komplexe werden von den Übergangselementen gebildet. Charakteristisch für diese Elemente, die im Periodensystem die Nebengruppen bilden, sind vollständig aufgefüllte innere s- und p-Niveaus, aber unvollständig besetzte d-Orbitale. Die modernen Theorien der Komplexchemie, die Kristallfeld- und die Ligandfeldtheorie, basieren auf der Untersuchung und Berechnung von Wechselwirkungen zwischen den Ligandelektronen und den d-Orbitalen der Zentral-Ionen.

2.7.6 Die Kristallfeldtheorie

Die Kristallfeldtheorie wurde 1929 erstmals von HANS A. BETHE (1906–2005) formuliert, dann aber erst in den fünfziger Jahren zur Deutung des Verhaltens und der Eigenschaften komplexer Verbindungen herangezogen.

Zum Verständnis der Kristallfeldtheorie muß zunächst die räumliche Anordnung der d-Orbitale, speziell der $3d$-Orbitale, berücksichtigt werden (vgl. Kapitel 1.5.3 und Figur 1.11).

Die Liganden, die mit einem Zentral-Ion einen Komplex bilden, sind Moleküle oder Ionen, die mindestens ein freies Elektronenpaar besitzen. In den meisten Fällen sind die Liganden negativ geladen oder weisen immerhin eine negative Teilladung (Bestandteil eines Dipols) auf. Die Kristallfeldtheorie beschränkt sich nun darauf, die elektrostatischen Wechselwirkungen zwischen den negativen (Teil)ladungen der Liganden und den d-Elektronen des Zentral-Ions zu beschreiben. Als Beispiel soll der Fall von Komplexen mit sechs Liganden in oktaedrischer Anordnung näher betrachtet werden.

Vor der Komplexbildung sind alle fünf $3d$-Orbitale energetisch gleichwertig. Ein einzelnes $3d$-Elektron würde sich in allen fünf $3d$-Orbitalen mit gleicher Wahrscheinlichkeit aufhalten. Wenn sich nun die sechs Liganden von allen Seiten her entlang den Koordinatenachsen dem Zentral-Ion nähern (was die oktaedrische Anordnung ergibt), dann erzeugen sie in dessen Umgebung ein *Kristallfeld* (im Gegensatz zu einem Feld mit kugelsymmetrischer Ladungsverteilung). Die Gleichwertigkeit der $3d$-Orbitale des Zentral-Ions wird dadurch aufgehoben. Die $3d$-Elektronen bevorzugen nun diejenigen d-Orbitale, in denen sie sich so weit wie möglich von den Elektronen der Liganden entfernt aufhalten können. Diese günstigen Orbitale sind die $3d_{xy}$-, $3d_{xz}$- und $3d_{yz}$-Orbitale, deren Elektronenwolken, wie aus Figur 1.11 hervorgeht, zwischen den Koordinatenachsen angeordnet sind. Dagegen werden die $3d_{x^2-y^2}$ und $3d_{z^2}$-Orbitale, deren Elektronenwolken sich vor allem entlang der Koordinatenachsen erstrecken, ungünstiger. Hier müssen sich die d-Elektronen in nächster Nähe der Ligand-Elektronen aufhalten, was natürlich aus elektrostatischen Gründen ungünstig ist. Bei einem oktaedrisch gebauten Komplex erfolgt also eine Aufspaltung der d-Orbitale bezüglich ihrer Energie (Figur 2.7). Die $3d_{x^2-y^2}$ und $3d_{z^2}$-Orbitale liegen nun auf einem höheren Energieniveau, das als e_g-Niveau bezeichnet wird. Die $3d_{xy}$-, $3d_{xz}$- und $3d_{yz}$-Orbitale liegen dagegen auf einem tieferen, sogenannten t_{2g}-Energieniveau. An der Gesamtenergie des Systems ändert sich bei der Aufspaltung der d-Niveaus nichts, d. h. die Bedingung $4\,\Delta E(e_g) - 6\,\Delta E(t_{2g}) = 0$ muß erfüllt sein (die Energie, die man benötigt, um vier Elektronen auf das e_g-Niveau anzuheben, muß der Energie entsprechen, die beim Übergang von sechs Elektronen auf das t_{2g}-Niveau gewonnen wird). Das bedeutet, daß $\Delta E(e_g) : \Delta E(t_{2g}) = 3 : 2$ gelten muß.

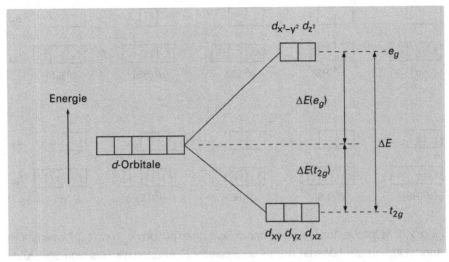

Figur 2.7. Aufspaltung der fünf d-Orbitale eines Metall-Ions in einem oktaedrischen Kristallfeld.

Bei Komplexen mit der Koordinationszahl 4 kann entweder eine tetraedrische oder eine ebene, quadratische Anordnung der Liganden auftreten. In beiden Fällen kommt es ebenfalls zu einer Aufspaltung der d-Niveaus, die jedoch wegen der anderen Geometrie des Systems anders als im oben besprochenen Fall erfolgt.

Die in Figur 2.7 gezeigten e_g- und t_{2g}-Orbitale können nun nach der HUND'schen Regel (vgl. Figur 1.14, Kapitel 1.6) mit Elektronen aufgefüllt werden. Mit den ersten drei Elektronen wird jedes t_{2g}-Orbital einfach besetzt. Das vierte Elektron hat nun zwei Möglichkeiten: Es kann sich in einem der e_g-Orbitale aufhalten oder in eines der energieärmeren, aber bereits einfach besetzten t_{2g}-Orbitale eintreten. Auch bei der Besetzung mit 5, 6 oder 7 d-Elektronen gibt es jeweils zwei Möglichkeiten zur Verteilung der Elektronen auf die e_g- und t_{2g}-Orbitale, bei 8, 9 oder 10 d-Elektronen ist dagegen wieder nur noch eine einzige Elektronenkonfiguration möglich (Figur 2.8).

Ob bei einem Metall-Ion mit 4, 5, 6 oder 7 d-Elektronen die eine oder die andere Möglichkeit der Besetzung der e_g- und t_{2g}-Orbitale realisiert wird, hängt von der Art der Liganden ab. Experimentell kann man zwischen den beiden Anordnungen unterscheiden, wenn man die magnetischen Eigenschaften des Komplexes untersucht (vgl. dazu Kapitel 2.4.4). Die beiden möglichen Elektronenkonfigurationen (*low-spin* und *high-spin*, vgl. Figur 2.8) unterscheiden sich jeweils in der Zahl der ungepaarten Elektronen, was sich in verschiedenen magnetischen Momenten zeigt.

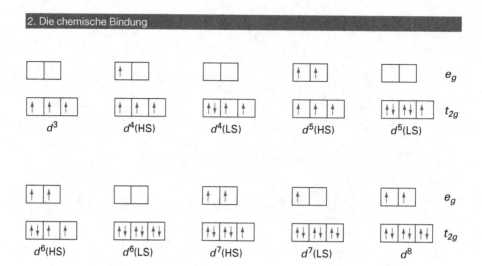

Figur 2.8. Mögliche Anordnungen der d-Elektronen auf den e_g- und t_{2g}-Niveaus. Die Anordnung mit der höheren Anzahl ungepaarter Elektronen wird als high-spin-Konfiguration (HS), diejenige mit der kleineren Anzahl ungepaarter Elektronen als low-spin-Konfiguration (LS) bezeichnet.

Die Liganden können bezüglich des Energieunterschieds ΔE zwischen den e_g- und den t_{2g}-Niveaus klassifiziert werden. Auf Grund von spektroskopischen Untersuchungen wurde gefunden, daß ΔE jeweils für ein bestimmtes Zentral-Ion in der sogenannten *spektrochemischen Reihe der Liganden*

$$I^- < Br^- < Cl^- < F^- < OH^- < H_2O < NH_3 < NO_2^- < CN^-$$

zunimmt. Mit Cyanid-Ionen CN^- als Liganden wird ΔE also am größten. Das hat zur Folge, daß hier die e_g-Niveaus besonders energiereich und somit ungünstig sind. Daher wird hier die *low-spin*-Konfiguration bevorzugt, da das tieferliegende t_{2g}-Niveau nach Möglichkeit vollständig mit d-Elektronen aufgefüllt wird, bevor das e_g-Niveau besetzt wird.

Bei Liganden mit mittlerem Feld ist es schwieriger, die Art der Elektronenkonfiguration vorherzusagen. Ob ein d-Elektron unter Energieaufwand in einem unbesetzten e_g-Niveau untergebracht wird, oder unter ähnlichem Energieaufwand in einem bereits teilweise aufgefüllten t_{2g}-Orbital mit einem anderen d-Elektron gepaart wird, hängt offensichtlich vom genauen Wert des Energieunterschieds ΔE ab.

In Komplexen mit schwächeren Liganden, z. B. F^-, wird dagegen die *high-spin*-Konfiguration deutlich bevorzugt, da hier ΔE viel geringer ist.

2.7.7 Die Ligandfeldtheorie

Die Kristallfeldtheorie berücksichtigt nur die Form und Ausrichtung der d-Orbitale des Zentral-Ions sowie die elektrostatischen Wechselwirkungen zwischen den Liganden und den d-Elektronen des Zentral-Ions. Das bedeutet eine Vereinfachung, denn in Wirklichkeit sind die Liganden ja nicht nur Träger von elektrostatischen (Teil)ladungen, sondern besitzen ihrerseits ausgerichtete Orbitale, in denen die einsamen Elektronenpaare untergebracht sind. Es kommt daher zu Überlappungen zwischen Orbitalen des Zentral-Ions und jenen der Liganden und damit zur Ausbildung von Molekülorbitalen. Die Bindungen, die dabei entstehen, gleichen den Elektronenpaarbindungen und können im Rahmen der Molekülorbital-Theorie behandelt werden.

In dieser Theorie wird die oktaedrische Koordination so behandelt, daß die sechs Ligandorbitale mit sechs der neun s-, p- und d-Orbitale des Zentral-Ions ($d_{x^2-y^2}, d_{z^2}, s, p_x, p_y, p_z$) zu Molekülorbitalen kombiniert werden. Dabei entstehen sechs bindende und sechs antibindende Orbitale. Die d_{xy}-, d_{yz}- und d_{xz}-Orbitale werden bei der Kombination nicht miteinbezogen und bleiben daher nichtbindend (Figur 2.9). Beim Auffüllen der Orbitale mit Elektronen können wir uns nun vorstellen, daß die Elektronen der Liganden zunächst die sechs bindenden Orbitale besetzen, bevor die d-Elektronen des Zentral-Ions in die durch den Abstand ΔE getrennten nichtbindenden und antibindenden Orbitale, die wir weiterhin t_{2g}- und e_g-Orbitale nennen wollen, eingefüllt werden. Damit ergibt sich für die letzteren Elektronen ein ähnliches Auffüllschema wie bei der Kristallfeldtheorie. Wiederum ist die Elektronenkonfiguration, die dabei entsteht (*low-spin* oder *high-spin*), von der Art der Liganden und somit vom genauen Wert von ΔE abhängig (vgl. das vorhergehende Kapitel). Die höher liegenden vier antibindenden Orbitale bleiben, außer im Falle einer elektronischen Anregung durch Energiezufuhr, unbesetzt.

Zum Schluß sei noch kurz auf den Zusammenhang zwischen der Konfiguration der d-Elektronen und der Komplexstabilität hingewiesen. Das Fe^{2+}-Ion besitzt sechs $3d$-Elektronen (vgl. auch Kapitel 2.7.5). Diese besetzen, je nachdem ob die *low-spin*- oder die *high-spin*-Konfiguration vorliegt, nur die drei t_{2g}- oder auch die e_g-Orbitale. Im Falle der *low-spin*-Konfiguration des Fe^{2+}-Ions können die sechs d-Elektronen des Eisen-Ions und die sechs Elektronenpaare der Liganden alle bindenden und nichtbindenden Molekülorbitale besetzen, was die für stabile oktaedrische Komplexe typische d^2sp^3-Anordnung ergibt. Bei der *high-spin*-Anordnung hingegen stehen den Elektronen keine weiteren leeren bindenden oder nichtbindenden Orbi-

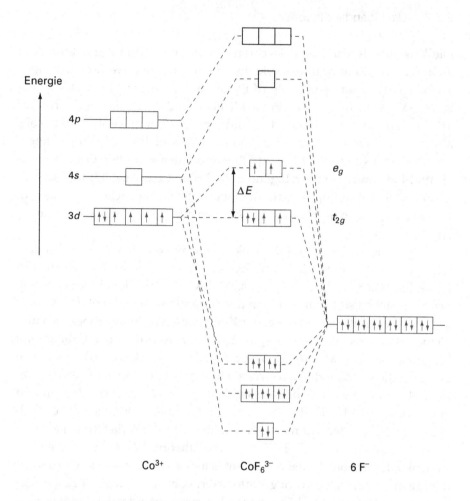

Figur 2.9. Die oktaedrische Koordination im Rahmen der Ligandfeldtheorie. Der Energieunterschied ΔE zwischen den nichtbindenden und den am tiefsten liegenden antibindenden Orbitalen entspricht dem Unterschied ΔE zwischen den t_{2g}- und den e_g-Orbitalen bei der Kristallfeldtheorie.

tale mehr zur Verfügung. Sie müssen vielmehr auf die beiden energieärmsten *antibindenden* Orbitale verteilt werden. Dies erklärt die geringere Stabilität der nun vorliegenden Anordnung. Allgemein kann man sagen, daß Komplexe, in denen die Molekülorbitale in *high-spin*-Konfiguration besetzt vorliegen, eine geringere Stabilität aufweisen als solche mit *low-spin*-Konfiguration.

2.8   Übungen

2.1   Welche der in Figur 2.8 (Kapitel 2.7.6) gezeigten Elektronenkonfigurationen führen zu paramagnetischen, welche zu diamagnetischen Komplexen?

2.2   *a)*   Warum ist die fünfte Ionisierungsenergie von Kohlenstoff deutlich größer als die ersten vier Ionisierungsenergien?

 b)   Warum ist die dritte Ionisierungsenergie von Bor etwas größer als die zweite Ionisierungsenergie, obwohl sich doch beide abzuspaltenden Elektronen im gleichen Orbital befinden?

2.3   Warum hat Chlor eine höhere Elektronegativität
a) als Schwefel?   *b)* als Brom?

2.4   Ordnen Sie die folgenden kovalenten Bindungen nach steigender Polarität:
H–F, C–H, N–Cl, N–H, O–H, H–Br

2.5   Ermitteln Sie die Indices der folgenden Formeln und schreiben Sie die korrekten Summenformeln auf.
a) $H_?S_?$ *b)* $Mg_?F_?$ *c)* $C_?Br_?$ *d)* $N_?$ *e)* $O_?F_?$

2.6   Welche der folgenden Flüssigkeiten leitet den elektrischen Strom am besten?
CCl_4, H_2O, CH_4O, $NaCN(aq)$.

2.7   Welche der folgenden Verbindungen weist sowohl kovalente als auch ionische Bindungen auf?
CS_2, NH_4Br, KCl, $MgCl_2$.

3. Gesetzmäßigkeiten chemischer Reaktionen

3.1 Einleitung

Die Kerndisziplin der Chemie, nämlich die Untersuchung von Stoffumwandlungen, hat sich im Verlauf der Geschichte der Chemie immer wieder als Katalysator für Weiterentwicklungen erwiesen. Oft ergaben sich die Erkenntnisse über den Aufbau der Atome (Kapitel 1) und die Art, wie Atome in Verbindungen zusammengehalten werden (Kapitel 2), erst nach genauem Studium des Verlaufs chemischer Reaktionen.

Ein historisches Beispiel dafür sind die gegen Ende des 18. Jahrhunderts entdeckten stöchiometrischen Gesetze (Kapitel 1.2.1), die später für die Herleitung der Atommassen von entscheidender Bedeutung waren. Auch die ersten Theorien über die chemische Bindung beruhen auf den profunden Kenntnissen ihres Autors, LINUS PAULING, über das Verhalten der Stoffe bei chemischen Umsetzungen (vgl. beispielsweise Kapitel 2.2.4).

Das Studium der Stoffumwandlungen verdankt seine stimulierende Wirkung auf die Entwicklung unserer Kenntnisse über den Aufbau der Stoffe paradoxerweise dem Umstand, daß man wesentliche Aspekte einer chemischen Reaktion sehr wohl genau untersuchen kann, ohne den atomaren oder molekularen Aufbau der beteiligten Stoffe zu kennen. Es sei zum Beispiel die folgende allgemein formulierte Reaktion betrachtet, in der eine Anzahl Edukte, d. h. Ausgangsstoffe, zu einer Anzahl Produkte umgesetzt wird:

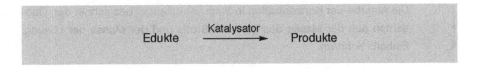

Ohne die Edukte und Produkte genau charakterisiert zu haben, kann man untersuchen, in welcher Zeit welche Mengen der Produkte gebildet werden und wie viel Energie bei der Reaktion verbraucht oder freigesetzt wird. Dabei lassen sich äußere Bedingungen wie die Temperatur und der Druck innerhalb gewisser Grenzen frei variieren. Man kann außerdem einen Katalysator, d. h. eine die Reaktion beschleunigende Substanz, beifügen um zu sehen, wie dieser den Reaktionsverlauf beeinflusst.

Wichtige Gesetzmäßigkeiten chemischer Reaktionen wurden deshalb oft lange vor der genauen Charakterisierung der beteiligten Edukte, Produkte oder Katalysatoren erkannt. Ein typisches Beispiel hierfür ist die in den zwanziger und dreißiger Jahren des 20. Jahrhunderts entwickelte, heute bewährte Theorie der enzymatischen Katalyse. Die genaue Struktur der Enzyme, d. h. der biologischen Katalysatoren, die zur Stoffklasse der Proteine gehören, war damals noch nicht bekannt. Somit mußten auch die Details des Reaktionsverlaufs vorerst im Dunkeln bleiben. Mit der Aufklärung der dreidimensionalen Struktur von Proteinen in der zweiten Hälfte des 20. Jahrhunderts gewannen aber die früher gewonnen Reaktionsdaten an Bedeutung, und bis heute befruchtet die Theorie der enzymatischen Katalyse die biochemische Forschung.

3.2   Relevante Größen

3.2.1   Konzentration und Aktivität

Sehr häufig führt man chemische Reaktionen in einem Lösungsmittel durch, da die meisten Edukte unter normalen Bedingungen Feststoffe und als solche schlecht zu mischen sind. Außerdem lassen sich Reaktionen in Lösung besser kontrollieren, da die Eigenschaften des Lösungsmittels und seine Dosierung den Reaktionsverlauf oft beeinflussen. Um den Reaktionsverlauf quantitativ zu beschreiben, ist es nützlich, den Reaktanden eine Konzentration zuzuschreiben. Unter der Konzentration eines Stoffs versteht man allgemein die Menge des Stoffs, die in einer bestimmten Probenmenge enthalten ist. Weit verbreitet sind folgende Konzentrationsangaben:

Die Angabe der Konzentration in Massenprozenten bezeichnet den Quotienten aus der Masse des gelösten Stoffs und der Masse der Lösung. Einheit: % (*m/m*).

Die Angabe der Konzentration in Volumenprozenten bezeichnet den Quotienten aus dem Volumen des gelösten Stoffs und dem Volumen der Lösung. Einheit: % (*v/v*).

Als molare Konzentration oder Molarität bezeichnet man die Anzahl Teilchen des gelösten Stoffs (in mol gemessen, vgl. Kapitel 1.2.5) pro Volumen der Lösung. Einheit: mol/L, abgekürzt M (sprich: „molar").

Da Angaben in Massen- oder Volumenprozenten für die Durchführung stöchiometrischer Berechnungen schlecht geeignet sind, wird die molare Konzentrationsangabe am häufigsten verwendet, und wir werden sie in der Folge fast ausschließlich gebrauchen.

Ist beispielsweise in 500 mL einer Lösung ein Mol einer Substanz enthalten, dann beträgt die Konzentration der Substanz 2 M. Ist das Lösungsmittel Wasser, was oft stillschweigend vorausgesetzt wird, so spricht man von einer wäßrigen Lösung. Eine 1,50 M NaCl-Lösung (1,50-molare Lösung) enthält 1,50 mol (87,66 g) Kochsalz, d. h. 1,50 mol Na^+-Ionen und 1,50 mol Cl^--Ionen, in 1000 mL wäßriger Lösung.

Auch reinen Stoffen dürfen Konzentrationen zugeschrieben werden. Ein beliebiges, reines Gas liegt bei 0 °C und 101,325 kPa in einer molaren Konzentration von 1 mol/22,414 L = 44,6 mM vor. Für reines Wasser, das die molare Masse 18,015 g mol^{-1} und bei 20 °C und 100 kPa die Dichte 0,99821 g cm^{-3} aufweist, gilt unter diesen Bedingungen die molare Konzentration 998,21 g L^{-1}/ (18,015 g mol^{-1}) = 55,41 M.

Bei bestimmten Anwendungsgebieten, besonders bei Titrationen (vgl. Kapitel 4.8.2), ist es üblich, die Anzahl *Äquivalente* bestimmter Teilchen (Moleküle bzw. Ionen) pro Liter Lösung als Normalität (Einheit: N) anzugeben. Eine 2 M Na_2SO_4-Lösung (2-molare Lösung) ist also 4 N (4-normal) bezüglich der Na^+-Ionen, aber nur 2 N bezüglich der SO_4^{2-}-Ionen.

In mathematischen Ausdrücken ist es üblich, molare Konzentrationen von Teilchen (Molekülen oder Ionen) dadurch zu symbolisieren, daß man die Formel der Teilchen in eckige Klammern setzt. Die molare Konzentration von Sulfat-Ionen in einer wäßrigen Lösung kann also durch $[SO_4^{2-}]$ symbolisiert werden.

Viele der im folgenden beschriebenen Gesetzmäßigkeiten gelten aber *streng* nur dann, wenn die Lösungen stark verdünnt sind, d. h. wenn die Konzentrationen der reagierenden Stoffe sehr klein sind. Betrachtet man stärker konzentrierte Lösungen, müssen an Stelle der Konzentrationen die *wirksamen* Konzentrationen, die sogenannten Aktivitäten der Komponenten, eingesetzt werden. Die (dimensionslose) Aktivität a einer gelösten Teilchensorte ist das Produkt der Konzentration x der Teilchen, gemessen als Molenbruch, und eines mit dieser Konzentration assoziierten Aktivitätskoeffizienten γ_x:

$$a = \gamma_x \cdot x$$

Der Aktivitätskoeffizient γ nimmt typischerweise Werte zwischen 0 und 1 an, kann aber auch größer als 1 sein. Bezüglich der Einheit, in der man die Konzentration x messen will, ist man an sich frei. Da die Aktivität a vereinbarungsgemäß dimensionslos ist, drängt sich für x eine dimensionslose Einheit, der Molenbruch, auf.

> Unter dem Molenbruch einer Sorte von Teilchen in einer Lösung versteht man die Anzahl dieser Teilchen, gemessen in mol, dividiert durch die Gesamtzahl der Teilchen in der Lösung, wiederum gemessen in mol.

Nun sind aber die Aktivitätskoeffizienten γ in Tabellenwerken meistens auf *molale* Konzentrationen bezogen.

> Mit der Molalität erfasst man die Anzahl Teilchen des gelösten Stoffs (in mol gemessen) pro kg des zugesetzten Lösungsmittels (nicht pro kg der Lösung!).

Die Molalität hat gegenüber der Molarität den Vorteil, dass man die Dichte der Lösung nicht kennen muß, um die Gesamtzahl der Teilchen in einer gegebenen Menge der Lösung zu berechnen. Eine Molalität läßt sich also sehr leicht in einen Molenbruch umrechnen und umgekehrt. Um mit Molalitäten dimensionslose Aktivitäten a zu erhalten, muß man sich dann allerdings eines Kunstgriffs bedienen: Man setzt in der obigen Gleichung als Konzentration x die aktuelle Molalität des gelösten Stoffs bezogen auf 1 mol/kg ein, d. h. einfach den Zahlenwert der molalen Konzentration.

Für den praktischen Gebrauch ist die Genauigkeit der Resultate, die man für Reaktionen in stark verdünnten Lösungen mit Hilfe der molaren Konzentrationen an Stelle der Aktivitäten erzielt, meist genügend. Im folgenden werden deshalb stets die molaren Konzentrationen an Stelle der Aktivitäten gesetzt.

3.2.2 Energieumsatz

Bei den meisten chemischen Reaktionen wird entweder Wärme frei (exotherme Reaktion) oder Wärme verbraucht (endotherme Reaktion). Die bei einer Reaktion umgesetzte Wärmeenergie bezeichnet man als Reaktionsenthalpie ΔH. Es gilt die Vereinbarung, dass ΔH für exotherme Reaktionen negativ (das System verliert Energie) und für endotherme Reaktionen positiv (das System gewinnt Energie) angegeben wird.

Bei der Bildung von Wasser aus den Elementen gemäß der Reaktionsgleichung

$$2\ H_2 + O_2 \longrightarrow 2\ H_2O$$

wird Wärmeenergie freigesetzt, d. h. die Reaktion ist exotherm. Wenn sich alle an der Reaktion beteiligten Stoffe bei 298,15 K und 100,0 kPa befinden, misst man $\Delta H = -285{,}8$ kJ pro mol gebildetes Wasser. Man bezeichnet diese Energie als die Standardbildungsenthalpie des Wassers. Allgemein ist die Standardbildungsenthalpie einer Verbindung die Reaktionsenthalpie ΔH der Bildung der Verbindung aus den Elementen bei Standardbedingungen.

Gewisse Reaktionen brauchen, selbst wenn sie exotherm verlaufen, eine Aktivierung, um messbar in Gang zu kommen. So verbrennt ein Stück Papier in Gegenwart von Luftsauerstoff innert weniger als einer Minute, sofern man es „in Brand setzt". Ohne die Zufuhr einer derart beträchtlichen Aktivierungsenergie dauert die Reaktion – bekannt als allmähliches Vergilben – unter Umständen Jahrhunderte. Welche Bedeutung die Aktivierungsenergie im Reaktionsgeschehen hat, wird erst in Kapitel 3.5 dargelegt, nachdem einige grundlegende Zusammenhänge erarbeitet sind. Die Aktivierungsenergie soll also vorerst außer acht gelassen werden.

Man könnte versucht sein, anhand des Vorzeichens von ΔH vorauszusagen, ob eine bestimmte Reaktion – sofern eine geeignete Aktivierungsenergie zur Verfügung steht – spontan ablaufen wird oder nicht. Stark exotherme Reaktionen laufen zwar meistens spontan ab. Hingegen gibt es auch endotherme Reaktionen, die dies tun, und zwar ohne daß man sich um eine Aktivierung kümmern müßte. Ammoniumchlorid (NH_4Cl) löst sich beispielsweise in Wasser spontan auf, und die Lösung kühlt sich dabei ab. Das Vorzeichen der Reaktionsenthalpie ΔH kann also nicht das einzige Kriterium für den spontanen oder nicht spontanen Verlauf sein.

Aus der Erfahrung wissen wir, daß geordnete Systeme, die man sich selbst überläßt, dazu neigen, allmählich in einen Zustand größerer Unordnung zu geraten, und daß Energie aufgewendet werden muß, wenn man die Ordnung wieder herstellen will. In einem chemischen System kann die Unordnung unter verschiedenen Umständen zunehmen. Die Phasenübergänge fest → flüssig und flüssig → gasförmig sind beispielsweise beide mit einer Zunahme der Unordnung verbunden.

Die Ordnung eines Systems wird quantitativ mit einer Größe beschrieben, die man Entropie S nennt, und ihre Änderung mit ΔS. Hier gilt die Vereinbarung, daß für eine zunehmende Unordnung ΔS positiv und entsprechend für eine zunehmende Ordnung ΔS negativ angegeben wird. Das Maß der Entropie ist eine Energie dividiert durch die absolute Temperatur (Einheit J/K).

Berücksichtigt man nun sowohl die Reaktionsenthalpie ΔH einer chemischen Reaktion als auch die mit der Reaktion verbundene Entropieänderung ΔS, dann läßt sich vorhersagen, ob der Prozeß spontan ablaufen wird oder nicht. Dazu betrachtet man die Änderung der sogenannten freien Energie G, die freie Reaktionsenthalpie ΔG, für die

$$\Delta G = \Delta H - T\Delta S$$

(T = absolute Temperatur) gilt. Diese Gleichung wurde von Joshia W. Gibbs (1839–1903) hergeleitet und setzt voraus, daß der Druck und die Temperatur im beobachteten System konstant bleiben.

Ist ΔG negativ, dann ist die Reaktion exergonisch und läuft spontan ab. Ist ΔG aber positiv, dann ist die Reaktion endergonisch und läuft nicht spontan ab. Man beachte, daß die Temperatur bei der Bestimmung von ΔG eine wichtige Rolle spielt. Ist sie hoch und gilt gleichzeitig $\Delta S > 0$ (zunehmende Unordnung), dann bekommt der Term ein großes Gewicht. Bei endothermen Reaktionen ($\Delta H > 0$) kann dies dazu führen, daß $\Delta G < 0$ und die Reaktion exergonisch wird, da der Term $T\Delta S$ negativ in die Gleichung eingeht.

Will man also angeben, ob eine bestimmte Reaktion spontan abläuft, muß man die Temperatur nennen, bei der man die Reaktion betrachtet. Wasser wird beispielsweise, Atmosphärendruck vorausgesetzt, bei Raumtemperatur niemals spontan gefrieren, wohl aber bei –50 °C. Umgekehrt wird sich Eis bei –50 °C nicht spontan verflüssigen, wohl aber bei Raumtemperatur. Verläuft also eine Reaktion unter gegebenen Bedingungen spontan in eine Richtung, dann verläuft sie nicht spontan in der umgekehrten Richtung.

Für die oben genannte Bildung von Wasser aus den Elementen ist die Entropiebilanz bei 298,15 K negativ, d. h. die Ordnung nimmt insgesamt zu. Man misst $T\Delta S = -48{,}70$ kJ pro mol gebildetes Wasser. Trotzdem ist die Reaktion bei Raumtemperatur exergonisch, denn die negative Reaktionsenthalpie wird durch den Term $-T\Delta S$ bei weitem nicht kompensiert.

3.3 Die Kinetik chemischer Reaktionen

Betrachten wir nun zunächst das allgemein gehaltene Reaktionsschema

$$A + B \longrightarrow C + 2D$$

und nehmen an, die Reaktion sei exergonisch und benötige bei Raumtemperatur keine spezielle Aktivierungsenergie, um in Gang zu kommen. Die Reaktion läßt sich also starten, indem man die beiden Edukte A und B mischt. Um anzugeben, wie schnell die Reaktion abläuft, kann man nun beispielsweise messen, um welchen Betrag die Konzentration des Produkts C zu irgend einem Zeitpunkt pro Zeitintervall zunimmt:

$$v = \frac{d[C]}{dt}$$

Stattdessen könnte man auch die Zunahme der Konzentration des Produkts D oder die Abnahme der Konzentration eines der Edukte messen, denn aus stöchiometrischen Gründen folgt:

$$v = \frac{d[C]}{dt} = \frac{1}{2}\frac{d[D]}{dt} = -\frac{d[A]}{dt} = -\frac{d[B]}{dt}$$

Die Reaktionsgeschwindigkeit v ist also definiert als die Änderung einer Produktkonzentration (oder die negative Änderung einer Eduktkonzentration) pro Zeitintervall, jeweils dividiert durch den betreffenden stöchiometrischen Koeffizienten. Sie hat die Einheit mol/(L s).

Misst man nun v unter verschiedenen Bedingungen, d. h. bei unterschiedlichen aktuellen Konzentrationen [A] und [B], läßt sich die Reaktionskinetik, d. h. das Geschwindigkeitsgesetz der Reaktion ermitteln. Für eine Reaktion wie die hier betrachtete hat dieses Gesetz sehr häufig die Form

$$v = k[A]^a[B]^b$$

mit den Exponenten $a = b = 1$. Die Konstante k nennt man die Geschwindigkeitskonstante der Reaktion. Sie hängt von der Temperatur, nicht aber von den Konzentrationen [A] und [B] ab. Sofern $a = b = 1$ gilt, sagt man, die Reaktion sei erster Ordnung in bezug auf A und erster Ordnung in bezug auf B, oder insgesamt zweiter Ordnung. Die Reaktionsordnung ist also die Summe dieser Exponenten.

Gelegentlich findet man kompliziertere Geschwindigkeitsgesetze, sogar solche mit gebrochenen Exponenten, oft aber auch einfachere. Wenn beispielsweise $b = 0$ gilt, ist die Reaktionsgeschwindigkeit nur noch von der Konzentration des Edukts A abhängig:

$$v = k[A]^a$$

Gilt sogar $a = b = 0$, dann folgt $v = k$, und man redet von einer Reaktion nullter Ordnung.

Komplizierte Geschwindigkeitsgesetze zu ermitteln, bereitet oft erhebliche Schwierigkeiten. Man kann die Ausgangslage vereinfachen, indem man eines der Edukte in derart hoher Konzentration einsetzt, daß diese sich während der Messung von v nicht merklich ändert. Setzt man etwa in einer Reaktion zweiter Ordnung ($a = b = 1$ im obigen Beispiel) das Edukt A in einer genügend hohen Konzentration $[A]_0$ ein, vereinfacht sich das Geschwindigkeitsgesetz:

$$v = k[A]_0[B] = k'[B] \qquad \text{wobei} \quad k' = k[A]_0$$

Die Reaktion gleicht nun einer Reaktion erster Ordnung, da v der Konzentration des Edukts B proportional ist. Daß die wahre Reaktionsordnung (2) nicht erkennbar ist, liegt aber nur an der speziellen experimentellen Ausgangslage; man spricht in solchen Fällen deshalb von einer Reaktion *pseudo*-erster Ordnung.

Das Geschwindigkeitsgesetz einer konkreten Reaktion muß experimentell ermittelt werden. Es kann nicht aus der Reaktionsgleichung abgeleitet werden, es sei denn, man kennt den Reaktionsmechanismus, d. h. den genauen Reaktionsverlauf in elementaren Reaktionsschritten.

Wir betrachten nun die Reaktion

$$A + B \longrightarrow \text{Produkt(e)}$$

und nehmen an, daß es sich dabei um einen elementaren Reaktionsschritt, d. h. eine sogenannte Elementarreaktion handelt. Diese Annahme impliziert, daß im Reaktionsgemisch ein Teilchen des Edukts A und eines des Edukts B mit ausreichender kinetischer Energie kollidieren müssen, damit der Reaktionsschritt stattfindet. Man spricht in einem solchen Fall von einem bimolekularen Reaktionsschritt.

Die Zahl der erfolgreichen Zusammenstöße pro Zeiteinheit ist direkt proportional sowohl zur Konzentration des einen Edukts $[A]$ als auch zur Konzentration des anderen Edukts $[B]$. Das Geschwindigkeitsgesetz eines bimolekularen Reaktionsschritts entspricht also jenem einer Reaktion zweiter Ordnung:

$$v = k[A][B]$$

Daß die Geschwindigkeitskonstante k temperaturabhängig sein muß, ist unmittelbar einleuchtend: Mit steigender Temperatur nimmt die kinetische Energie der Teilchen zu, was sowohl die Zahl als auch die Erfolgsquote der Zusammenstöße beeinflußt. Als Faustregel gilt, daß sich k und somit die Reaktionsgeschwindigkeit mindestens verdoppelt, wenn man die Temperatur um 10 °C erhöht.

Einen elementaren Reaktionsschritt des Typs

$$A \longrightarrow Produkt(e)$$

nennt man unimolekular. Sein Geschwindigkeitsgesetz entspricht jenem einer Reaktion erster Ordnung:

$$v = - \frac{d[A]}{dt} = k[A]$$

Die integrierte Form dieser Gleichung erlaubt es, die Konzentration des Edukts $[A]$ ausgehend von einer Anfangskonzentration $[A]_0$ zu einem beliebigen Zeitpunkt vorherzusagen:

$$[A] = [A]_0 e^{-kt}$$

Man beachte die Analogie zum Zerfallsgesetz radioaktiver Kerne und die Konsequenz, daß man in solchen Fällen für die Konzentration des Edukts eine Halbwertszeit

$$t_{1/2} = \frac{\ln 2}{k}$$

angeben kann, die unabhängig von der Anfangskonzentration ist (vgl. auch Kapitel 6.3).

Es ist wichtig, bei der Diskussion der Kinetik chemischer Reaktionen zwischen der Reaktionsordnung der Gesamtreaktion und dem Mechanismus einzelner Reaktionsschritte konsequent zu unterscheiden. So wird zwar irgendeine Reaktion, bei der es sich um einen elementaren bimolekularen Reaktionsschritt handelt, immer eine Kinetik zweiter Ordnung zeigen. Der Umkehrschluß gilt aber nicht: Stellt man für eine Reaktion eine Kinetik zweiter Ordnung fest, dann kann sie auch nach einem komplizierten, nicht bimolekularen Mechanismus verlaufen.

3.4   Reversible Reaktionen. Das dynamische Gleichgewicht

In der Praxis laufen viele chemische Reaktionen in nur einer Richtung ab, d. h. sie sind irreversibel. Dies gilt etwa für die oben erwähnte Verbrennung eines Stücks Papier: Auch unter noch so sorgfältig gewählten Bedingungen wird man vergeblich warten, bis sich aus der Asche, Kohlendioxid, Wasser und anderen Verbrennungsprodukten wieder ein Stück Papier bildet.

In anderen Fällen verlaufen Reaktionen nur scheinbar irreversibel. Die Bildung von Wasser aus den Elementen zum Beispiel (vgl. Kapitel 3.2.2) ist nur bei Raumtemperatur praktisch irreversibel.

Bringt man 2 mol Wasserstoff und 1 mol Sauerstoff in einen bei 1000 K gehaltenen geschlossenen Behälter, so bildet sich mit der Zeit zwar Wasser, aber nicht 2 mol, wie man aufgrund der Reaktionsgleichung

$$2\,H_2 + O_2 \longrightarrow 2\,H_2O$$

erwarten würde. Die Reaktion scheint bei einer bestimmten Menge gebildeten Wassers stillzustehen. Man stellt zudem fest, daß man, um die Temperatur des Behälters bei 1000 K zu halten, Energie in Form von Wärme abführen muß.

Wenn man umgekehrt 2 mol Wasser bei den gleichen Bedingungen in dem Behälter sich selbst überläßt, bilden sich nach der Gleichung

$$2\,H_2O \longrightarrow 2\,H_2 + O_2$$

Wasserstoff und Sauerstoff, und zwar soviel, bis die am Ende des ersten Versuchs gefundene Wassermenge erreicht ist. Diesmal muß dem Behälter Energie zugeführt werden, damit die Temperatur bei 1000 K gehalten werden kann.

Um die Reaktion angemessen zu beschreiben, muß man also sowohl eine Hin- als auch eine Rückreaktion formulieren. In Reaktionsgleichungen wird dies durch Doppelpfeile ausgedrückt:

$$2\,H_2 + O_2 \rightleftharpoons 2\,H_2O$$

Für eine quantitative Beschreibung solcher Reaktionssysteme wollen wir nun die folgende allgemein formulierte reversible Reaktion betrachten

$$A + B \rightleftharpoons C + D$$

und annehmen, die Hin- und die Rückreaktion seien beide zweiter Ordnung. Die Rate, mit der sich die Konzentration des Produkts C pro Zeiteinheit ändert, ergibt sich dann wie folgt (vgl. Kapitel 3.2.2):

$$\frac{d[C]}{dt} = k_h[A][B] - k_r[C][D]$$

Die Konstanten k_h und k_r sind die Geschwindigkeitskonstanten der Hin- und der Rückreaktion. Der erste Term im rechten Teil der Gleichung beschreibt die Geschwindigkeit, mit der C in der Hinreaktion aus A und B gebildet wird. Durch die Reaktion mit D wird C aber auch aus dem Gemisch verschwinden. Deshalb erscheint ein zweiter Term mit negativem Vorzeichen, der dies berücksichtigt.

Sind am Anfang nur die Edukte A und B vorhanden, fällt der zweite Term praktisch nicht ins Gewicht, da [C] und [D] nahezu null sind. Die zeitliche Änderung von [C] ist also zu Beginn der Reaktion maximal. Allmählich, mit steigender Konzentration der Produkte C und D, nimmt aber der Betrag des zweiten Terms zu, während gleichzeitig der Betrag des ersten Terms wegen der abnehmenden Konzentrationen der Edukte allmählich abnimmt. Die zeitliche Änderung von [C] wird also nach und nach kleiner, bis schließlich

$$\frac{d[C]}{dt} = 0$$

und damit die Konzentration von C konstant wird. Aus stöchiometrischen Gründen sind dann auch die Konzentrationen [A], [B] und [D] konstant. Es ist ein *Gleichgewichtszustand* erreicht, für den sich aus den obigen Gleichungen

$$k_h[A][B] = k_r[C][D] \qquad \text{und damit} \qquad \frac{k_h}{k_r} = \frac{[C][D]}{[A][B]} = K$$

ergibt. Damit ist das Massenwirkungsgesetz am Beispiel der vorliegenden Reaktion abgeleitet. Zu jeder Gleichgewichtsreaktion gehört eine Gleichgewichtskonstante K.

Es ist sehr wichtig hervorzuheben, daß mit dem Erreichen des Gleichgewichtszustands nicht Ruhe eingetreten ist; es handelt sich nicht um ein statisches, sondern um ein *dynamisches Gleichgewicht*, in dem pro Zeiteinheit gleichviel A und B zu C und D umgesetzt wird wie C und D zu A und B. Beide Reaktionen finden also weiterhin statt, nur heben sich ihre Auswirkungen auf die Konzentrationen der Reaktionspartner gegenseitig auf.

Nehmen wir ferner an, das Produkt C zerfalle in einer zweiten Gleichgewichtsreaktion zu Folgeprodukten:

$$C \rightleftharpoons E + F$$

Die Hinreaktion sei erster Ordnung, die Rückreaktion zweiter Ordnung. Für diese Folgereaktion kann das Massenwirkungsgesetz analog abgeleitet werden:

$$\frac{k'_h}{k'_r} = \frac{[E][F]}{[C]} = K'$$

Will man nun die beiden gekoppelten reversiblen Reaktionen als Gesamtsystem ohne Rücksicht auf die Konzentration des Zwischenprodukts C betrachten, dann läßt sich [C] aus dem Gleichungssystem eliminieren:

$$[C] = K\frac{[A][B]}{[D]} \quad \text{sowie} \quad [C] = \frac{[E][F]}{K'} \quad \text{ergibt}$$

$$K \cdot K' = K\frac{[D][E][F]}{[A][B]} = K_{\text{gesamt}}$$

Man erhält offensichtlich das Massenwirkungsgesetz für das Gesamtsystem:

$$A + B \rightleftharpoons D + E + F$$

Die Gleichgewichtskonstante einer in mehreren Stufen ablaufenden reversiblen Reaktion ist also gleich dem Produkt der Gleichgewichtskonstanten der einzelnen Stufen (vgl. auch Kapitel 4.3.4).

Wie man an diesem Beispiel außerdem erkennen kann, ist es nicht zulässig, ausgehend vom Massenwirkungsgesetz rückwärts auf die Reaktionsordnung der Hin- oder der Rückreaktion zu schließen. Obwohl im Zähler das Produkt dreier Konzentrationen erscheint, ist die Rückreaktion nicht zwingend dritter Ordnung. Die Gesamtreaktion wurde ja aus zwei gekoppelten Gleichgewichtsreaktionen abgeleitet. Welche Reaktionsordnung man für die Gesamtreaktion des gekoppelten Systems

$$E + F \longrightarrow C$$

$$C + D \longrightarrow A + B$$

außerhalb des Gleichgewichtszustands experimentell bestimmen würde, steht nicht zum vorneherein fest, obwohl beide Reaktionen als solche zweiter Ordnung angenommen wurden.

In der Tat läßt sich die Gleichgewichtskonstante einer reversiblen chemischen Reaktion auch aus rein thermodynamischen Prinzipien ableiten, ohne daß man die Reaktionskinetik oder gar den Reaktionsmechanismus kennen müßte. Es läßt sich nämlich zeigen, daß zwischen der Gleichgewichtskonstanten K und der Änderung der freien Enthalpie ΔG, die mit der Reaktion verbunden ist (vgl. Kapitel 3.2.2), folgende Beziehung besteht:

$$\Delta G = - RT \ln K$$

Darin steht R für die allgemeine Gaskonstante und T für die absolute Temperatur (vgl. Kapitel 1.2.3). Die Beziehung gilt streng dann, wenn man für ein chemisches Gleichgewicht wie

$$A + 2B \rightleftharpoons 2C + 3D$$

als Gleichgewichtskonstante

$$K = \frac{a_C^2 \cdot a_D^3}{a_A \cdot a_B^2}$$

formuliert, wobei a_i die (dimensionslosen) Aktivitäten der beteiligten Reaktanden bedeuten (vgl. Kapitel 3.2.1). Die Gleichgewichtskonstante ist also gleich dem Produkt der Aktivitäten der Endprodukte, geteilt durch das Produkt der Aktivitäten der Ausgangsstoffe, wobei die stöchiometrischen Koeffizienten der Reaktionsgleichung als Exponenten bei den entsprechenden Aktivitäten erscheinen.

Für den praktischen Gebrauch werden wir im Sinne einer Näherung, wie bereits erwähnt (vgl. Kapitel 3.2.1), für Reaktionen in stark verdünnter Lösung die molaren Konzentrationen der Reaktanden an Stelle ihrer Aktivitäten einsetzen:

$$K = \frac{[C]^2[D]^3}{[A][B]^2}$$

Abschließend sollen die wichtigsten Beziehungen für reversible chemische Reaktionen anhand des sehr allgemein formulierten Beispiels

$$\text{Edukte} \; \underset{k_r}{\overset{k_h}{\rightleftharpoons}} \; \text{Produkte}$$

zusammengefaßt werden. Die Geschwindigkeitskonstanten der Hin- und der Rückreaktion k_h und k_r, die Gleichgewichtskonstante K und die Änderung der freien Enthalpie ΔG sind durch die Gleichungen

$$K = \frac{k_h}{k_r} \quad \text{und} \quad \Delta G = -RT\ln K \quad \text{bzw.} \quad K = e^{-\frac{\Delta G}{RT}}$$

miteinander verknüpft. Kennt man also den Wert für K bei einer bestimmten Temperatur, dann läßt sich auch ΔG angeben und umgekehrt. Kennt man sowohl den Wert für K als auch *eine* der beiden Geschwindigkeitskonstanten, so läßt sich die andere ebenfalls angeben. Man beachte aber, daß die Kenntnis der Geschwindigkeitskonstanten allein noch keine Aussagen über die Reaktionsordnungen oder gar die Mechanismen der Hin- und der Rückreaktion erlaubt.

3.5   Prinzipien der Katalyse reversibler Reaktionen

Ein Katalysator ist ein Stoff, der in der Lage ist, eine chemische Reaktion zu beschleunigen, und der nach der Reaktion in unveränderter Form vorliegt. Es genügt deshalb, den Katalysator in kleinen Mengen einzusetzen, d. h. in einem kleinen Bruchteil der stöchiometrischen Mengen der Reaktanden.

Um die Funktionsweise eines Katalysators prinzipiell zu verstehen, genügt es, auf das allgemeine Beispiel

$$\text{Edukte} \quad \underset{k_r}{\overset{k_h}{\rightleftharpoons}} \quad \text{Produkte}$$

näher einzugehen. Wenn nur die Hinreaktion betrachtet wird, dann beschleunigt ein Katalysator diese, indem er deren freie Aktivierungsenthalpie $\Delta G_h^{\ddagger}$ erniedrigt. Die Geschwindigkeitskonstante k_h wird dadurch größer, da $\Delta G_h^{\ddagger}$ und k_h nach ARRHENIUS und GIBBS gemäß der Formel

$$k_h = e^{-\frac{\Delta G_h^{\ddagger}}{RT}}$$

miteinander verknüpft sind. Für die Rückreaktion gelten aus Symmetriegründen analoge Aussagen, denn man könnte ja die obige Reaktion auch in umgekehrter Richtung notieren. Wird nun der Quotient aus k_h und k_r gebildet, so ergibt sich:

$$\frac{k_h}{k_r} = \frac{e^{-\frac{\Delta G_h^{\ddagger}}{RT}}}{e^{-\frac{\Delta G_r^{\ddagger}}{RT}}} = e^{-\frac{\Delta G_h^{\ddagger} - \Delta G_r^{\ddagger}}{RT}}$$

Da aber

$$\frac{k_h}{k_r} = K \qquad und \qquad K = e^{-\frac{\Delta G}{RT}}$$

folgt:

$$\Delta G_h^{\ddagger} - \Delta G_r^{\ddagger} = \Delta G$$

Die Gleichgewichtslage der Reaktion wird also nicht verändert. Ein Katalysator beschleunigt lediglich die Einstellung des Gleichgewichts einer reversiblen Reaktion, denn er erhöht die Geschwindigkeitskonstanten der Hin- und der Rückreaktion derart, daß ihr Verhältnis k_h/k_r und damit die Gleichgewichtskonstante K sich nicht ändert.

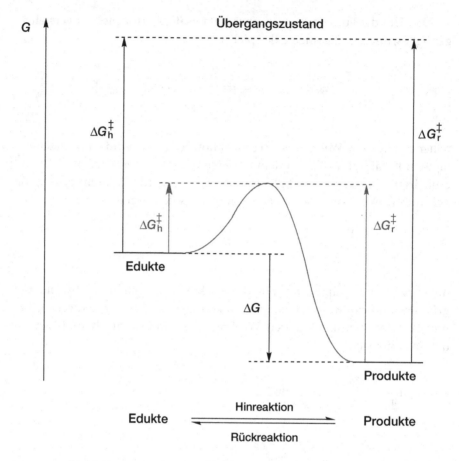

*Figur 3.1. Änderungen der freien Enthalpie G im Verlauf einer exergonischen rever-
siblen Reaktion. Die Symbole bedeuten: Freie Reaktionsenthalpie, ΔG; freie Aktivierungsenthalpie der Hinreaktion, $\Delta G_h^{\ddagger}$; freie Aktivierungsenthalpie der Rückreaktion,
$\Delta G_r^{\ddagger}$. Die Variante in Farbe skizziert den Verlauf nach Zugabe eines Katalysators.*

In Figur 3.1 ist dieser Sachverhalt für eine exergonische Reaktion gra-
phisch anschaulich dargestellt. Die Teilchen der Edukte benötigen einen Min-
destbetrag an freier Energie, nämlich die freie Aktivierungsenergie der Hinreaktion, um zu Produkten reagieren zu können. Analoges gilt für die
Teilchen der Produkte und die freie Aktivierungsenergie der Rückreaktion. In
beiden Fällen wird während der Reaktion derselbe Übergangszustand erreicht. Handelt es sich bei der Reaktion um einen (reversiblen) elementaren
Reaktionsschritt (vgl. Kapitel 3.3), dann ist dieser Übergangszustand bezüg-

lich seiner Struktur einigermaßen genau definiert. Ist die Reaktion aber ein gekoppeltes System aus mehreren elementaren Gleichgewichtsreaktionen, dann kann man den Übergangszustand der Gesamtreaktion formal als eine Art *black box* betrachten, die eine Kollektion von mehreren Übergangszuständen und instabilen Zwischenprodukten enthält, um die man sich zur Beschreibung der Gesamtreaktion nicht zu kümmern braucht.

Zu den wichtigsten Klassen von Katalysatoren gehören:

- Übergangsmetalle wie Platin, Palladium, Nickel, Rhodium und Komplexe solcher Metalle bzw. ihrer Ionen.

- Säuren nach BRØNSTED und LEWIS (vgl. Kapitel 4.3.2 und 4.3.3).

- Die als Biokatalysatoren bezeichneten Katalysatoren des biochemischen Stoffwechsels, die Enzyme, welche zur Stoffklasse der Proteine gehören (vgl. den Band „Grundlagen der organischen Chemie").

3.6 Beeinflussung von Gleichgewichtsreaktionen

Ein dynamisches Gleichgewicht, wie es bei chemischen Reaktionen vorliegt, läßt sich leicht durch Verändern äußerer Faktoren beeinflussen. Das Verhalten der Gleichgewichtsreaktion in diesem Fall wird durch das nach dem französischen Chemiker H. L. LE CHATELIER (1850–1936) benannte Prinzip von LE CHATELIER beschrieben:

> Stört man ein System im Gleichgewichtszustand, dann reagiert das System derart, daß sich die Auswirkung der Störung vermindert.

Wir unterscheiden zwischen solchen Störungen, die die Gleichgewichtskonstante K direkt beeinflussen, und solchen, die (bei konstantem K) lediglich die aktuelle Gleichgewichtslage verändern. Zu den ersteren gehören Temperaturänderungen, zu den letzteren Druck- und Konzentrationsänderungen. Man beachte also, daß die Gleichgewichts*konstante* nur dann wirklich konstant ist, wenn man darauf achtet, die Temperatur konstant zu halten.

3.6.1 Temperaturänderungen

Temperaturänderungen beeinflussen im allgemeinen Gleichgewichtsreaktionen dadurch, daß sie die Gleichgewichtskonstante verändern. Führt man der exothermen Reaktion

$$H_2 + S \quad \underset{\text{endotherm}}{\overset{\text{exotherm}}{\rightleftharpoons}} \quad H_2S \qquad \Delta H = -40 \text{ kJ/mol}$$

Wärme zu, so wird nach dem Prinzip von LE CHATELIER die Wärme verbrauchende Reaktion, d. h. die Rückreaktion, stärker beschleunigt als die exotherme Reaktion. Die Gleichgewichtskonstante

$$K = \frac{k_h}{k_r}$$

wird dadurch kleiner. Die Mengen an H_2 und S werden also größer auf Kosten der Menge an H_2S. Führt man dagegen durch Abkühlen die Reaktionswärme ab, so wird der Wärme produzierende Vorgang stärker begünstigt, die Gleichgewichtskonstante wird größer, und es entsteht mehr H_2S auf Kosten der Edukte.

Für eine endotherme Reaktion wie

$$\frac{1}{2} Cl_2 + O_2 \quad \rightleftharpoons \quad ClO_2 \qquad \Delta H = +110 \text{ kJ/mol}$$

gilt das Umgekehrte: Bei Erwärmen wird die Hinreaktion stärker beschleunigt als die Rückreaktion, und damit erhöht sich die Gleichgewichtskonstante. Bei Abkühlung wird die Gleichgewichtskonstante kleiner, und es bilden sich mehr Cl_2 und O_2 auf Kosten des Produkts.

3.6.2 Konzentrationsänderungen

Als Mittel zur Beeinflussung der Lage von Gleichgewichten, nicht aber der Gleichgewichtskonstante, stehen Konzentrationsänderungen zur Verfügung. Fängt man aus einer Reaktion

$$A + B \quad \rightleftharpoons \quad C + D$$

die Produkte C und D ab, so daß deren Konzentration stets gering bleibt, so verschiebt sich die Lage des Gleichgewichts nach rechts; es wird gemäß dem Prinzip von LE CHATELIER diejenige Reaktion begünstigt, die ständig C und

D nachliefert. Unter der Annahme konstanter Temperatur bleibt die Gleichgewichtskonstante

$$K = \frac{[C]\,[D]}{[A]\,[B]}$$

dabei unverändert. Deshalb kann hier nicht eine einzelne Konzentration geändert werden, ohne daß sich die andern Konzentrationen derart vergrößern oder verkleinern, daß das Massenwirkungsgesetz erfüllt bleibt.

Verringert man also durch Entnahme von C und D deren Konzentrationen, so wird der Zähler in der zugehörigen Massenwirkungsgesetz-Gleichung kleiner. Damit nun der Wert der Gleichgewichtskonstante K unverändert bleibt, muß auch der Nenner kleiner werden. Die Konzentrationen von A und B müssen demnach unter Nachbildung von C und D abnehmen.

Das Entfernen einzelner Substanzen, die in einem chemischen Gleichgewicht miteinander reagieren, aus Mischungen von Verbindungen ist eine beliebte Maßnahme, um die Ausbeute an gewünschten Reaktionsprodukten möglichst hoch zu halten. In gewissen Fällen ist das sehr einfach möglich, etwa wenn eines der Reaktionsprodukte gasförmig ist:

$$CaO + 3\,C \rightleftharpoons CaC_2 + CO\uparrow$$

Calciumoxid (gebrannter Kalk) reagiert hier (bei hohen Temperaturen) mit Kohle zu Calciumcarbid und Kohlenmonoxidgas, das aus dem Reaktionsgemisch entweicht. Dadurch bilden sich die Produkte ständig nach, und das erwünschte Produkt des Prozesses, CaC_2, wird in hoher Ausbeute gewonnen. Das Entweichen eines Gases aus Reaktionsgemischen wird, wie oben dargestellt, durch einen nach oben gerichteten Pfeil symbolisiert.

Umgekehrt nützt man bei der Produktion des weißen Titanoxids für Pigmente den Umstand aus, daß das erwünschte TiO_2 als Festkörper aus dem Gemisch der reagierenden Gase $TiCl_4$, O_2 und Cl_2 in Form eines feinen Pulvers ausfällt:

$$TiCl_4 + O_2 \rightleftharpoons TiO_2\downarrow + 2\,Cl_2$$

Das Ausfallen eines Festkörpers aus einem Reaktionsgemisch wird durch einen nach unten gerichteten Pfeil symbolisiert. Einen ausfallenden Festkörper nennt man auch einen *Niederschlag*.

3.6.3 Druckänderungen

Die Druckerhöhung durch Kompression ist bei Gasreaktionen von Bedeutung, falls mit der Umsetzung eine Volumenänderung verbunden ist. Der Vorgang

$$H_2 \quad + \quad I_2 \quad \rightleftharpoons \quad 2\,HI$$

$$22,4\,L \qquad 22,4\,L \qquad\qquad 2 \cdot 22,4\,L$$

läßt sich daher durch Komprimieren nicht beeinflussen. Bei einer Reaktion wie der Ammoniak-Synthese gemäß

$$N_2 \quad + \quad 3\,H_2 \quad \rightleftharpoons \quad 2\,NH_3$$

$$22,4\,L \quad 3 \cdot 22,4\,L \qquad\qquad 2 \cdot 22,4\,L$$

verschiebt sich hingegen beim Komprimieren die Lage des Gleichgewichts nach rechts, da das Volumen des Produkts kleiner ist als dasjenige der Ausgangsstoffe. Eine vermehrte Bildung von Ammoniak vermindert das Gesamtvolumen der Reaktionsteilnehmer und führt damit zu einer Druckabnahme. Dadurch weicht das System $N_2/H_2/NH_3$ der von außen wirkenden Kompression aus.

Bei einer erzwungenen Expansion tritt genau das Umgekehrte ein: Die Bildung der Ausgangsstoffe N_2 und H_2 wird bevorzugt, da diese den zur Verfügung stehenden Raum dank ihrem größeren Volumen besser ausfüllen können als das Produkt NH_3.

Obwohl es auf den ersten Blick den Anschein macht, daß eine Druckänderung in diesem System mit einer Änderung der Gleichgewichtskonstante verbunden sei, ist dies nicht der Fall: Die Druckänderung erzeugt lediglich Konzentrationsänderungen. Verdoppelt man im System $N_2/H_2/NH_3$ beispielsweise den Druck, ohne dabei die Temperatur zu verändern, dann verdoppeln sich zunächst die Konzentrationen aller beteiligten Gase. Im Massenwirkungsgesetz

$$K = \frac{[NH_3]^2}{[N_2][H_2]^3}$$

führt dies zu einem Faktor 4 im Zähler, aber zu einem Faktor $2 \cdot 8 = 16$ im Nenner. Damit die Gleichung erfüllt bleibt, werden also die Konzentrationen von N_2 und H_2 abnehmen und jene von NH_3 wird ansteigen.

3.7 Das Löslichkeitsprodukt

Viele Salze, z. B. AgCl, $BaSO_4$ und $CaCO_3$ (Kalk), lösen sich in Wasser schlecht. Von solchen Verbindungen gehen nur sehr geringe Mengen in Lösung, der größte Teil der Substanz bleibt als fester Bodenkörper auf dem Boden des Gefäßes zurück. Man nennt dies ein heterogenes System. Im Gegensatz dazu stellen Lösungen homogene Systeme dar.

Betrachten wir als Beispiel das heterogene System AgCl in Wasser. Es besteht aus einer flüssigen Phase (mit AgCl gesättigte Lösung) und einer festen Phase (Bodenkörper aus festem AgCl). Der gelöste Anteil des schwerlöslichen Salzes liegt dabei vollständig in Form von freien, hydratisierten Ionen vor (vgl. Kapitel 4.2.1). Zwischen dem Bodenkörper und der gesättigten Lösung besteht nun ein Gleichgewicht derart, daß ständig AgCl aus dem Bodenkörper in Form von Ag^+ und Cl^- in die Lösung übergeht und gleichzeitig umgekehrt Silberchlorid aus der Lösung ausfällt und damit zum Bodenkörper wird (Figur 3.2).

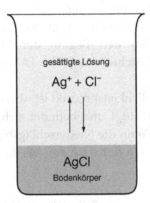

Figur 3.2. Eine mit Silberchlorid gesättigte wäßrige Lösung.

Die Hinreaktion des entsprechenden heterogenen Gleichgewichts

$$AgCl \rightleftharpoons Ag^+ + Cl^-$$

ist *pseudo*-nullter Ordnung (vgl. Kapitel 3.3), denn die Menge des Bodenkörpers hat keinen Einfluß auf die Geschwindigkeit der Hinreaktion:

$$v_h = k_h$$

Es spielt nämlich keine Rolle, ob sich auf dem Boden des Gefäßes in Figur 3.2 nur 0,1 g oder 25 g festes AgCl befinden. Die Rückreaktion ist zweiter Ordnung, so daß sich im Gleichgewichtszustand

$$k_h = k_r[Ag^+][Cl^-] \qquad \text{und damit} \qquad \frac{k_h}{k_r} = [Ag^+][Cl^-] = K_{lp}$$

ergibt (vgl. Kapitel 3.4). Das Produkt der beiden Ionenkonzentrationen $[Ag^+]$ $[Cl^-]$ wird als Löslichkeitsprodukt K_{lp} des Silberchlorids bezeichnet. Selbstverständlich ist auch das Löslichkeitsprodukt, wie jede andere Gleichgewichtskonstante, temperaturabhängig.

Für jede Lösung, die ein schwerlösliches Salz BA enthält, können die folgenden drei Fälle eintreten:

$[B^+] [A^-] < K_{lp}$ Die ganze vorliegende Menge des Salzes BA ist gelöst, die Lösung ist ungesättigt.

$[B^+] [A^-] = K_{lp}$ Die Lösung ist gesättigt. Jede Zugabe von B^+- oder A^--Ionen hat den Beginn der Niederschlagsbildung zur Folge. Beachte, daß $[B^+] = [A^-]$ sein kann, aber nicht sein muß.

$[B^+] [A^-] > K_{lp}$ Das Löslichkeitsprodukt ist überschritten, d. h. die Lösung ist übersättigt und befindet sich in einem instabilen Zustand. Wenn die Niederschlagsbildung einsetzt, dann fällt solange ein festes BA aus, bis das Produkt $[B^+] [A^-]$ gleich K_{lp} ist.

Das Löslichkeitsprodukt von AgCl (in Wasser bei 25 °C) beträgt beispielsweise $1{,}77 \cdot 10^{-10} \ mol^2 \ L^{-2}$. Gibt man zu einer 10^{-4} M Lösung von AgNO$_3$ (Silbernitrat ist ein gut wasserlösliches Salz) Chlorid-Ionen zu, etwa in Form von gelöstem NaCl, so entsteht bei $[Cl^-] = 1{,}77 \cdot 10^{-6}$ M eine mit AgCl gesättigte Lösung:

$$[Ag^+] [Cl^-] = 10^{-4} \ M \cdot 1{,}77 \cdot 10^{-6} \ M = 1{,}77 \cdot 10^{-10} \ mol^2 \ L^{-2}$$

Übersteigt die Cl^--Ionenkonzentration den Wert $1{,}77 \cdot 10^{-6}$ M, so wird das Löslichkeitsprodukt von AgCl überschritten und Silberchlorid beginnt auszufallen. Sorgt man z. B. dafür, daß $[Cl^-] = 10^{-2}$ M wird, so muß solange ein Niederschlag von AgCl ausfallen, bis $[Ag^+] = 1{,}77 \cdot 10^{-8}$ M ist. Dann liegt ein System vor, das aus einer gesättigten Lösung mit

$$[Ag^+] [Cl^-] = 1{,}77 \cdot 10^{-8} \text{ M} \cdot 10^{-2} \text{ M} = 1{,}77 \cdot 10^{-10} \text{ mol}^2 \text{ L}^{-2}$$

und aus einem Bodenkörper von AgCl besteht.

Verringert man andererseits die Konzentrationen der Ag^+- und der Cl^--Ionen, z. B. indem man die gesättigte Lösung verdünnt, so geht vom Bodenkörper so viel AgCl in Lösung, bis diese wieder gesättigt ist und wiederum $[Ag^+] [Cl^-] = 1{,}77 \cdot 10^{-10} \text{ mol}^2 \text{ L}^{-2}$ gilt.

Bei der Anwendung des Löslichkeitsprodukts sollen folgende Punkte beachtet werden:

- Das Löslichkeitsprodukt gilt für alle *schwerlöslichen* Verbindungen.
- Ein Niederschlag eines Salzes BA kann sich nur dann bilden, wenn das Löslichkeitsprodukt überschritten wird, d. h. wenn $[B^+] [A^-] > K_{lp}$.
- Für gesättigte Lösungen eines Salzes BA gilt, falls keine weiteren Salze zugesetzt wurden, $[B^+] = [A^-] = c_{BA}$ (c_{BA} = Konzentration des gelösten Salzes) und daher

$$[B^+] [A^-] = c_{BA}{}^2 = K_{lp} \qquad \text{und} \qquad c_{BA} = \sqrt{K_{lp}}$$

- Bei Salzen vom Typus $B_x A_y$ gilt

$$B_x A_y \rightleftharpoons x\, B^+ + y\, A^- \qquad K_{lp} = [B^+]^x [A^-]^y$$

Auch hier gilt das Prinzip von LE CHATELIER: Werden beispielsweise einer gesättigten Lösung von BA B^+- oder A^--Ionen zugesetzt, so fällt solange BA aus, bis $[B^+] [A^-]$ wieder den Wert K_{lp} erreicht hat.

Schwerlösliche Salze sind in der Analytik von großer Bedeutung. Der Trennungsgang in der qualitativen Analyse beruht darauf, daß man die verschiedenen Elemente nach Möglichkeit durch Bildung von schwerlöslichen Salzen mit verschiedenen Reagenzien voneinander trennt. In der quantitativen Analyse (Gravimetrie) wird eine Substanzmenge oft so bestimmt, daß man sie in ein schwerlösliches Salz überführt, dieses trocknet und dann wägt. Hat man z. B. Silber-Ionen mit Kochsalz als AgCl ausgefällt, so kann man aus dem Gewicht des AgCl-Niederschlages die darin enthaltene Silbermenge berechnen. Tabelle 3.1 gibt die K_{lp}-Werte für einige häufig verwendete schwerlösliche Salze an.

Tabelle 3.1. Löslichkeitsprodukte K_{lp} für einige schwerlösliche Verbindungen bei 25 °C. Weitere Daten finden sich im Anhang (Tabelle 8.1.3).

Verbindung	K_{lp}	Verbindung	K_{lp}
AgCl	$1{,}77 \cdot 10^{-10}$ mol^2 L^{-2}	CaCO$_3$	$4{,}96 \cdot 10^{-9}$ mol^2 L^{-2}
BaCO$_3$	$2{,}58 \cdot 10^{-9}$ mol^2 L^{-2}	CaSO$_4$	$7{,}10 \cdot 10^{-5}$ mol^2 L^{-2}
BaSO$_4$	$1{,}07 \cdot 10^{-10}$ mol^2 L^{-2}	MgF$_2$	$7{,}42 \cdot 10^{-11}$ mol^3 L^{-3}

3.8 Übungen

3.1 Ein Stück Eisen der Masse 2 g soll in 1 L Salzsäure aufgelöst werden. Führt man das Experiment mit Salzsäure der Konzentration 0,1 mol/L durch, so stellt man fest, daß die Reaktion sehr langsam abläuft. Wie kann die Reaktion beschleunigt werden?

3.2 Eine Lösung von 29,2% (m/m) Kochsalz in Wasser hat bei Raumtemperatur eine Dichte von 1,169 g/cm^3. Wieviel Kochsalz und wieviel Wasser ist in

a) 1,00 L bzw.

b) 1,00 kg einer solchen Lösung enthalten?

c) In welcher molaren Konzentration ist Kochsalz in dieser Lösung enthalten?

d) In welcher molalen Konzentration ist Kochsalz in dieser Lösung enthalten?

e) Wie groß ist der Molenbruch für Na$^+$-Ionen in dieser Lösung?

3.3 Bei Raumtemperatur beträgt die Gleichgewichtskonstante für die Reaktion

$$N_2 + O_2 \rightleftharpoons 2\,NO$$

lediglich etwa 10^{-30}. In Verbrennungsmotoren werden jedoch meßbare Mengen des Schadstoffs Stickstoffmonoxid gebildet. Entscheiden Sie aufgrund dieser beiden Informationen, ob die Umsetzung von N$_2$ und O$_2$ zu NO exotherm oder endotherm verläuft.

3.4   Um welchen Faktor sinkt die Geschwindigkeit der chemischen Vorgänge in einer Autobatterie etwa, wenn die Temperatur von 30 °C auf −10 °C fällt?

3.5   Das Salz Kaliumchlorat ($KClO_3$) ist bei Raumtemperatur (25 °C) ein stabiler Feststoff. Heizt man es jedoch auf etwa 300 °C, dann zersetzt es sich spontan zu Kaliumchlorid und Sauerstoff. Bei 25 °C (= 298 K) beträgt die Reaktionsenthalpie für die Zersetzung von 1 mol Kaliumchlorat −39 kJ und die entsprechende Entropieänderung 247 J/K.

   a)   Formulieren Sie die Reaktionsgleichung für die Zersetzung von Kaliumchlorat zu Kaliumchlorid und Sauerstoff!

   b)   Ergänzen Sie die folgenden Aussagen zur Zersetzung von 1 mol Kaliumchlorat bei 25 °C:
   Die Reaktion ist   ❏ exergonisch ❏ endergonisch
   Die Reaktion ist   ❏ endotherm   ❏ exotherm
   Die Ordnung nimmt bei der Reaktion   ❏ ab   ❏ zu
   Die freie Reaktionsenthalpie beträgt.........................

   c)   Warum ist Kaliumchlorat bei Raumtemperatur stabil?

3.6   Welche Größe erhält man, wenn man für ein gegebenes chemisches Gleichgewicht die freie Aktivierungsenthalpie der Rückreaktion ($\Delta G_r^{\ddagger}$) von der freien Aktivierungsenthalpie der Hinreaktion ($\Delta G_h^{\ddagger}$) subtrahiert?

3.7   Die freie Reaktionsenthalpie einer chemischen Reaktion ist mit Sicherheit positiv, wenn
   ❏ die Reaktion endotherm ist und die Unordnung zunimmt.
   ❏ die Reaktion endotherm ist und die Unordnung abnimmt.
   ❏ die Reaktion exotherm ist und die Unordnung zunimmt.
   ❏ die Reaktion exotherm ist und die Unordnung abnimmt.

4. Chemie der wäßrigen Lösungen

4.1 Das Wasser

In der anorganischen Chemie ist Wasser das wichtigste gebräuchliche Lösungsmittel. Für die meisten analytischen und viele präparative Zwecke wird mit wäßrigen Lösungen gearbeitet. Deshalb sollen hier die Eigenschaften behandelt werden, die dem Wasser zu dieser Sonderstellung verholfen haben.

4.1.1 Dipolcharakter und Assoziation

In Figur 2.3 (Kapitel 2.4.6) wurde gezeigt, daß das Wassermolekül H_2O Dipolcharakter besitzt. Der positive Pol eines Wassermoleküls kann die negativen Pole anderer Dipolmoleküle anziehen. Dipolmoleküle sind demnach fähig, durch *Assoziation* (Zusammenlagerung) größere Molekülverbände zu bilden:

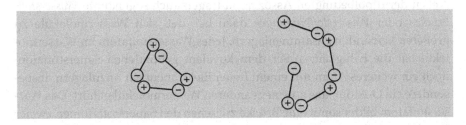

Daß diese Erscheinung beim Wasser besonders stark hervortritt, zeigt sich bei einem Vergleich der Wasserstoffverbindungen der 6. Hauptgruppe des Periodensystems. Bei H_2S, H_2Se und H_2Te steigen Schmelzpunkt, Siedepunkt und Verdampfungswärme entsprechend der Zunahme der Molekülmasse an. Unregelmässig ist nur das erste Glied der Reihe, H_2O, da nur hier die Assoziation ein größeres Ausmaß annimmt (Tabelle 4.1).

Tabelle 4.1. Molekülmasse und einige physikalische Daten der Wasserstoffverbindungen von Sauerstoff, Schwefel, Selen und Tellur.

Verbindung	H_2O	H_2S	H_2Se	H_2Te
Molekülmasse (Da)	18,0	34,1	81,0	129,6
Schmelzpunkt (°C)	0,0	–85,5	–65,7	–49
Siedepunkt (°C)	100,0	–59,6	–41,3	–2
Verdampfungswärme (kJ/mol)	40,6	18,7	19,7	19,2

Die Assoziation ist neben anderen Faktoren (vgl. den folgenden Abschnitt) dafür verantwortlich, daß das Wasser bei Zimmertemperatur flüssig ist. Würde man die Assoziation unberücksichtigt lassen und nur die Molekülmassen betrachten, so müßte man annehmen, daß Wasser mit einer derart geringen relativen Molekülmasse (18) bei Zimmertemperatur und Atmosphärendruck gasförmig sein sollte. Insbesondere müßten dann der Schmelz- und Siedepunkt des Wassers noch tiefer liegen als diejenigen von H_2S. Durch die Assoziation entstehen nun aber größere Gebilde der Formel $(H_2O)_n$. Das bedeutet eine scheinbare Erhöhung der relativen Molekülmasse von 18 auf $n \cdot 18$. Dadurch wird der Siedepunkt des Wassers so stark erhöht, daß er mit 100 °C weit über der Zimmertemperatur liegt. Die Assoziation erklärt auch die besonders hohe Verdampfungswärme des Wassers (40,6 kJ/mol).

4.1.2 Wasserstoffbrücken

Neben der dipolbedingten Assoziation tragen auch sogenannte *Wasserstoffbrücken* oder *Wasserstoffbindungen* dazu bei, daß sich Wassermoleküle zu größeren Verbänden zusammenlagern. Jedes Wasserstoffatom im Wassermolekül hat die Fähigkeit, außer dem kovalent gebundenen Sauerstoffatom noch ein weiteres Atom mit einem freien Elektronenpaar anzulagern, insbesondere ein O-Atom, das zu einem anderen Wassermolekül gehört. Das Wasserstoffatom bildet somit eine Brücke zwischen den Sauerstoffatomen zweier Wassermoleküle, wobei die eine Bindung eine polarisierte Elektronenpaarbindung ist, die andere, zusätzliche, jedoch auf elektrostatischer Anziehung beruht. Dank der Polarisierung der O–H-Bindungen im Wassermolekül sind die H-Atome leicht positiv, die O-Atome leicht negativ geladen, wodurch die Brückenbildung ermöglicht wird. Wasserstoffbrücken sind im Vergleich zu kovalenten Bindungen relativ schwach und werden gemeinhin durch eine punktierte Linie symbolisiert (Figur 4.1). Die kovalente O–H-Bindung besitzt eine Bindungsenergie von 463 kJ/mol, während die Bildung von einem Mol Wasserstoffbrücken (zwischen Wassermolekülen) nur 20 kJ freisetzt. Die molare Bindungsenergie einer Wasserstoffbrücke zwischen O und H beträgt also nur etwa 4,3 % der Energie der entsprechenden kovalenten Bindung. Dieser Unterschied kommt auch in den beiden Bindungslängen zum Ausdruck (Figur 4.1).

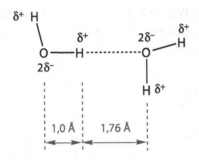

Figur 4.1. Wasserstoffbrücke zwischen zwei Wassermolekülen.

Jedes Wassermolekül kann an maximal vier Wasserstoffbrücken gleichzeitig beteiligt sein, wobei zwei der brückenbildenden Wasserstoffatome zum betrachteten Molekül, die beiden anderen zu weiteren Wassermolekülen gehören. Diese Möglichkeit wird bei sehr tiefen Temperaturen (unterhalb von −180 °C) in Eis realisiert. Eis hat demnach eine Gitterstruktur, bei der sich jedes Sauerstoffatom im Zentrum eines Tetraeders befindet, dessen Ecken durch die Sauerstoffatome der benachbarten Wassermoleküle gebildet werden. Beim Übergang in den flüssigen Zustand bricht diese Gitterstruktur allmählich auf. Im Durchschnitt sind in flüssigem Wasser noch etwas mehr als zwei Wasserstoffbrücken pro H_2O-Molekül vorhanden. Wasserdampf schließlich besteht vorwiegend aus einzelnen H_2O-Molekülen.

Wasserstoffbrücken spielen in der Biochemie, besonders bei den Proteinen und Nucleinsäuren, eine wichtige Rolle. Sie sind wesentlich dafür verantwortlich, daß diese Verbindungen ihre spezifischen dreidimensionalen Strukturen ausbilden und damit ihre Funktion ausüben können.

4.1.3   Die Dielektrizitätskonstante

Bringt man Dipolmoleküle wie H_2O in das elektrische Feld zwischen einer positiven und einer negativen Ladung, so richten sie sich alle so aus, daß ihre negativen Pole der positiven Ladung, die positiven Pole der negativen Ladung zugekehrt sind. Dadurch wird das Feld lokal teilweise neutralisiert, seine Wirkung wird geringer.

Das Ausmaß dieser Beeinflussung wird durch die (dimensionslose) Dielektrizitätskonstante ε wiedergegeben, die für jede aus Dipolmolekülen bestehende Verbindung einen charakteristischen Wert hat. Wasser gehört mit HCN und HF zu den Verbindungen mit außerordentlich hohen Dielektrizitätskonstanten (Tabelle 4.2). Die zwischen zwei elektrischen Ladungen wirkenden Kräfte sind in Wasser deshalb sehr viel kleiner als in Luft. Das in Kapitel 2.3.2 erwähnte Gesetz von COULOMB lautet für den Fall, daß sich zwischen den Ladungen q_1 und q_2 ein Material mit der Dielektrizitätskonstanten ε befindet:

$$K = \frac{1}{\varepsilon}\, k\, \frac{q_1\, q_2}{r^2}.$$

Tabelle 4.2. Dielektrizitätskonstanten ε einiger Flüssigkeiten.

Verbindung	Summenformel	ε	Temperatur (K)
Blausäure	HCN	114,9	293
Fluorwasserstoff	HF	83,6	273
Wasser	H_2O	80,1	293
Methanol	CH_3OH	33,0	293
Ammoniak	NH_3	16,6	293
Schwefeldioxid	SO_2	16,3	298
Schwefelwasserstoff	H_2S	5,9	283
Essigsäure	CH_3COOH	6,2	293

4.1.4   Wasser als Lösungsmittel

Bei den meisten in der anorganischen Chemie auftretenden Bindungen handelt es sich um Ionenbindungen oder polarisierte Elektronenpaarbindungen, wobei der Zusammenhalt der Moleküle untereinander und der Ionen in einem Ionengitter vor allem auf elektrostatischer Anziehung beruht. Auf die zwischenmolekularen Kräfte bzw. die Kräfte zwischen Ionen hat das Wasser eine doppelte Wirkung (vgl. Kapitel 4.2):

- Die zwischen elektrisch geladenen Partikeln (Ionen oder Pole von Dipolmolekülen) wirkenden elektrostatischen Kräfte werden stark reduziert.

- Aus einem Gitter oder Molekül abgespaltene Ionen werden von den Wassermolekülen sofort umhüllt, wobei die Orientierung der Wasser-Dipole davon abhängt, ob das betreffende Ion positiv oder negativ geladen ist. Auch die Pole von Dipolmolekülen werden sofort von Wassermolekülen umgeben.

4.1.5 Andere Lösungsmittel

Obwohl Wasser das fast ausschließlich verwendete Lösungsmittel in der anorganischen Chemie ist, muß dennoch darauf hingewiesen werden, daß es durch jede andere Substanz mit ähnlichen Eigenschaften ersetzt werden kann. Tabelle 4.2 zeigt einige Substanzen, die als Lösungsmittel in Frage kommen, mit den zugehörigen Dielektrizitätskonstanten.

Die meisten dieser Stoffe riechen allerdings unangenehm oder sind giftig (H_2S, HCN, SO_2), sie erfordern das Arbeiten bei tiefen Temperaturen (bei H_2S −60 °C, bei NH_3 −34 °C oder unter hohem Druck bei Zimmertemperatur) oder sie können nur in besonderen Reaktionsgefäßen verwendet werden (z. B. Fluorwasserstoff, der Glas anätzt). Das Wasser hingegen steht in großen Mengen zur Verfügung, kann leicht gereinigt werden, ermöglicht meist das Arbeiten bei Zimmertemperatur oder leicht erhöhter Temperatur und ist nicht giftig. Deshalb erweist es sich mit seinen günstigen Eigenschaften und dem hohen ε-Wert meistens als das am besten geeignete Lösungsmittel für die Zwecke der anorganischen Chemie. Selbstverständlich könnte man anstelle der hier zur Diskussion stehenden „Chemie der wäßrigen Lösungen" auch eine Chemie mit einer der oben angeführten Substanzen als Lösungsmittel aufbauen. Wegen der beschriebenen Nachteile wird jedoch von diesen Lösungsmitteln nur für spezielle Untersuchungen Gebrauch gemacht. Beispielsweise muß man dann zu anderen Lösungsmitteln greifen, wenn Wasser mit einer zu untersuchenden Verbindung unerwünschte Reaktionen eingehen würde.

4.2 Wirkung des Wassers auf chemische Bindungen, wäßrige Lösungen

4.2.1 Ionenbindungen

Das Auflösen eines Stoffes in einem Lösungsmittel kann mit Hilfe der freien Enthalpie beschrieben werden (vgl. Kapitel 3.2.2). Bei einem Ionengitter, beispielsweise einem Kochsalzkristall, beruht der Zusammenhalt auf der elektrostatischen Anziehung zwischen den bei der Verbindungsbildung entstandenen Ionen.

Entsprechend der sehr hohen Dielektrizitätskonstanten von Wasser werden diese zwischen den Ionen wirkenden Anziehungskräfte stark reduziert, wenn man das Ionengitter in Wasser bringt. Im Fall von Kochsalz wird dabei genügend Energie freigesetzt, um die restlichen Anziehungskräfte zwischen den Ionen im Gitter zu überwinden: An die Na^+- und Cl^--Ionen lagern sich Wassermoleküle an. Die Ausrichtung der H_2O-Dipole erfolgt dabei entsprechend der Ladung der Ionen: Positiv geladenen Ionen wird der negative, negativ geladenen Ionen der positive Pol der Wassermoleküle zugewendet.

Bei diesem Vorgang werden Aqua-Komplexe gebildet (vgl. Kapitel 2.7.2). Solche Komplexe sind besonders häufig, denn sie kommen in jeder wäßrigen Lösung vor, die Ionen enthält. Die Bildung von Aqua-Komplexen wird daher oft kurz als Hydratation oder Aquatisierung bezeichnet. Am Beispiel der Auflösung von Kochsalz in Wasser kann der Vorgang als Reaktionsgleichung wie folgt dargestellt werden:[17]

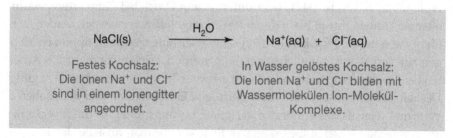

$$NaCl(s) \xrightarrow{\ H_2O\ } Na^+(aq) \ + \ Cl^-(aq)$$

Festes Kochsalz:
Die Ionen Na^+ und Cl^-
sind in einem Ionengitter
angeordnet.

In Wasser gelöstes Kochsalz:
Die Ionen Na^+ und Cl^- bilden mit
Wassermolekülen Ion-Molekül-
Komplexe.

Im folgenden seien dazu einige energetische Überlegungen angeführt. Bei der Bildung von Ionengittern oder von hydratisierten Ionen ist die Annäherung von entgegengesetzt geladenen Teilchen bis zur gegenseitigen Berührung der entscheidende Vorgang. Dabei wird Energie frei.

Hebt man einen Körper auf eine bestimmte Höhe, so besitzt er eine bestimmte potentielle Energie. Während des freien Falles wird diese in kinetische Energie umgewandelt, und beim Aufprall auf den Boden wird Wärme frei. Ganz analog dazu besitzt auch ein geladenes Teilchen, das sich in einer bestimmten Entfernung von einem entgegengesetzt geladenen Teilchen befindet, potentielle Energie. Diese wird bei der Annäherung der beiden Teilchen in Form von Wärme frei.

Wenn sich aus Na^+- und Cl^--Ionen ein Gitter bildet, wird also eine bestimmte Energiemenge frei, die als Gitterenergie bezeichnet wird. Will man

---

[17] Neben den hier benutzten Abkürzungen (s), für *solid* (fest) und (aq), für aquatisiert, gibt es noch die Bezeichnungen (l), für *liquid* (flüssig), und (g), für *gaseous* (gasförmig).

das Gitter wieder abbauen, wie das beim Auflösen in Wasser der Fall ist, so muß wieder genau die gleiche Energiemenge aufgewendet werden. Daß es sich bei den Gitterenergien um beträchtliche Energiemengen handelt, zeigt Tabelle 4.3.

Tabelle 4.3. Gitterenergien einiger Salze.

Verbindung	Gitterenergie (kJ/mol)	Verbindung	Gitterenergie (kJ/mol)
NaF	910	MgO	3795
NaCl	769	CaO	3414
NaBr	732	SrO	3217
NaI	682	BaO	3029
KI	632	MgSe	3071
RbI	617	CaSe	2858
CsI	600	BaSe	2611

Man beachte, daß die Größe der Gitterenergie weitgehend von den Radien und der Ladung der am Gitter beteiligten Ionen abhängt: Je kleiner die Ionen und je höher deren Ladungen sind, um so stärker ist die dazwischen wirkende Anziehung und um so größer wird die Gitterenergie.

Auch bei der Hydratation, der Anlagerung von Wasserdipolen an Ionen, wird Energie frei, man bezeichnet sie als Hydratationswärme. Wie aus Tabelle 4.4 zu ersehen ist, spielt auch hier der Ionenradius eine entscheidende Rolle: Je kleiner das Ion und je höher seine Ladung ist, um so größer wird die zugehörige Hydratationswärme.

Tabelle 4.4. Hydratationswärme einiger Ionen.

Hydratisiertes Ion	Hydratations-wärme (kJ/mol)	Hydratisiertes Ion	Hydratations-wärme (kJ/mol)
Li^+	515	Sr^{2+}	1486
Na^+	406	Ba^{2+}	1277
K^+	322		
Rb^+	293	F^-	490
Cs^+	264	Cl^-	356
Mg^{2+}	1926	Br^-	327
Ca^{2+}	1654	I^-	285

Für die energetische Betrachtung eines Lösevorgangs spielen also zunächst die Gitterenergie und die Hydratationswärme eine Rolle. Die beim Lösevorgang umgesetzte Wärmemenge, die Lösungsenthalpie, setzt sich aus diesen beiden Energiemengen zusammen. Im Zusammenhang mit der oben diskutierten freien Enthalpie entspricht die Lösungsenthalpie der Reaktionsenthalpie ΔH:

$$\Delta H = |\,\text{Gitterenergie}\,| - |\,\text{Hydratationswärme}\,|$$

Der Betrag der Gitterenergie erhält dabei ein positives Vorzeichen, da diese Energiemenge aufgewendet werden muß, jener der Hydratationswärme ein negatives Vorzeichen, da diese Energiemenge frei wird.

Beim Lösevorgang spielt aber außerdem der Term $T\Delta S$ eine entscheidende Rolle, denn die Ordnung der Ionen im Ionengitter des Festkörpers geht beim Lösevorgang verloren. Sie wird zwar ersetzt durch die Ordnung, mit der sich die Wassermoleküle im Aqua-Komplex um die Ionen herum gruppieren, aber im allgemeinen wird die Entropieänderung ΔS positiv sein.

Ist in einem solchen Fall ΔH negativ, so wird ΔG ebenfalls negativ sein. Das Salz wird sich spontan auflösen, und die Lösung wird sich erwärmen.

Reicht aber die Hydratationswärme nicht aus, um die Gitterenergie aufzubringen ($\Delta H > 0$), dann kann sich das Salz trotzdem spontan auflösen, wenn $T\Delta S > \Delta H$ gilt. Die freie Enthalpie ΔG wird dann negativ, und der entsprechende Energiebetrag wird der Umgebung entzogen, was eine Abkühlung der Lösung zur Folge hat. Einige Beispiele sollen diese Zusammenhänge illustrieren.

Wie kann man wasserfreies $CaCl_2$ von $CaCl_2 \cdot 6\,H_2O$ unterscheiden? $CaCl_2$ dissoziiert beim Auflösen in Wasser:

$$CaCl_2 \xrightarrow{\text{Wasser}} Ca^{2+} + 2\,Cl^-$$

Für diesen Vorgang muß die Gitterenergie aufgebracht werden. Bei der Hydratation der Ionen

$$Ca^{2+} + 2\,Cl^- \xrightarrow{\text{Wasser}} Ca^{2+} \cdot 6\,H_2O + 2\,Cl^- \cdot 4\,H_2O$$

wird sehr viel Energie frei. Besonders groß ist die Hydratationswärme für das kleine Ca^{2+}-Ion.

In diesem Fall ist der Betrag der Hydratationswärme größer als jener der Gitterenergie, d. h. beim Auflösen von $CaCl_2$ in Wasser wird sich die Lösung erwärmen.

Bei der Auflösung von $CaCl_2 \cdot 6\ H_2O$ fällt die große Hydratationswärme des Ca^{2+}-Ions dahin, da die Calcium-Ionen schon im Ionengitter von 6 H_2O-Molekülen umgeben sind. Hier ist der Betrag der Hydratationswärme kleiner als die Gitterenergie, d. h. beim Auflösen von $CaCl_2 \cdot 6 H_2O$ in Wasser kann die Gitterenergie nicht ganz durch die Hydratation der Ionen aufgebracht werden. Da die Ordnung der Teilchen im Kristall aber (teilweise) verloren geht, wird die Entropie beim Auflösen zunehmen, die fehlende Energiemenge wird der Umgebung entzogen, und die Lösung kühlt sich ab.

Beim Verdünnen von konzentrierter Schwefelsäure tritt eine außerordentlich starke Erwärmung der Lösung ein.

In konzentrierter Schwefelsäure liegen H_2SO_4-Moleküle vor. Erst die beim Zugeben von Wasser ablaufenden Reaktionen

$$H_2SO_4 + H_2O \rightleftharpoons H_3O^+ + HSO_4^-$$

$$HSO_4^- + H_2O \rightleftharpoons H_3O^+ + SO_4^{2-}$$

liefern H_3O^+-Ionen, d. h. hydratisierte H^+-Ionen (Hydronium-Ionen, vgl. Kapitel 4.3.2). Da H^+-Ionen (Protonen) sehr klein sind, ist die zugehörige Hydratationswärme entsprechend groß (1047 kJ/mol). Da hier außerdem kein Ionengitter abzubauen ist und das Abtrennen eines Protons aus dem H_2SO_4-Molekül wenig Energie erfordert, resultiert ein großer Energieüberschuß und damit die beobachtete große Lösungswärme.

4.2.2 Elektronenpaarbindungen

Das Auflösen in Wasser kann für die in einer Verbindung enthaltenen Elektronenpaarbindungen verschiedene Konsequenzen haben. Unpolarisierte Elektronenpaarbindungen wie z. B. die C–C-Bindungen in organischen Verbindungen werden von Wasser nicht angegriffen. Bei polarisierten Elektronenpaarbindungen kommt es zur Hydratisierung an den Teilladungen tragenden Stellen des Moleküls. Es kann jedoch auch eine Reaktion mit Wasser, eine Hydrolyse, eintreten. Dabei wird die polarisierte Elektronenpaarbindung gebrochen:

$$BCl_3 + 6\,H_2O \longrightarrow H_3BO_3 + 3\,H_3O^+ + 3\,Cl^-$$

Bortrichlorid BCl_3 zersetzt sich in Wasser zu Borsäure $B(OH)_3 = H_3BO_3$ und Salzsäure. Dabei werden die polarisierten Elektronenpaarbindungen zwischen dem Bor- und den Chloratomen gebrochen. Derartige Hydrolysereaktionen spielen in der Chemie der Nichtmetalle und in der organischen Chemie eine wichtige Rolle.

4.2.3 Komplexe Verbindungen

Das Verhalten von komplexen Verbindungen in wäßriger Lösung hängt von der Stabilität dieser Verbindungen ab. Besteht beispielsweise ein Komplex-Ion (oder ein Komplex-Molekül) aus einem Zentral-Ion M^{n+} und sechs Liganden X, so kann nach der Reaktionsgleichung

$$[MX_6]^{n+} + 6\,H_2O \rightleftharpoons [M(H_2O)_6]^{n+} + 6\,X$$

ein Austausch der Liganden X gegen H_2O-Moleküle stattfinden. Es kommt also darauf an, ob die Liganden X oder H_2O mit dem Ion M^{n+} den stabileren Komplex bilden. Ist das Wasser der deutlich bessere Komplexbildner, so zerfällt der Komplex $[MX_6]^{n+}$, und man erhält neben dem nun hydratisierten Metall-Ion die früheren Liganden X in freier Form. Ist jedoch $[MX_6]^{n+}$ wesentlich stabiler als $[M(H_2O)_6]^{n+}$, so nimmt das Komplex-Ion an Reaktionen in wäßriger Lösung immer als Ganzes teil. Es ist beispielsweise nicht möglich, in Lösungen des Ferrocyanid-Ions $[Fe(CN)_6]^{4-}$ die darin enthaltenen Fe^{2+}- und CN^--Ionen durch analytische Reaktionen einzeln nachzuweisen.

4.3 Säuren und Basen

Der Säure-Basen-Begriff ist im Laufe der Entwicklung der Chemie immer wieder neu gefaßt und erweitert worden. Lösungen von Säuren in Wasser haben einen charakteristischen scharfen, eben „sauren" Geschmack (man denke an Zitronensaft bzw. eine wäßrige Lösung von Citronensäure). Noch im 18. Jahrhundert, zur Zeit Lavoisiers, wurde der Sauerstoff als Träger des sauren Charakters einer Säure betrachtet (daher hat das Element seinen

Namen erhalten). Erst der durch HUMPHRY DAVY (1778–1829) erbrachte Beweis, daß Chlorwasserstoffgas (HCl), das in Wasser stark sauer reagiert, keinen Sauerstoff enthält, widerlegte 1814 diese Theorie. Siebzig Jahre später erkannte ARRHENIUS das H^+-Ion als Träger der sauren Eigenschaften.

4.3.1 Säure-Basen-Theorie von ARRHENIUS

Die erste allgemeingültige Säure-Basen-Theorie stammt von ARRHENIUS (1884) und beruht auf seinen Erkenntnissen über die Dissoziation, d. h. den Zerfall in Ionen, von Säuren und Basen in wäßriger Lösung (vgl. auch Kapitel 1.4.3):

> **Jede Verbindung, die bei der Dissoziation in wäßriger Lösung H^+-Ionen freisetzt, ist eine Säure.**
>
> **Jede Verbindung, die bei der Dissoziation in wäßriger Lösung OH^--Ionen freisetzt, ist eine Base.**

Einige Beispiele für Säuren und Basen im ARRHENIUS'schen Sinn sind in Tabelle 4.5 aufgeführt.

Tabelle 4.5. Beispiele für die Dissoziation von Säuren und Basen in wäßriger Lösung nach ARRHENIUS.

Säure	Dissoziation	Base	Dissoziation
Salzsäure	$HCl \rightarrow H^+ + Cl^-$	Natriumhydroxid	$NaOH \rightarrow Na^+ + OH^-$
Schwefelsäure	$H_2SO_4 \rightarrow 2\,H^+ + SO_4^{2-}$	Bariumhydroxid	$Ba(OH)_2 \rightarrow Ba^{2+} + 2\,OH^-$
Salpetersäure	$HNO_3 \rightarrow H^+ + NO_3^-$	Kaliumhydroxid	$KOH \rightarrow K^+ + OH^-$

4.3.2 Säure-Basen-Theorie nach BRØNSTED-LOWRY

Diese Theorie stellt eine Erweiterung der ARRHENIUS-Theorie dar. JOHANNES N. BRØNSTED (1879–1947) und THOMAS M. LOWRY (1874–1936) definierten 1923 Säuren und Basen nur noch mit Hilfe von H^+-Ionen (Protonen):

> **Als Säuren werden alle Partikel bezeichnet, die Protonen abspalten können.**
>
> **Als Basen werden alle Partikel bezeichnet, die Protonen binden können.**

Es folgt unmittelbar, daß die Abspaltung eines Protons aus einer Säure nicht als isolierter Vorgang auftritt, sondern immer mit einem zweiten Vorgang gekoppelt sein muß, bei dem das abgegebene Proton von einer Base wieder gebunden wird. Deshalb kann man sämtliche Säure-Basen-Reaktionen als Vorgänge betrachten, bei denen Protonen von einer Säure auf eine Base *übertragen* werden. Dieser Reaktionstyp wird als Protolyse bezeichnet.

Das im Teilvorgang $HCl \rightarrow H^+ + Cl^-$ der Protolyse gebildete Cl^--Ion ist nach BRØNSTED eine Base, denn es kann unter Aufnahme eines Protons wieder in HCl übergehen. Das Anion Cl^- wird als zu HCl konjugierte Base bezeichnet. Außerdem sind freie H^+-Ionen, also einzelne Protonen, in wäßriger Lösung nicht existenzfähig. Sie lagern sich sofort unter Bildung von H_3O^+-Ionen (Hydronium-Ionen) an Wassermoleküle an. Damit hat aber das Wassermolekül nach der BRØNSTED'schen Definition als Base gewirkt. Das Kation H_3O^+ wird als zu H_2O konjugierte Säure bezeichnet und kann unter Abgabe eines Protons wieder in H_2O übergehen.

Die Dissoziation von Chlorwasserstoff in wäßriger Lösung zu Salzsäure wird deshalb nicht länger als isolierte Reaktion wie in Tabelle 4.5 beschrieben. Sie ist vielmehr mit der Assoziation eines Protons mit einem Wassermolekül gekoppelt. Die beiden Protolysereaktionen sind außerdem reversibel und können als Gleichgewichtsreaktionen zusammengefaßt werden:

$$HCl + H_2O \; \rightleftharpoons \; H_3O^+ + Cl^-$$

Es ist wesentlich einzusehen, daß die Säure-Basen-Theorie nach BRØNSTED-LOWRY jene nach ARRHENIUS nicht ersetzt, sondern sie nur erweitert. Jede ARRHENIUS-Säure ist auch eine Säure nach BRØNSTED-LOWRY, jede ARRHENIUS-Base auch eine Base nach BRØNSTED-LOWRY.

Nach ARRHENIUS sind lediglich die Metallhydroxide typische Basen. Die Definitionen nach BRØNSTED-LOWRY erklären hingegen auch, daß eine Substanz, die wie Ammoniak (NH_3) keine OH^--Ionen besitzt, in Wasser als Base reagieren kann:

$$NH_3 + H_2O \; \rightleftharpoons \; NH_4 + OH^-$$

Trotzdem wird Ammoniak gelegentlich als NH_4OH (Ammoniumhydroxid) geschrieben, um seine Ähnlichkeit mit den Metallhydroxiden zu betonen. Dies ist aber mehr verwirrend als hilfreich, denn es gibt keine Verbindung mit der Summenformel NH_4OH.

Tabelle 4.6 zeigt weitere Beispiele für Säure-Basen-Reaktionen. An jeder dieser Reaktionen sind zwei konjugierte Säure-Base-Paare beteiligt, wobei jeweils die konjugierte Säure des einen Paares (z. B. H_2SO_4) ein Proton liefert und die konjugierte Base des anderen Paares (z. B. H_2O) das Proton aufnimmt. Beim Arbeiten in Lösungen wird das Lösungsmittel meist die Rolle des einen dieser Säure-Basen-Paare spielen (H_3O^+/H_2O und H_2O/OH^- in Wasser, NH_4^+/NH_3 und NH_3/NH_2^-- in flüssigem Ammoniak).

Tabelle 4.6. Gleichgewichtsreaktionen mit Paaren von konjugierten Säuren und Basen.

Säure A$_1$		Base B$_2$		Säure A$_2$		Base B$_1$
H_2SO_4	+	H_2O	$\rightleftharpoons$	H_3O^+	+	HSO_4^-
HSO_4^-	+	H_2O	$\rightleftharpoons$	H_3O^+	+	SO_4^{2-}
H_3O^+	+	NH_3	$\rightleftharpoons$	NH_4^+	+	H_2O
H_2O	+	H_2O	$\rightleftharpoons$	H_3O^+	+	OH^-
$HClO_4$	+	H_2O	$\rightleftharpoons$	H_3O^+	+	ClO_4^-
H_2O	+	CH_3COO^-	$\rightleftharpoons$	CH_3COOH	+	OH^-

Auf welcher Seite die Gleichgewichte liegen, hängt von der relativen Stärke der beteiligten Säuren ab. Starke Säuren haben eine größere Tendenz, Protonen abzugeben als schwache Säuren. Analog ist das Bestreben, Protonen aufzunehmen, bei starken Basen größer als bei schwachen Basen. Allgemein gilt, daß die zu einer starken Säure konjugierte Base schwach ist und umgekehrt.

Die Beispiele in Tabelle 4.6 zeigen auch, daß ein bestimmtes Molekül oder Ion sowohl die Rolle einer Säure als auch diejenige einer Base übernehmen kann; die Begriffe Säure und Base bezeichnen also weniger chemische Stoffklassen, sondern vielmehr ein bestimmtes chemisches Verhalten. Das HSO_4^--Ion kann entweder als Base ein Proton anlagern und in ein H_2SO_4-Molekül übergehen oder aber unter Abspaltung eines Protons zu SO_4^{2-} weiterreagieren. Dasselbe gilt für das Wassermolekül, das ebenfalls als Säure oder als Base an einer Reaktion teilnehmen kann. Verbindungen mit solchen Eigenschaften bezeichnet man als amphoter.

Das Verhalten einer amphoteren Verbindung wird durch den Reaktionspartner bestimmt: Das HS^--Ion wird wird sich in Gegenwart einer starken Säure als Base verhalten, von dieser ein Proton übernehmen und so in ein Schwefelwasserstoffmolekül H_2S übergehen. In Gegenwart einer starken Base verhält sich dagegen HS^- als Säure und überträgt ein Proton auf diese Base, wobei Sulfid-Ionen S^{2-} entstehen. Es erscheint deshalb wünschenswert, Säuren und Basen nach ihrer Stärke zu klassifizieren (vgl. dazu Kapitel 4.3.4).

4.3.3 Säure-Basen-Theorie nach LEWIS

Diese modernste Theorie wurde von GILBERT N. LEWIS entwickelt und 1938 endgültig formuliert. Sie ist noch etwas allgemeiner als die Theorie nach BRØNSTED-LOWRY:

> Eine LEWIS-Säure ist ein Atom, Molekül oder Ion, das eine Elektronenpaarlücke aufweist.
>
> Eine LEWIS-Base ist ein Atom, Molekül oder Ion, das ein einsames Elektronenpaar aufweist.

Beispiele für LEWIS-Säuren sind SO_3, $AlCl_3$ und das Proton (der Pfeil zeigt jeweils auf die Elektronenpaarlücke):

Schon aus diesen wenigen Beispielen ist ersichtlich, daß nach der LEWIS-schen Theorie Teilchen als Säuren bezeichnet werden, die auf Grund der älteren Theorien nicht als solche erkannt werden können. Bereits BERZELIUS hat den Säurecharakter von Verbindungen wie $AlCl_3$ aufgrund ihrer Reaktion mit Wasser erkannt, allerdings ohne ihn deuten zu können. Die Beispiele für LEWIS-Basen

sind zwar alle auch BRØNSTED-Basen, hingegen muß im Falle einer Säure-Basen-Reaktion nach LEWIS nicht unbedingt eine Protonenübertragung stattfinden. Die Säure-Basen-Reaktion läuft hier darauf hinaus, daß die LEWIS-Base ihr einsames Elektronenpaar in die Elektronenlücke der LEWIS-Säure einführt:

Reaktionen zwischen LEWIS-Säuren und LEWIS-Basen spielen vor allem dann eine Rolle, wenn ohne Lösungsmittel oder in einem protonenfreien Lösungsmittel (z. B. SO_2, NOCl, viele organische Lösungsmittel) gearbeitet wird. In wäßriger Lösung sind viele der wichtigsten LEWIS-Säuren nicht beständig.

Unlösliches Aluminiumoxid Al_2O_3 kann beispielsweise durch Schmelzen mit Kaliumpyrosulfat $K_2S_2O_7$ in das wasserlösliche Aluminiumsulfat überführt werden:

$$K_2S_2O_7 \longrightarrow K_2S_2O_4 + SO_3$$

$$Al_2O_3 + 3\,SO_3 \longrightarrow Al_2(SO_4)_3$$

LEWIS-Säuren, etwa BF_3, $AlCl_3$, $FeCl_3$ und $ZnCl_2$, werden in der organischen Chemie oft als Katalysatoren (z. B. für FRIEDEL-CRAFTS-Reaktionen) verwendet.

Da alle hier angeführten Säure-Basen-Theorien nebeneinander in Gebrauch sind, sollte zur Vermeidung von Verwechslungen in Zweifelsfällen festgestellt werden, ob der Säure-Basen-Begriff im Sinne von ARRHENIUS, BRØNSTED-LOWRY oder LEWIS aufzufassen ist.

4.3.4 Säuredissoziationskonstanten

Zum Vergleich der relativen Stärke von Säuren und Basen nach BRØNSTED setzen wir nun voraus, daß die Protolyse-Reaktionen *in verdünnter wäßriger Lösung* stattfinden. Betrachten wir als Beispiel zunächst die Bildung von Salzsäure aus Chlorwasserstoff und Wasser:

$$HCl + H_2O \rightleftharpoons H_3O^+ + Cl^-$$

Die Hinreaktion dieses Gleichgewichts zeigt, obwohl es sich um einen bimolekularen Reaktionsschritt handelt, eine Kinetik *pseudo*-erster Ordnung (vgl.
Kapitel 3.3), da die Konzentration des Wassers gegenüber allen anderen Konzentrationen sehr groß ist. Die Rückreaktion ist zweiter Ordnung, so daß man
für den Gleichgewichtszustand

$$k_h[\text{HCl}] = k_r[\text{H}_3\text{O}^+][\text{Cl}^-] \qquad \text{und damit} \qquad \frac{k_h}{k_r} = \frac{[\text{H}_3\text{O}^+][\text{Cl}^-]}{[\text{HCl}]} = K_a$$

erhält (vgl. auch Kapitel 3.4). Die Konstante K_a heisst Säuredissoziationskonstante. Für Chlorwasserstoff ist sie derart groß, daß praktisch die gesamte
Menge an eingesetztem HCl dissoziiert (d. h. in Form der Ionen H_3O^+ und
Cl^-) vorliegt. HCl ist also eine sehr starke Säure und Cl^- folglich eine sehr
schwache Base. In der Reaktionsgleichung kann dies durch verschieden
große Pfeile angedeutet werden:

$$\text{HCl} + \text{H}_2\text{O} \quad \rightleftharpoons \quad \text{H}_3\text{O} + \text{Cl}^-$$

Bei der Protolyse der Essigsäure hingegen kommt es nie so weit, daß die ge-
samte Essigsäure in H_3O^+- und CH_3COO^--Ionen übergeht. Hier liegt das
Gleichgewicht mehr auf der Seite der Essigsäuremoleküle; es findet nur eine
teilweise Protolyse statt, da Essigsäure eine schwache Säure ist:

$$\text{CH}_3\text{COOH} + \text{H}_2\text{O} \quad \rightleftharpoons \quad \text{H}_3\text{O}^+ + \text{CH}_3\text{COO}^-$$

Man erhält als Säuredissoziationskonstante für Essigsäure

$$K_a = \frac{[\text{H}_3\text{O}^+]\,[\text{CH}_3\text{COO}^-]}{[\text{CH}_3\text{COOH}]} = 1{,}74 \cdot 10^{-5}\,\text{M}$$

(zur Bestimmung von Säuredissoziationskonstanten vgl. Kapitel 4.11.1). Je
kleiner der Wert der Konstanten K_a ist, desto mehr liegt das Gleichgewicht
auf der Seite der Ausgangsstoffe. Eine Lösung von Essigsäure wird also eine
höhere H_3O^+-Ionenkonzentration aufweisen als eine Lösung gleicher Konzentration von Blausäure (HCN; $K_a = 6{,}2 \cdot 10^{-10}\,\text{M}$).
    Viele Säuren können mehr als ein Proton abgeben. In solchen Fällen
sind mehrere Protolysereaktionen hintereinandergeschaltet.

Als Beispiel sei hier der Schwefelwasserstoff H_2S erwähnt:

$$H_2S + H_2O \rightleftharpoons H_3O^+ + HS^-$$

$$HS^- + H_2O \rightleftharpoons H_3O^+ + S^{2-}$$

$$H_2S + 2\,H_2O \rightleftharpoons 2\,H_3O^+ + S^{2-}$$

Für jeden Protolyseschritt läßt sich eine Säuredissoziationskonstante angeben:

$$K_{a1} = \frac{[H_3O^+]\,[HS^-]}{[H_2S]} \quad \text{und} \quad K_{a2} = \frac{[H_3O^+]\,]S^{2-}]}{[HS^-]}$$

Berechnet man $[HS^-]$ aus der zweiten Gleichung und setzt diesen Wert in die erste Gleichung ein, so erhält man die Gleichgewichtskonstante für den Gesamtvorgang:

$$K_{a1} = \frac{[H_3O^+]\,[H_3O^+]\,[S^{2-}]}{[H_2S]\,K_{a2}} \quad \text{oder} \quad K_{a1}\,K_{a2} = \frac{[H_3O^+]^2\,[S^{2-}]}{[H_2S]} = K$$

Die Gesamtkonstante einer in mehreren Stufen ablaufenden Gleichgewichtsreaktion ist allgemein gleich dem Produkt der Gleichgewichtskonstanten der einzelnen Stufen:

$$K = K_1 K_2 K_3 \dots K_n$$

Die Säuredissoziationskonstante K_a wird als Maß zum Vergleich der Stärken verschiedener Säuren herangezogen. Da die Zahlenwerte für die Konstanten K_a selbst umständlich geschrieben werden müssen, benutzt man oft lieber eine logarithmische Skala. Dazu bildet man zunächst eine dimensionslose Größe, indem man die in mol/L gemessene Säurekonstante durch 1 mol/L dividiert. Der negative Zehnerlogarithmus der erhaltenen Zahl heißt pK_a-Wert:

$$pK_a = -\log\,(K_a\,L/mol)$$

Tabelle 4.7 gibt einen Überblick über die Säurestärken einiger wichtiger Säuren. Wie in den obigen Beispielen bezieht sich dabei die für eine Säure AH angegebene Säuredissoziationskonstante K_a auf die Reaktionsgleichung

$$AH + H_2O \rightleftharpoons A^- + H_3O^+$$

(A⁻ ist die konjugierte Base der Säure AH) und ist für verdünnte Lösungen wie folgt definiert:

$$K_a = \frac{[A^-][H_3O^+]}{[AH]}$$

Die Gleichgewichtskonstanten von zwei aufeinanderfolgenden Protolysestufen schwacher Säuren unterscheiden sich ungefähr um einen Faktor 10^{-5} (Faustregel). Dies erscheint plausibel, denn das zweite Proton muß aus einem negativ geladenen Teilchen abgespalten werden, was bedeutend mehr Energie benötigt als die Abspaltung des ersten Protons aus einem elektrisch neutralen Teilchen.

Tabelle 4.7. Dissoziationskonstanten K_a und die zugehörigen pK_a-Werte einiger Säuren bei 25 °C. Weitere Daten finden sich im Anhang (Tabelle 8.1.4).

Säure		Konjugierte Base	K_a (mol/L)	pK_a
Hydronium-Ion	H_3O^+	H_2O	1,00	0,00
Phosphorsäure	H_3PO_4	$H_2PO_4^-$	$6,92 \cdot 10^{-3}$	2,16
Essigsäure	CH_3COOH	CH_3COO^-	$1,74 \cdot 10^{-5}$	4,76
Dihydrogen-phosphat-Ion	$H_2PO_4^-$	HPO_4^{2-}	$6,17 \cdot 10^{-8}$	7,21
Ammonium-Ion	NH_4^+	NH_3	$5,62 \cdot 10^{-10}$	9,25
Hydrogen-phosphat-Ion	HPO_4^{2-}	PO_4^{3-}	$4,8 \cdot 10^{-13}$	12,3
Wasser	H_2O	OH^-	10^{-14} [a]	14,0 [a]

[a] Ionenprodukt des Wassers (K_W) und dazugehöriger pK_W-Wert.

4.4 Die pH-Skala

Um verschiedene Lösungen bezüglich ihres Säuregrads vergleichen zu können, benötigt man ein Maßsystem. Ob eine Lösung sauer oder basisch reagiert, hängt direkt von der Konzentration der H_3O^+-Ionen ab. Je größer $[H_3O^+]$ ist, um so stärker sauer reagiert die Lösung.

Als Maß wird nun nicht die Konzentration der Hydronium-Ionen $[H_3O^+]$ selbst verwendet, da dies sehr unpraktische Zahlenwerte ergeben würde. Man benutzt vielmehr den negativen Zehnerlogarithmus des Zahlenwerts dieser Größe, den pH-Wert:

$$pH = -\log([H_3O^+]\ L/mol)$$

Eine Lösung, in der die Konzentration der $[H_3O^+]$-Ionen genau 10^{-2} M beträgt, besitzt also einen pH-Wert von 2,00. Analog zum pH-Wert kann auch ein pOH-Wert definiert werden:

$$pOH = -\log([OH^-]\ L/mol)$$

Es ist jedoch möglich, mit dem pH-Wert allein auszukommen, da zwischen $[H_3O^+]$ und $[OH^-]$ einer Lösung und damit zwischen dem pH- und dem pOH-Wert eine einfache Beziehung besteht. Für die Autoprotolysereaktion des Wassers

$$2\ H_2O \quad \rightleftharpoons \quad H_3O^+ + OH^-$$

gilt nämlich, da die Hinreaktion *pseudo*-nullter Ordnung und die Rückreaktion zweiter Ordnung ist, im Gleichgewichtszustand:

$$k_h = k_r[H_3O^+][OH^-] \qquad \text{und damit} \qquad \frac{k_h}{k_r} = [H_3O^+][OH^-] = K_w$$

Die Konstante K_w heißt Ionenprodukt des Wassers. Man mißt für K_w bei 24 °C den Wert 10^{-14} mol^2 L^{-2}. Da pro zwei H_2O-Moleküle bei der Autoprotolyse je ein H_3O^+- und ein OH^--Ion entstehen, folgt unmittelbar:

$$[H_3O^+] = [OH^-] = \sqrt{K_w} = 10^{-7}\ \text{M}$$

In reinem Wasser beträgt also sowohl der pH- als auch der pOH-Wert 7,00
($-\log 10^{-7} = 7$). Dies ist definitionsgemäß der Neutralpunkt der pH-Skala.

Da das Ionenprodukt des Wassers eine Konstante ist, also das Produkt aus $[H_3O^+]$ und $[OH^-]$ immer 10^{-14} mol^2 L^{-2} ergeben muß, folgt auch für verdünnte Lösungen:

$$pH + pOH = 14$$

Damit kann man für eine wäßrige Lösung, deren pH-Wert man kennt, sofort auch den pOH-Wert angeben, und umgekehrt. In sauren Lösungen ist $[H_3O^+]$ größer als 10^{-7} M. Daher muß $[OH^-]$ kleiner als 10^{-7} M sein. Der pH-Wert von sauren Lösungen liegt also unterhalb von 7, derjenige von basischen (alkalischen) Lösungen oberhalb von 7 (Tabelle 4.8).

Tabelle 4.8. pH- und pOH-Werte für reines Wasser und wäßrige Lösungen einer starken Säure (HCl) bzw. einer starken Base (KOH).

pH	$[H_3O^+]$	Wäßrige Lösung	$[OH^-]$	pOH
0	10^0 M = 1 M	1 M HCl	10^{-14} M	14
1	10^{-1} M	0,1 M HCl	10^{-13} M	13
3	10^{-3} M	0,001 M HCl	10^{-11} M	11
5	10^{-5} M	0,00001 M HCl	10^{-9} M	9
7	10^{-7} M	Reines Wasser	10^{-7} M	7
9	10^{-9} M	0,00001 M KOH	10^{-5} M	5
11	10^{-11} M	0,001 M KOH	10^{-3} M	3
13	10^{-13} M	0,1 M KOH	10^{-1} M	1
14	10^{-14} M	1 M KOH	10^0 M = 1 M	0

4.5 Neutralisationsreaktionen, Salze

Eine wäßrige Lösung von Salzsäure HCl enthält H_3O^+- und Cl^--Ionen, eine solche von Natriumhydroxid NaOH Na$^+$- und OH$^-$-Ionen. Vereinigt man Lösungen, die äquivalente Mengen von NaOH und HCl enthalten, so reagiert die entstehende Lösung weder sauer noch basisch. In der Lösung hat sich das Gleichgewicht

$$Na^+ + OH^- + H_3O^+ + Cl^- \;\rightleftharpoons\; Na^+ + Cl^- + 2\,H_2O$$

eingestellt. Man spricht von einer Neutralisationsreaktion. Die überwiegende Zahl der H_3O^+- und OH^--Ionen, welche für die sauren bzw. basischen Eigenschaften der beiden ursprünglichen Lösungen von HCl und NaOH verantwortlich waren, haben sich dabei zu H_2O-Molekülen vereinigt. Man bemerkt, daß die beiden Ionen Na^+ und Cl^- sowohl auf der linken als auch auf der rechten Seite des Gleichgewichtspfeils auftreten und somit nicht umgesetzt werden. Die Reaktionsgleichung beschreibt somit lediglich die Autoprotolyse des Wassers:

$$OH^- + H_3O^+ \;\rightleftharpoons\; 2\,H_2O$$

Dieses Gleichgewicht liegt natürlich praktisch ganz auf der Seite der Wassermoleküle. Die Neutralisationsreaktion, allgemein formuliert als

$$\text{Säure} + \text{Base} \;\longrightarrow\; \text{Salz} + \text{Wasser}$$

ist somit eine wichtige Methode zur Salzbildung. Man beachte, daß mit Hilfe dieser Gleichgewichtsreaktion das Salz quantitativ gewonnen werden kann, indem man das Wasser durch Abdestillieren aus dem Reaktionsgemisch entfernt (vgl. Kapitel 3.6.2).

Jede Neutralisation ist also im Prinzip nichts anderes als die Bildung von Wasser aus H_3O^+- und OH^--Ionen. Das erklärt auch, weshalb bei allen Neutralisationsreaktionen zwischen starken Säuren und Basen dieselbe Energie frei wird. Es handelt sich dabei um die zum Vorgang $H_3O^+ + OH^- \rightarrow 2\,H_2O$ gehörende Reaktionsenthalpie von 53,7 kJ pro mol gebildetes Wasser.

Nach der BRØNSTED'schen Betrachtungsweise ist die Neutralisationsreaktion nichts anderes als ein Beispiel für eine Protolyse, nämlich die Übertragung eines Protons von der Säure H_3O^+ auf die Base OH^-. Man beachte aber, daß die beim Zusammengeben äquivalenter Mengen von Säure- und Base-Lösungen entstehende wäßrige Salzlösung nur dann neutral reagiert, wenn man eine starke Säure mit einer starken Base neutralisiert. Wenn man schwache Säuren oder schwache Basen umsetzt, dann muß die entstehende Salzlösung nicht unbedingt neutral reagieren, d. h. sie kann einen pH-Wert größer oder kleiner als 7 aufweisen (vgl. Kapitel 4.10).

Man kann sich vorstellen, daß das Kation jedes Salzes entweder aus einer Base (z. B. NH_4^+ aus NH_3) oder aus einem Metallhydroxid (z. B. Na^+ aus NaOH, Ba^{2+} aus $Ba(OH)_2$) gebildet worden ist. Das Anion jedes Salzes kann umgekehrt aus einer Säure stammen, z. B. Cl^- aus HCl, SO_4^{2-} aus H_2SO_4, PO_4^{3-} aus H_3PO_4. Da diese Ionen übrigbleiben, wenn ein Säuremolekül alle Protonen abgegeben hat, werden sie oft auch als „Säurerest" bezeichnet (im BRØNSTED'schen Sinn handelt es sich um die zu den Säuren konjugierten Basen).

Man kann also sagen, daß sich die Salze

$CaCO_3$	von H_2CO_3	und $Ca(OH)_2$,
$AlBr_3$	von HBr	und $Al(OH)_3$,
$Mg(NH_4)PO_4$	von H_3PO_4	und $Mg(OH)_2$, NH_3

ableiten lassen.

4.6   Säuren, Basen und Salze als Elektrolyte

Beim Auflösen von Säuren, Basen oder Salzen in Wasser erhält man durch Protolyse oder den Zerfall von Ionengittern Lösungen, die Ionen enthalten und den elektrischen Strom leiten können. Diese Stoffe werden daher gesamthaft als *Elektrolyte* bezeichnet. Es ist üblich, eine Unterteilung in starke und schwache Elektrolyte vorzunehmen.

Charakteristisch für die starken Elektrolyte ist, daß in wäßriger Lösung die gesamte gelöste Menge dieser Stoffe in der Form von Ionen vorliegt. Daher weisen die entsprechenden Lösungen eine hohe elektrische Leitfähigkeit auf.

Zu den starken Elektrolyten gehören neben sämtlichen Salzen auch die starken Säuren, für die das Protolysegleichgewicht

$$AH + H_2O \longrightarrow H_3O^+ + A^-$$

praktisch vollständig auf der rechten Seite liegt (Beispiele: HCl, H_2SO_4, $HClO_4$). Bei den Salzen beachte man vor allem, daß auch schwerlösliche Verbindungen wie $BaSO_4$ oder $AgCl$ starke Elektrolyte sind. Der kleine gelöste Anteil liegt vollständig in der Form von hydratisierten Ionen vor. Bei den Anionen der Salze handelt es sich um Basen nach BRØNSTED-LOWRY (Beispiele: Cl^-, SO_4^{2-}, CN^-, CO_3^{2-}, PO_4^{3-} und vor allem auch das allen Metallhydroxiden gemeinsame OH^--Ion).

Zu den schwachen Elektrolyten gehören sowohl die schwachen Säuren, für die das Protolysegleichgewicht

$$AH + H_2O \rightleftharpoons H_3O^+ + A^-$$

mehr oder weniger stark auf der Seite der unveränderten Säure AH liegt (Beispiele: CH_3COOH, H_2CO_3, HF, H_3BO_3), als auch die schwachen Basen (Beispiele: NH_3, H_2N-NH_2 (Hydrazin), H_2N-OH (Hydroxylamin), organische Amine wie Methylamin, Anilin, Pyridin). Letztere zeigen in wäßriger Lösung nur eine geringe Tendenz, ein Proton anzulagern:

$$B + H_2O \rightleftharpoons BH^+ + OH^-$$

Im folgenden werden zwei einfache Versuche beschrieben, welche die Unterscheidung zwischen starken und schwachen Elektrolyten ermöglichen. Man kann die elektrische Leitfähigkeit einer Lösung bestimmen, indem man zwei Elektroden eintaucht, diese mit einer Stromquelle verbindet und dann den im Stromkreis fließenden Strom mißt. Bei gleicher Normalität enthalten Lösungen starker Elektrolyte mehr Ladungsträger (Ionen) als Lösungen von schwachen Elektrolyten und weisen deshalb eine höhere Leitfähigkeit für den elektrischen Strom auf. Für verdünnte Lösungen von CH_3COOH und NH_3 findet man geringe Leitfähigkeiten. Vereinigt man aber die beiden Lösungen, so erhält man eine Lösung, die Ammonium-Ionen (NH_4^+) und Acetat-Ionen (CH_3COO^-) enthält. Dies entspricht einer Lösung von Ammoniumacetat, das als Salz zu den starken Elektrolyten gehört. Man kann also ein starkes Ansteigen der Leitfähigkeit beobachten.

Setzt man die Lösung eines Salzes einer schwachen Säure, z. B. Natriumacetat, mit einer starken Säure, z. B. HCl, um, so enthält die Lösung zunächst die Ionen Na^+, CH_3COO^-, H_3O^+ und Cl^-. Als konjugierte Base einer schwachen Säure ist das CH_3COO^--Ion aber eine starke BRØNSTED-Base und somit sehr bestrebt, Protonen anzulagern:

$$CH_3COO^- + H_3O^+ \;\rightleftharpoons\; CH_3COOH + H_2O$$

Dabei entsteht freie Essigsäure. Im ganzen läuft also die Reaktion

$$CH_3COO^- + Na^+ + H_3O^+ + Cl^- \;\rightleftharpoons\; CH_3COOH + Na^+ + Cl^- + H_2O$$

ab. Man erhält die freie schwache Säure, die nur zu einem geringen Teil dissoziiert vorliegt, und NaCl, das Natriumsalz der starken Säure HCl. Analoges gilt für Basen: In der Reaktion

$$NH_4^+ + Cl^- + Na^+ + OH^- \;\rightleftharpoons\; NH_3 + H_2O + Na^+ + Cl^-$$

setzt die starke Base OH^- (als wäßrige Lösung von NaOH eingesetzt) aus einem Ammoniumsalz (NH_4Cl) die schwache Base NH_3 frei.

Wir halten also fest:

> Starke Säuren setzen schwache Säuren aus deren Salzen bzw. konjugierten Basen frei.
> Starke Basen setzen schwache Basen aus deren Salzen bzw. konjugierten Säuren frei.

4.7 Dissoziationsgrad und Ostwald'sches Verdünnungsgesetz

Die Säurestärken verschiedener schwacher Säuren lassen sich anhand der entsprechenden Säuredissoziationskonstanten oder der pK_a-Werte miteinander vergleichen (vgl. Tabellen 4.7 und 8.1.4). So ist Essigsäure ($K_a = 1{,}74 \cdot 10^{-5}$ mol/L, $pK_a = 4{,}76$) stärker sauer als Blausäure ($K_a = 6{,}17 \cdot 10^{-10}$ mol/L, $pK_a = 9{,}21$).

Die Gleichgewichtskonstante K_a kann aber auch dazu herangezogen werden, Aussagen über das Ausmaß einer Protolyse zu machen, etwa über den Prozentsatz der Moleküle einer Säure AH, die nach der Reaktionsgleichung

$$AH + H_2O \quad\rightleftharpoons\quad A^- + H_3O^+$$

dissoziiert. Dazu sei die Gesamtkonzentration einer schwachen Säure durch c gegeben. Protolytisch geht ein kleiner Bruchteil α der gesamten Säuremenge in die Ionen H_3O^+ und A^- über ($0 < \alpha < 1$). Es gilt deshalb:

$$[H_3O^+] = [A^-] = \alpha\, c$$

Die Konzentration an unveränderter Säure AH ergibt sich jetzt als Differenz $c - [H_3O^+]$:

$$[AH] = c - [H_3O^+] = c - \alpha\, c = c\,(1 - \alpha)$$

Die nun durch c und α ausgedrückten Größen [AH], $[H_3O^+]$ und $[A^-]$ können in die Massenwirkungsgesetz-Gleichung eingesetzt werden:

$$K_a = \frac{[H_3O^+]\,[A^-]}{[AH]} = \frac{\alpha^2\, c^2}{c\,(1-\alpha)} = c\,\frac{\alpha^2}{1-\alpha}$$

Diese Gleichung läßt sich nach α auflösen. Da α bei schwachen Säuren sehr klein ist, kann man dabei α gegenüber 1 vernachlässigen und den Ausdruck $\alpha^2/1-\alpha$ durch α^2 ersetzen:

$$\frac{K_a}{c} = \alpha^2 \quad \because \quad \alpha = \sqrt{\frac{K_a}{c}}$$

Multipliziert man α mit 100%, dann erhält man den Anteil der dissoziierten Moleküle, den *Dissoziationsgrad*, in Prozenten.

Man sieht, daß dieser Anteil mit abnehmender Säurestärke (d. h. abnehmendem K_a-Wert) ebenfalls sinkt. Dies ist auch unmittelbar einleuchtend. Man sieht aber außerdem, daß der Dissoziationsgrad α außer von der Protolysekonstante auch noch von der Konzentration der schwachen Säure abhängt. Es gilt, daß der Dissoziationsgrad mit zunehmender Verdünnung (abnehmender Konzentration) zunimmt. Diese Beziehung wurde von WILHELM OSTWALD (1853–1932) entdeckt und ist als OSTWALD'sches Verdünnungsgesetz bekannt.

Die Säuredissoziationskonstante von Essigsäure beträgt beispielsweise $1{,}74 \cdot 10^{-5}$ mol/L. In einer 0,1 M Lösung beträgt der Dissoziationsgrad demnach

$$\alpha = \sqrt{\frac{K_a}{c}} = \sqrt{\frac{1{,}74 \cdot 10^{-5}}{10^{-1}}} = 1{,}32 \cdot 10^{-2}$$

oder 1,32 %. Von den in einer 0,1 m Essigsäurelösung enthaltenen CH_3COOH-Molekülen liegen also 1,32 % dissoziiert und 98,68 % als unveränderte CH_3COOH-Moleküle vor.

In einer 0,001 m Essigsäurelösung beträgt der Dissoziationsgrad hingegen

$$\alpha = \sqrt{\frac{1{,}74 \cdot 10^{-5}}{10^{-1}}} = 0{,}132$$

oder 13,2 %. Etwa jedes siebte Essigsäuremolekül liegt also dissoziiert in Form von H_3O^+- und CH_3COO^--Ionen vor.

4.8 Säure-Basen-Indikatoren

4.8.1 Grundlagen

Säure-Basen-Indikatoren können durch eine Farbe die Konzentration der H_3O^+-Ionen in einer Lösung oder zumindest einen Bereich für diese Konzentration anzeigen. Bei diesen Indikatoren handelt es sich um intensiv gefärbte organische Säuren oder Basen, die hier mit H*Ind* bzw. *Ind*⁻ bezeichnet werden sollen[18]. Alle Indikator-Säuren und -Basen sind schwache Elektrolyte. Das zugehörige Protolysegleichgewicht läßt sich wie üblich als Dissoziation der Säure H*Ind* formulieren:

$$H\mathit{Ind} + H_2O \; \rightleftharpoons \; H_3O^+ + \mathit{Ind}^-$$

Damit sich eine schwache Säure oder Base als Indikator eignet, muß zwischen der protonierten Form H*Ind* und der deprotonierten Form *Ind*⁻ ein deutlich sichtbarer Farbunterschied bestehen. Die Aufnahme oder Abgabe eines Protons ist also mit einer Farbänderung des Indikators verbunden.

---

[18] Natürlich gibt es auch Indikatoren, deren protonierte Form geladen ist (H*Ind*⁺). Die entsprechende konjugierte Base ist dann ungeladen (*Ind*). Die folgenden Ausführungen gelten dann in analoger Weise.

Die Funktionsweise eines Indikators läßt sich mit dem Prinzip von
LE CHATELIER erklären: Bringt man eine Indikatorsäure HInd in ein saures
Milieu (z. B. HCl-Lösung), so wird durch den großen Überschuß an H_3O^+-
Ionen in der Lösung die Protolyse des Indikators behindert. Infolgedessen
verschiebt sich das Dissoziationsgleichgewicht des Indikators in Richtung
der protonierten Form HInd.

Gibt man jedoch HInd in eine alkalische Lösung (z. B. NaOH-
Lösung), so vereinigen sich die von der Indikatorsäure stammenden H_3O^+-
Ionen mit den in der Lösung enthaltenen OH^--Ionen zu Wasser. Dies bewirkt
eine Verschiebung des Dissoziationsgleichgewichts des Indikators auf die
Seite der deprotonierten Form Ind^-.

Die Säuredissoziationskonstante des Indikators HInd

$$K_a = \frac{[H_3O^+]\,[Ind^-]}{[HInd]}$$

läßt sich zum Ausdruck

$$\frac{[Ind^-]}{[HInd]} = \frac{K_a}{[H_3O^+]}$$

umformen. Daraus ist ersichtlich, daß bei jeder beliebigen Wasserstoff-Ionen-
konzentration beide Formen des Indikators, sowohl Ind^- als auch HInd, vorhanden sind. Bezüglich der Farbe der Indikatorlösung lassen sich im wesentlichen drei Bereiche unterscheiden.

Ist $[H_3O^+]$ deutlich größer als die Säuredissoziationskonstante K_a
des Indikators, also pH < pK_a, dann ist das Verhältnis $[Ind^-]/[HInd]$ deutlich kleiner als 1, und die Lösung zeigt die Farbe der protonierten Form
HInd.

Ist umgekehrt $[H_3O^+]$ deutlich kleiner als K_a, also pH > pK_a, dann ist
das Verhältnis $[Ind^-]/[HInd]$ deutlich größer als 1, und die Lösung zeigt die
Farbe der deprotonierten Form Ind^-.

Ist $[H_3O^+] = K_a$, also pH = pK_a, dann ist das Verhältnis $[Ind^-]/[HInd]$
gleich 1, und die beiden unterschiedlich gefärbten Formen liegen in gleichen
Mengen vor. Man nennt den entsprechenden pH-Wert den Umschlagspunkt
des Indikators. Der Farbumschlag eines Indikators erfolgt bei pH-Werten im
Bereich des Umschlagspunktes. In der Praxis ist der beginnende Farbumschlag etwa eine pH-Einheit unter- bzw. oberhalb des Umschlagspunkts zu
erkennen. Der Umschlagsbereich erstreckt sich also über etwa zwei pH-Einheiten, entsprechend einem Faktor 100 bezogen auf $[H_3O^+]$.

143

Tabelle 4.9. Dissoziationskonstanten, Umschlagsbereich und Farben einiger Säure-Basen-Indikatoren.

Indikator	pK_a	Umschlagsbereich	Farbe	
	(20 °C)	(pH)	(pH $\ll pK_a$)	(pH $\gg pK_a$)
Thymolblau	1,65	1,2 bis 2,8	rot	gelb
Methylorange	3,46	3,1 bis 4,4	rot	gelb-orange
Bromphenolblau	4,10	3,0 bis 4,6	gelb	blau
Bromkresolgrün	4,90	3,8 bis 5,4	gelb	blau
Chlorphenolrot	6,25	5,2 bis 6,8	gelb	rot
Bromthymolblau	7,30	6,0 bis 7,6	gelb	blau
Phenolphthalein	9,50	8,0 bis 9,2	farblos	rot-violett
Alizaringelb	ca. 11	10,0 bis 12,0	gelb	orange

Die Wirkungsbereiche der Indikatoren, von denen in Tabelle 4.9 die gebräuchlichsten angeführt sind, erstrecken sich über die gesamte pH-Skala. So läßt sich für jede Aufgabe der geeignete Indikator finden. Das ist speziell bei Titrationen (vgl. Kapitel 4.8.2) wichtig: Am Endpunkt der Titration haben alle Säuremoleküle ihre Protonen auf die basischen Teilchen übertragen; in diesem Moment liegt eine Salzlösung vor. Der pH-Wert von Salzlösungen ist nur dann gleich 7, wenn sowohl die verwendete Säure als auch die Base stark sind. Das trifft z. B. auf die Titration einer KOH-Lösung mit einer $HClO_4$-Maßlösung zu.

Wird aber eine schwache Säure mit einer starken Base oder eine schwache Base mit einer starken Säure titriert, sind die Verhältnisse etwas komplizierter. Der pH-Wert am Endpunkt der Titration ist dann von 7 verschieden (vgl. dazu Kapitel 4.9). In diesen Fällen ist es wichtig, den Indikator so zu wählen, daß der pH-Wert der Salzlösung am Endpunkt der Titration im Umschlagsgebiet des Indikators liegt.

4.8.2 pH-Messung und Titrationen

Die einfachste und häufigste Anwendung der Indikatoren besteht darin, den ungefähren pH-Wert einer Lösung zu bestimmen. Da es dabei meist nicht erwünscht ist, den Indikator in die Lösung zu geben, verwendet man mit dem Indikator imprägnierte Filtrierpapiere. Bringt man einen Tropfen der zu untersuchenden Lösung auf dieses Papier, so zeigt sich je nach dem pH-Wert der Lösung die Farbe des protonierten oder deprotonierten Indikators. Am besten eignen sich für solche Untersuchungen Papiere, die mit mehreren Indikatoren gleichzeitig imprägniert worden sind. Diese Universalindikatorpapiere ermöglichen ziemlich genaue pH-Bestimmungen, da sie über einen großen pH-Bereich eine fein abgestufte Farbskala zeigen. Mit Hilfe einer Vergleichsskala kann man dann den zu einem bestimmten Farbton gehörenden pH-Wert ermitteln.

In der quantitativen Analyse verwendet man die Indikatoren, um den Endpunkt einer Titration sichtbar zu machen. Mit dieser wichtigen analytischen Standardmethode bestimmt man die Menge eines gelösten Stoffes, indem man ihn mit einer abgemessenen Menge eines andern Stoffes reagieren läßt. Den Endpunkt der Reaktion erkennt man am Farbumschlag des Indikators.

Für Titrationen benötigt man Maßlösungen, deren Konzentration an H_3O^+- bzw. OH^--Ionen man kennt. Die Konzentrationen werden hier oft als Normalität angegeben (vgl. Kapitel 3.2.1). Man beachte, daß Lösungen verschiedener, starker Säuren gleicher Normalität die gleiche H_3O^+-Ionenkonzentration aufweisen. So benötigt man für die Neutralisation von einem Liter 2 N NaOH zwei Äquivalente einer beliebigen Säure (also z. B. 2 Liter 1 N HCl oder 0,5 Liter 4 N H_2SO_4).

Zur Bestimmung der Konzentration einer HCl-Lösung legt man zunächst ein genau bestimmtes Volumen der HCl-Lösung zusammen mit einer kleinen Menge eines Indikators (z. B. Phenolphthalein) vor. Anschließend mißt man das Volumen einer NaOH-Maßlösung bekannter Konzentration, mit dem die gesamte vorgelegte HCl-Lösung gerade neutralisiert wird. Vor dem Titrationsendpunkt ist ein Überschuß an H_3O^+-Ionen vorhanden, so daß der Indikator in der protonierten Form H*Ind* vorliegt. Wird der Endpunkt durch Zugeben von zuviel NaOH-Lösung überschritten, so liegt der Indikator in der deprotonierten Form vor. Der Endpunkt der Titration wird also durch den Farbwechsel des Indikators angezeigt. Man beachte, daß in diesem Fall (Titration einer starken Säure mit einer starken Base) die Anpassung des pK_a-Wertes des Indikators an den Umschlagspunkt der Titration (pH 7) nicht sehr exakt vorgenommen werden muß, da der pH-Wert in der Nähe des Endpunktes sehr schnell mehrere Einheiten durchläuft.

Hat man also beispielsweise gemessen, daß zur Erreichung des Indikator-Umschlagspunkts zu 50 mL einer HCl-Lösung unbekannter Konzentration 20 mL einer 1,00 N NaOH-Maßlösung zugegeben werden müssen, so kann man daraus die Konzentration der HCl-Lösung berechnen: Die 20 mL 1,00 N NaOH enthalten 0,020 mol NaOH. Also müssen 50 mL der HCl-Lösung ebenfalls 0,020 mol HCl enthalten. Die Konzentration der HCl-Lösung beträgt demnach $20 \cdot 0,020$ mol/L oder 0,40 M.

In der Praxis werden heute exakte pH-Messungen und Titrationen meist elektrometrisch mit Glaselektroden durchgeführt.

4.9 pH-Berechnung für schwache Säuren und Basen

Das Protolysegleichgewicht einer starken Säure wie HCl in Wasser

$$HCl + H_2O \rightleftharpoons H_3O^+ + Cl^-$$

liegt so stark auf der rechten Seite, daß man den Vorgang praktisch als einfache, vollständig ablaufende Reaktion betrachten kann. Dabei entsteht pro Säuremolekül HCl ein H_3O^+-Ion, die Konzentration $[H_3O^+]$ entspricht der Konzentration der vorgelegten Säure, und der pH-Wert kann direkt berechnet werden.

Für eine 0,1 N starke Säure beispielsweise, sei es nun HCl, HNO_3 oder H_2SO_4, gilt $[H_3O^+] = 0,1$ mol/L. Der pH-Wert einer solchen Lösung beträgt demnach 1 ($-\log 10^{-1} = 1$). Analog gilt für eine 0,5 N HCl-Lösung pH = $-\log 0,5 = 0,301$.

Für eine 10^{-3} N NaOH gilt entprechend pOH = $-\log 10^{-3} = 3$ und folglich pH = 14 – pOH = 11 (vgl. auch Tabelle 4.8).

Bei einer schwachen Säure AH hingegen enthält die wäßrige Lösung neben H_3O^+- und A^--Ionen auch unveränderte Säuremoleküle AH. Die zur Berechnung des pH-Wertes notwendige Größe $[H_3O^+]$ kann daher nicht direkt aus [AH] abgeleitet werden. Man findet sie jedoch leicht, wenn man das Massenwirkungsgesetz auf das Dissoziationsgleichgewicht der schwachen Säure anwendet:

$$AH + H_2O \rightleftharpoons A^- + H_3O^+$$

$$K_a = \frac{[A^-][H_3O^+]}{[AH]}$$

Da pro Molekül der Säure, das mit Wasser reagiert, jedesmal je ein H_3O^+- und ein A^--Ion entsteht, werden die Konzentrationen dieser beiden Ionensorten in der Lösung gleich groß, d. h. es gilt $[H_3O^+] = [A^-]$. Deshalb kann man in der

Massenwirkungsgesetz-Gleichung $[A^-]$ durch $[H_3O^+]$ ersetzen und erhält so eine quadratische Bestimmungsgleichung für $[H_3O^+]$:

$$K_a = \frac{[H_3O^+]\,[A^-]}{[AH]} = \frac{[H_3O^+]^2}{[AH]}$$

Allgemein formuliert gilt also für schwache Säuren:

$$[H_3O^+] = \sqrt{K_a\,[AH]} \approx \sqrt{K_a\,c_a}$$

Das Einsetzen der Gesamtkonzentration c_a der schwachen Säure für $[AH]$ bedeutet zwar eine Ungenauigkeit, ist aber in den meisten in der Praxis vorkommenden Fällen gerechtfertigt. Die Ungenauigkeit besteht darin, daß man nicht berücksichtigt, daß ein kleiner Teil der insgesamt eingesetzten Säuremenge in Form der Protolyseprodukte H_3O^+ und A^- vorliegt. Genauer wäre also für die Konzentration der im Gleichgewicht vorhandenen unveränderten Säure AH der Wert

$$[AH] = c_a - [A^-] = c_a - [H_3O^+]$$

zu verwenden. Durch Einsetzen in die Massenwirkungsgesetz-Gleichung ergibt sich wieder eine quadratische, diesmal aber kompliziertere Bestimmungsgleichung für $[H_3O^+]$:

$$K_a = \frac{[H_3O^+]\,[A^-]}{[AH]} = \frac{[H_3O^+]\,[A^-]}{c_a - [H_3O^+]} = \frac{[H_3O^+]^2}{c_a - [H_3O^+]}$$

$$[H_3O^+]^2 = K_a(c_a - [H_3O^+]);$$

$$[H_3O^+]^2 + K_a\,[H_3O^+] - K_a\,c_a = 0$$

$$[H_3O^+] = -\frac{K_a}{2} + \sqrt{\frac{K_a^{\,2}}{4} + K_a\,c_a}$$

Die Anwendung dieser genaueren Formel hat nur bei sehr stark verdünnten Lösungen schwacher Säuren einen Sinn. Ein Rechenbeispiel für eine 10^{-3} M Essigsäurelösung möge dies verdeutlichen ($K_a = 1{,}74 \cdot 10^{-5}$ M). Nach der

Näherungsformel gilt

$$[H_3O^+] = \sqrt{K_a c_a} = 1{,}319 \cdot 10^{-4} \text{ M}$$

und damit pH = 3,88. Nach der exakten Formel erhält man hingegen

$$[H_3O^+] = \left(-\frac{1{,}74 \cdot 10^{-5}}{2} + \sqrt{\frac{3{,}03}{4} \cdot 10^{-10} + 1{,}74 \cdot 10^{-5} \cdot 10^{-3}} \right) \text{M} = 1{,}235 \cdot 10^{-4} \text{ M}$$

und damit pH = 3,91. Die Differenz von 0,03 pH-Einheiten ist unbedeutend. Bei höheren Werten von c_a wird sie gar noch geringer.

Dieselben Überlegungen führen zu analogen Gleichungen für die Berechnung des pH-Wertes für wäßrige Lösungen von schwachen Basen. Am besten betrachtet man dazu das Dissoziationsgleichgewicht der zur schwachen Base konjugierten Säure und benutzt in den Rechnungen die entsprechenden K_a-Werte.

In der älteren Literatur findet man für Basen häufig sogenannte K_b-Werte. Dabei handelt es sich um die Gleichgewichtskonstante des Vorgangs

$$B + H_2O \rightleftharpoons BH^+ + OH^-$$

$$K_b = \frac{[BH^+]\,[OH^-]}{[B]}$$

Es hat sich aber durchgesetzt, für Basen die K_a-Werte der entsprechenden konjugierten Säuren zu tabellieren, entsprechend dem Vorgang

$$BH^+ + H_2O \rightleftharpoons B + H_3O^+$$

$$K_a = \frac{[B]\,[H_3O^+]}{[BH^+]}$$

Der Zusammenhang zwischen K_a und K_b ergibt sich aus der folgenden Überlegung:

$$K_a \, K_b = \frac{[B] \, [H_3O^+] \, [BH^+] \, [OH^-]}{[BH^+] \, [B]} = [H_3O^+] \, [OH^-] = K_w$$

Das Produkt der zu einer Base und ihrer konjugierten Säure gehörenden Protolysekonstanten K_b und K_a ist gleich dem Ionenprodukt des Wassers K_w. Damit gilt $pK_a + pK_b = 14$.

4.10 Der pH-Wert von Salzlösungen

Löst man Salze in Wasser, so zerfällt das Ionengitter, und die hydratisierten Kationen und Anionen bewegen sich frei in der Lösung. Bei Salzen, die sich von einer starken Säure und einem Metallhydroxid ableiten lassen (also z. B. KBr), geschieht nichts weiter. In einem solchen Fall ändert sich auch an den Konzentrationen der H_3O^+- und OH^--Ionen gegenüber jenen in reinem Wasser nichts, die Lösung reagiert neutral.

Oft stellt man jedoch fest, daß Salzlösungen einen pH-Wert aufweisen, der von 7 verschieden ist. Um zu begreifen, wie diese Erscheinung zustande kommt, ist es nötig zu untersuchen, ob die aus dem Ionengitter freigesetzten Ionen in der Lösung Protolysereaktionen eingehen können.

Das Salz Ammoniumchlorid, beispielsweise, kann man sich aus der schwachen Säure NH_4^+ und der extrem schwachen Base Cl^- zusammengesetzt denken. Beim Lösen von NH_4Cl in Wasser vermögen die Cl^--Ionen weder den Wassermolekülen noch den Ammonium-Ionen ein Proton zu entreißen und reagieren deshalb nicht weiter.

Andererseits kommt es aber zu einer Reaktion zwischen den NH_4^+-Ionen und den Wassermolekülen. Dabei werden H_3O^+-Ionen frei und es ist zu erwarten, daß die Lösung mehr oder weniger stark sauer reagieren wird (pH < 7). Die sich einstellende Gleichgewichtsreaktion

$$NH_4^+ + H_2O \rightleftharpoons NH_3 + H_3O^+$$

entspricht in der Tat dem im vorhergehenden Kapitel 4.9 ausführlich behandelten Dissoziationsgleichgewicht einer schwachen Säure. Die Konzentration der $[H_3O^+]$-Ionen in der Salzlösung ist demnach in guter Näherung durch

$$[H_3O^+] = \sqrt{K_a \, c_s}$$

gegeben. Dabei bedeuten K_a die Säuredissoziationskonstante des Ammonium-Ions und c_s die Konzentration der insgesamt eingesetzten Salzmenge. Damit kann auch der pH-Wert der Salzlösung angegeben werden.

Die Ableitung für Salze, die aus einer schwachen Base und einem Metall-Kation zusammengesetzt sind (z. B. Natriumacetat), verläuft ebenfalls analog der in Kapitel 4.9 enthaltenen Darstellung und liefert die Formel:

$$[H_3O^+] = \sqrt{\frac{K_a K_w}{c_s}}$$

Diesmal stehen K_a für die Säuredissoziationskonstante der zur schwachen Base konjugierten Säure (z. B. Essigsäure), c_s wiederum für die Konzentration der insgesamt eingesetzten Salzmenge und K_w für das Ionenprodukt des Wassers.

Diese Überlegungen genügen jedoch nicht immer, um das Verhalten von Salzlösungen zu erklären. Zwei Beispiele sollen dies illustrieren. In beiden Fällen sind wiederum Protolysevorgänge für einen von 7 abweichenden pH-Wert der Lösungen verantwortlich.

Eine Lösung von $FeCl_3$ in Wasser reagiert sauer, obschon die Summenformel des Salzes die Anwesenheit einer schwachen Säure zunächst nicht vermuten läßt. Das hydratisierte Fe^{3+}-Ion verhält sich aber als Säure nach Brønsted-Lowry. Durch die Protolysereaktion

$$[Fe(H_2O)_6]^{3+} + H_2O \rightleftharpoons [Fe(H_2O)_5OH]^{2+} + H_3O^+$$

werden H_3O^+-Ionen gebildet. Dies erklärt, weshalb die Lösung sauer reagiert.

Löst man $K_2Cr_2O_7$ in Wasser auf, so erhält man ebenfalls eine leicht sauer reagierende Lösung. Hier läuft zunächst eine Reaktion zwischen den $Cr_2O_7^{2-}$-Ionen und dem Wasser ab, d. h. eine Hydrolyse:

$$Cr_2O_7^{2-} + H_2O \rightleftharpoons 2\ HCrO_4^-$$

Die nun vorliegenden Ionen $HCrO_4^-$ verhalten sich wie eine schwache Brønsted-Säure (pK_a = 6,49 bei 25 °C). Das entsprechende Dissoziationsgleichgewicht

$$HCrO_4^- + H_2O \rightleftharpoons H_3O^+ + CrO_4^{2-}$$

liefert H_3O^+-Ionen.

4.11 Pufferlösungen

4.11.1 Definition, Bestimmung des pH-Werts von Pufferlösungen

Eine Lösung, die fähig ist, einen bestimmten pH-Wert auch bei Zugabe von kleinen Mengen einer starken Säure oder Base beizubehalten, wird als Pufferlösung bezeichnet. Sie enthält immer eine schwache Säure (Base) und ein Salz dieser schwachen Säure (Base). Der Acetat-Puffer (CH_3COOH/CH_3COONa) und der Ammoniak-Puffer (NH_3/NH_4Cl) werden in der analytischen Chemie und für die Durchführung von chemischen Reaktionen bei konstantem pH-Wert häufig verwendet. Komplexere Puffersysteme (z. B. Citrat-Puffer, Phosphat-Puffer, Tris-Puffer) werden bei biochemischen Arbeiten eingesetzt.

Um den pH-Wert einer solchen Lösung zu berechnen, betrachten wir zunächst die Protolysekonstante der schwachen Säure AH:

$$K_a = \frac{[A^-][H_3O^+]}{[AH]}$$

Daraus folgt für die Konzentration der H_3O^+-Ionen:

$$[H_3O^+] = K_a \frac{[AH]}{[A^-]}$$

Die beiden Größen [AH] und [A$^-$] können durch die vorgegebenen Säure- und Salzkonzentrationen ersetzt werden, wenn man zwei geringfügige Vereinfachungen in Kauf nimmt:

Die Protolyse der schwachen Säure kann praktisch vernachlässigt werden, da der große Überschuß an A$^-$-Ionen (aus dem zugesetzten Salz) die an sich schon unbedeutende Protolyse noch weiter zurückdrängt (LE CHATELIER). Man setzt also für die Konzentration der in unveränderter Form vorliegenden Säure die totale Säurekonzentration c_a ein.

Die Konzentration [A$^-$] entspricht der Salzkonzentration c_s. Der geringe, aus der Protolyse der schwachen Säure stammende Teil der A^--Ionen wird dabei vernachlässigt.

Wir erhalten somit

$$[H_3O^+] = K_a \frac{c_a}{c_s}$$

und, nachdem wir den negativen Zehnerlogarithmus auf beiden Seiten der Gleichung genommen haben, die Puffergleichung:

$$pH = pK_a + \log\frac{c_s}{c_a}$$

Eine Pufferlösung ist auf Verdünnung innerhalb weiter Grenzen unempfindlich, weil dabei am Verhältnis c_a/c_s praktisch nichts geändert wird.

Pufferlösungen, bei denen $c_a = c_s$ gilt, nennt man äquimolare Pufferlösungen. Wie aus der Puffergleichung leicht ersichtlich ist, kann anhand einer Lösung dieser Art durch eine einfache Messung von $[H_3O^+]$ (pH-Messung) die Dissoziationskonstante K_a einer schwachen Säure ermittelt werden, da hier ja $c_a/c_s = 1$ bzw. $\log(c_s/c_a) = 0$ gilt. Man erhält direkt $[H_3O^+] = K_a$.

4.11.2 Wirkungsweise von Pufferlösungen

Wie funktioniert nun eine Pufferlösung? Als Beispiel soll der Acetatpuffer (CH_3COOH/CH_3COONa) dienen. Gibt man etwas Base, z. B. OH^- als NaOH, zu dieser Pufferlösung, so wird nach

$$Na^+ + OH^- + CH_3COOH \rightleftharpoons CH_3COO^- + H_2O + Na^+$$

zusätzliches Natriumacetat gebildet. Die Salzkonzentration c_s steigt somit auf Kosten von c_a.

Umgekehrt wird durch Zugabe von etwas HCl nach

$$CH_3COO^- + H_3O^+ + Cl^- \rightleftharpoons CH_3COOH + H_2O + Cl^-$$

zusätzliche Essigsäure gebildet. Hier steigt somit die Säurekonzentration c_a auf Kosten von c_s.

Bei einer Störung der Pufferlösung durch starke Säuren oder Basen werden also lediglich die Größen c_a und c_s verändert; c_a wird etwas größer, c_s etwas kleiner, oder umgekehrt. Da diese beiden Größen in der Puffergleichung als logarithmisch gewichtetes Verhältnis auftreten, kommt es nur zu einer geringen pH-Änderung.

Gegeben sei beispielsweise ein äquimolarer Acetatpuffer: $c_a = c_s = 0{,}100$ M (herzustellen durch Auflösen von je 0,100 mol CH_3COOH und CH_3COONa in Wasser zu 1000 mL Lösung). Nach der Puffergleichung erhält man

$$[H_3O^+] = \frac{c_a}{c_s} K_a = \frac{0{,}1}{0{,}1} \cdot 1{,}74 \cdot 10^{-5} \text{ M} = 1{,}74 \cdot 10^{-5} \text{ M}$$

und damit pH = 4,76. Gibt man nun zu einem Liter dieser Pufferlösung 10 mL einer 0,1 M NaOH, so wird dadurch die in 10 mL der Pufferlösung enthaltene Essigsäure (die ja auch 0,1 M ist) verbraucht, d. h. zu Acetat-Ionen umgesetzt. Da 10 mL ein Prozent eines Liters ausmacht, verringert sich dadurch c_a um 1% auf 0,099 M, während sich c_s um 1% auf 0,101 M erhöht.

Nach der Puffergleichung erhält man nun

$$[H_3O^+] = \frac{0{,}099}{0{,}101} \cdot 1{,}74 \cdot 10^{-5} \text{ M} = 1{,}71 \cdot 10^{-5} \text{ M}$$

und damit pH = 4,77. Die NaOH-Zugabe bewirkte also eine pH-Änderung von nur 1/100 pH-Einheit.

Hätte man zum Vergleich die Menge von 10 mL 0,1 M NaOH in 1 Liter reines Wasser (pH = 7) gegeben, so hätte sich ein pH-Wert von 11 ergeben (vgl. Tabelle 4.8). Hier wäre also ein pH-Sprung von vollen 4 pH-Einheiten erfolgt. Damit ist die Wirkung eines Puffersystems eindrücklich demonstriert.

Am besten funktionieren in den meisten Fällen äquimolare Pufferlösungen. Eine Wirksamkeit ist theoretisch so lange möglich, bis entweder die gesamte schwache Säure zur konjugierten Base umgesetzt ist oder die schwache Base vollständig zur konjugierten Säure umgesetzt worden ist. Ist eine dieser Grenzen erreicht, so ist der Puffer erschöpft. Die Pufferwirkung ist in der Mitte des Wirkungsbereichs am größten, wenn also pH = pK_a gilt. In der Praxis läßt sich ein Puffersystem in einem pH-Bereich zwischen $pK_a - 0{,}5$ und $pK_a + 0{,}5$ wirksam nutzen.

4.12 Übungen

4.1 Berechnen Sie die H_3O^+- bzw. OH^--Ionenkonzentrationen und den pH-Wert für folgende Lösungen:

a) 0,01 M HCl   *b)* 0,1 M NaOH

c) 0,56 M HNO_3 *d)* $3 \cdot 10^{-4}$ M KOH

4.2 Zu 1 Liter Wasser gibt man 2 mL einer 2 M HCl. Berechnen Sie den pH-Wert der Lösung (unter Vernachlässigung der Volumenzunahme).

4.3 Zu 1 Liter Wasser werden 3 mL einer 0,85 M NaOH-Lösung gegeben. Berechnen Sie den pH-Wert (unter Vernachlässigung der Volumenzunahme).

4.4 50 mL einer 2 M HCl-Lösung werden mit 70 ml Wasser verdünnt. Berechnen Sie die Molarität und den pH-Wert der entstandenen Lösung.

4.5 Zu 100 mL Wasser gibt man 10 mL einer 0,5 M NaOH-Lösung. Berechnen Sie die Molarität und den pH-Wert der entstandenen Lösung, *a)* unter Vernachlässigung, *b)* unter Berücksichtigung der Volumenzunahme.

4.6 Zu 560 mL Wasser gibt man einen Tropfen (= 0,05 mL) konzentrierte HCl (12,5 M). Berechnen Sie den pH-Wert der Lösung.

4.7 Wie viele mL der untenstehenden Lösungen muß man zu 1 Liter Wasser geben, um die verlangten pH-Werte zu erreichen?

a) 0,1 M NaOH, pH 9   *b)* 0,1 M HCl, pH 4   *c)* 2 M KOH, pH 10,5

4.8 Die Dichte von konzentrierter Salzsäure HCl ist 1,19 g/cm^{-3}. Diese Lösung ist 38prozentig. Berechnen Sie ihre Molarität.

4.9 Berechnen Sie die H_3O^+- bzw. OH^--Ionenkonzentrationen und den pH-Wert für folgende Lösungen:

a) 0,1 M Essigsäure   *b)* 1 M Ammoniak

c) 0,05 M Essigsäure   *d)* 0,3 M Ammoniak

e) 0,6 M Blausäure   *f)* $5 \cdot 10^{-3}$ M Fluorwasserstoff

4.10 Wasser enthält, wenn es mit Luft in Berührung steht, gelöstes CO_2 in Form von Kohlensäure H_2CO_3. Die H_2CO_3-Konzentration wird dabei $1{,}35 \cdot 10^{-5}$ M. Wie groß ist der pH-Wert? Für diese Berechnung ist nur K_1 der Kohlensäure zu berücksichtigen (vgl. Tabelle 8.1.4), die zweite Protolysestufe kann vernachlässigt werden. Diese Aufgabe zeigt, daß der pH-Wert von destilliertem Wasser, das mit Luft in Berührung steht, nicht 7 ist.

4.11 Berechnen Sie den pH-Wert einer 0,04 M Essigsäurelösung einmal nach der Näherungsformel

$$[H_3O^+] = \sqrt{K_a\,[AH]} \approx \sqrt{K_a\,c_a}$$

und einmal nach der genaueren Formel

$$[H_3O^+] = -\frac{K_a}{2} + \sqrt{\frac{K_a^{\,2}}{4} + K_a\,c_a}$$

4.12. Berechnen Sie den Protolysegrad für a) 0,3 M und b) $3 \cdot 10^{-4}$ M Lösungen von Ammoniak in Wasser mit Hilfe der in Kapitel 4.7 hergeleiteten Formeln.

4.13 Berechnen Sie die Essigsäurekonzentration, bei der 50 % der CH_3COOH-Moleküle dissoziiert sind ($\alpha = 0{,}5$).

4.14 Formulieren Sie die Vorgänge beim Auflösen der folgenden Salze in Wasser:

a) $CuSO_4$ b) Na_2CO_3 c) KCl   d) $Pb(NO_3)_2$
e) $AlCl_3$ f) K_2SO_3 g) CH_3COOK h) $NaNO_3$
Welche Salze ergeben saure, welche basische Lösungen? (Begründung?)

4.15 Berechnen Sie den pH-Wert für folgende Salzlösungen:

a) 0,3 M NH_4Cl b) 0,5 M KCN
c) 0,08 M CH_3COONa d) 0,25 M NaF

4.16 Berechnen Sie den pH-Wert von Pufferlösungen, die a) 0,1 mol NH_3 und 0,01 mol NH_4Cl; b) 0,1 mol NH_3 und 0,1 mol NH_4Cl pro Liter Lösung enthalten.

4.17 Berechnen Sie den pH-Wert von Pufferlösungen, die *a)* 0,05 mol Essigsäure und 0,005 mol Natriumacetat; *b)* 0,005 mol Essigsäure und 0,5 mol Natriumacetat pro Liter Lösung enthalten.

4.18 Gegeben sei ein äquimolarer Acetatpuffer mit $c_a = c_s = 0,1$. Zu einem Liter dieser Lösung gibt man 3 mL 1 M NaOH-Lösung.

    a) Berechnen Sie die pH-Änderung, die dadurch in der Lösung entsteht.

    b) Wie groß wäre die pH-Änderung, wenn man die 3 mL 1 M NaOH-Lösung zu 1 Liter Wasser (pH 7) gegeben hätte? (Volumenzunahme vernachlässigen!)

4.19 Wieviel Gramm Natriumacetat muß man zu 0,5 Liter einer 0,5 M Essigsäurelösung geben, damit eine Pufferlösung mit einem pH-Wert von 5 entsteht?

4.20 Wieviel mol AgCl sind bei 25 °C in einem Liter Wasser löslich?

4.21 Bei 100 °C lösen sich 21,1 mg AgCl in 1 L Wasser. Berechnen Sie $K_{lp}(AgCl)$ für die Temperatur 100 °C.

4.22 Die Konzentration der Mg^{2+}-Ionen in einer $MgCl_2$-Lösung sei $6 \cdot 10^{-3}$ M. Welche Konzentration an OH^--Ionen muß durch Zugabe von NaOH erreicht werden, damit die Lösung gerade mit $Mg(OH)_2$ gesättigt ist? Wie viele mL 0,3 M NaOH werden dazu benötigt, wenn 1 Liter der $MgCl_2$-Lösung vorliegt?

5. Redoxreaktionen

5.1   Wertigkeit und Oxidationszahl

Neben der Wertigkeit (vgl. die Kapitel 1.2.4 und 2.3.3) ist für die Behandlung der Redoxreaktionen (zur Definition dieses Begriffs siehe Kapitel 5.2) auch die Oxidationszahl von Bedeutung. Deshalb ist es nötig, hier zunächst etwas näher auf diese beiden Begriffe einzugehen.

Die Wertigkeit eines Elements in einer Ionenverbindung gibt an, wie viele Elektronen ein Atom des Elements bei der Bildung einer Verbindung aufgenommen oder abgegeben hat. Mit Hilfe dieser Definition können die Wertigkeiten für sämtliche Ionen bestimmt werden, aus denen Säuren, Basen und Salze aufgebaut sind (vgl. Kapitel 2.3.3).

Schwierigkeiten treten erst auf, wenn Wertigkeiten wie diejenige von Schwefel im SO_4^{2-}-Ion oder von Chlor in $HClO_2$ bestimmt werden sollen. Da im Falle von SO_4^{2-} zwischen dem S-Atom und den vier O-Atomen Elektronenpaarbindungen bestehen, sind weder Elektronen aufgenommen noch abgegeben worden. Man kann also wohl sagen, daß das SO_4^{2-}-Ion als Ganzes -2-wertig ist. Die Angabe der Wertigkeit des Schwefels im Sulfat-Ion ist dagegen nicht möglich.

Es hat sich jedoch als nützlich erwiesen, das Konzept der Wertigkeit auch auf Fälle auszudehnen, bei welchen Elektronen nicht vollständig abgegeben bzw. aufgenommen werden. Man ordnet dazu jedem Atom in einem Molekül oder in einem aus mehreren Atomen zusammengesetzten Ion eine Oxidationszahl zu. Diese ist ganzzahlig, kann Werte zwischen -4 und $+7$ (inklusive 0) annehmen und wird gemäß den folgenden Regeln gebildet:

1   Die Oxidationszahl von Atomen in Elementarstoffen ist null (Beispiele: H_2, O_2, Na, He, Br_2, S_8, C_{60}).

2   Die Oxidationszahl eines einatomigen Ions ist gleich seiner elektrischen Ladung, in Anzahl Elementarladungen ausgedrückt (unter

Berücksichtigung des Vorzeichens). K^+, Ba^{2+} und I^- besitzen beispielsweise die Oxidationszahlen +1, +2 und –1.

3   Für Wasserstoffatome in Verbindungen gilt die Oxidationszahl +1. Man beachte aber, daß bei Hydriden wie KH, in denen Wasserstoff als einatomiges, negativ geladenes Ion H^- auftritt, gemäß Regel 2 die Oxidationszahl –1 erhalten wird.

4   Für Nichtmetallatome, die zu anderen Atomen kovalente Bindungen ausbilden, betrachte man die Bindung zu jedem Bindungspartner einzeln: Besteht die Bindung zwischen zwei Atomen des gleichen Elements, so wird die Elektronenpaarbindung aufgeteilt. Besteht die Bindung aber zwischen Atomen verschiedener Elemente, so werden beide Elektronen der Elektronenpaarbindung jeweils ganz zum stärker elektronegativen Atom gezählt. Die Summe der Ladungen, die ein Atom nach Befolgung dieser Regel erhält, entspricht seiner Oxidationszahl.

5   Ist auf Grund des Elektronegativitätsunterschieds keine Entscheidung möglich, so wird dasjenige Nichtmetall, das im Periodensystem entweder über dem anderen oder rechts von ihm steht, als negativ angesehen.

6   Die Summe der Oxidationszahlen aller Atome in einer Formel für eine neutrale Verbindung muß null sein.

7   Die Summe der Oxidationszahlen aller Atome in einer Formel für ein Ion muß gleich der elektrischen Ladung des Ions sein, ausgedrückt als Anzahl Elementarladungen und unter Berücksichtigung des Vorzeichens.

Auf Grund dieser Regeln erhalten viele Elemente in Verbindungen häufig dieselbe Oxidationszahl. Für das am stärksten elektronegative Fluoratom gilt beispielsweise immer die Oxidationszahl –1.

Die Oxidationszahl des Sauerstoffs ist in allen Verbindungen, in denen er keine O–O- bzw. O–F-Bindungen ausbildet, gleich –2. In Verbindungen wie etwa H_2O_2 (H–O–O–H) und Na_2O_2 beträgt sie dagegen –1, in der Verbindung F_2O_2 +1 und in OF_2 gar +2.

Einige weitere Beispiele sollen das Verständnis des Begriffs der Oxidationszahl erleichtern. Es ist üblich, die Oxidationszahlen in kleinen Ziffern über das betreffende Atomsymbol zu setzen. Die Werte für O, H usw. können dabei, wenn nicht ein Ausnahmefall vorliegt, weggelassen werden.

Es soll zunächst die Oxidationszahl von Mangan in Kaliumpermanganat $KMnO_4$ bestimmt werden. Gemäß den Regeln 2 und 4 erhält man die Oxidationszahlen von O (–2) und von K (+1). Die Oxidationszahl x von Mangan ergibt sich nun nach Regel 6 durch die Gleichung

$$x + 1 + 4 \cdot (-2) = 0$$

als $x = +7$.

Bei NF_3 und NH_3 liegen je drei Elektronenpaarbindungen vor. Da Fluor viel stärker elektronegativ ist als Stickstoff, sind bei NF_3 nach Regel 4 die gemeinsamen Elektronenpaare ganz den F-Atomen zuzuschreiben. Daraus folgt für N in dieser Verbindung eine Oxidationszahl von +3.

Im Fall von NH_3 besitzt jedoch das Stickstoffatom die höhere Elektronegativität (die Oxidationszahl von H ist + 1). Daraus folgt für N in Ammoniak eine Oxidationszahl von –3.

Zur Bestimmung der Oxidationszahl x von Schwefel im SO_4^{2-}-Ion findet man gemäß Regel 7 die Gleichung

$$x + 4 \cdot (-2) = -2$$

und damit $x = +6$.

5.2 Definition der Begriffe Oxidation und Reduktion

5.2.1 Ursprüngliche Bedeutung

Mit dem Fortschritt der Chemie hat nicht nur der Säure-Basen-Begriff, sondern auch der Oxidations-Reduktions-Begriff eine Entwicklung zu einer immer weiter gefaßten Bedeutung durchgemacht. Unter einer Oxidation verstand man ursprünglich lediglich die Reaktion eines Elementes oder einer Verbindung mit Sauerstoff (*oxygenium*[19]).

Es wurden also Reaktionen wie

$$2\,Mg + O_2 \longrightarrow 2\,MgO$$

$$2\,H_2 + O_2 \longrightarrow 2\,H_2O$$

$$S + O_2 \longrightarrow SO_2$$

als Oxidationsreaktionen bezeichnet.

---

[19] lat., von grch. *oxys* „scharf, sauer".

Die Reduktion[20] war unter diesem Gesichtspunkt die Umkehrung des Oxidationsvorgangs. Bei der Gewinnung von reinen Metallen, die in der Natur oft in Form der Oxide vorkommen, muß eine Reduktion durchgeführt werden. Man setzt das Oxid zu diesem Zweck mit einem sauerstoffentziehenden Reagens um, z. B. mit Kohlenmonoxid oder Wasserstoff:

$$Fe_2O_3 + 3\,CO \xrightarrow{\text{erhitzen}} 2\,Fe + 3\,CO_2$$

$$CuO + H_2 \xrightarrow{\text{erhitzen}} Cu + H_2O$$

Nach dieser ersten Definition bedeutet Oxidation also eine Umsetzung mit Sauerstoff, Reduktion einen Entzug von Sauerstoff.

5.2.2 Erweiterung des Oxidations-Reduktions-Begriffs

Bald wurde jedoch erkannt, daß Umsetzungen mit verschiedenen Nichtmetallen wie F_2, Cl_2, N_2 usw. der Umsetzung mit Sauerstoff sehr ähnlich sind:

$4\,Fe + 3\,O_2 \longrightarrow 2\,Fe_2O_3$		Verbrennung von Eisen mit Sauerstoff
$2\,Fe + 3\,F_2 \longrightarrow 2\,FeF_3$		Reaktion von Eisen mit Fluor
$2\,H_2 + O_2 \longrightarrow 2\,H_2O$		Knallgasreaktion
$H_2 + Cl_2 \longrightarrow 2\,HCl$		Chlorknallgasreaktion

Das allen solchen Reaktionen Gemeinsame wurde jedoch erst erkannt, nachdem der Atombau und insbesondere die Funktion der Elektronen bei kovalenten Bindungen und Ionenbindungen genügend erforscht waren. Es stellte

---

[20] lat. *reducere* „zurückführen"

sich nämlich heraus, daß bei den Oxidationen im ursprünglichen Sinn des Worts Elektronen von dem mit Sauerstoff reagierenden Ausgangsmaterial vollständig oder teilweise auf Sauerstoffatome übertragen werden. Wird bei der Verbrennung von Eisen das Salz Eisenoxid Fe_2O_3 gebildet, dann werden drei jener Elektronen, die im metallischen Eisen jedem Eisenatom zugeordnet werden können, vollständig auf Sauerstoffatome übertragen, die dadurch zu einer Edelgaskonfiguration gelangen. Stöchiometrisch werden dadurch vier formal neutrale Eisenatome und sechs Sauerstoffatome, die in drei O_2-Molekülen ebenfalls formal ungeladen vorliegen, zu vier Fe^{3+}-Ionen und sechs O^{2-}-Ionen im entstehenden Salz. Analog werden bei der Verbrennung von Eisen mit Fluor Elektronen vollständig von den Eisenatomen auf die Fluoratome übertragen.

Bei der Knallgasreaktion findet eine Elektronenübertragung zwar auch statt, aber nur unvollständig. Im Reaktionsprodukt H_2O liegen die H-Atome und das O-Atom zwar nicht als Ionen, sondern gebunden in einem Molekül vor. Sie sind aber nicht mehr formal ungeladen wie in den Edukten H_2 und O_2, sondern tragen aufgrund der unterschiedlichen Elektronegativitäten Teilladungen δ^+ und δ^- (vgl. Kapitel 4.1.2). Analog werden bei der Chlorknallgasreaktion Elektronen teilweise von den Wasserstoffatomen auf die Chloratome übertragen.

Für die im vorherigen Kapitel erwähnten Umkehrungen von Oxidationsvorgängen gelten ähnliche Überlegungen: Bei der Reduktion von Kupferoxid mit Wasserstoffgas werden Elektronen von H_2 auf das Kupfer-Ion übertragen.

Aufgrund dieser Erkenntnisse setzte sich folgende Definition der Begriffe Oxidation und Reduktion durch:

> Eine Oxidation ist ein Prozeß, bei dem einem Stoff Elektronen entzogen werden. Wenn sich die Oxidationszahl eines Atoms bei einer chemischen Reaktion erhöht, dann ist das Atom oxidiert worden.
> Eine Reduktion ist ein Prozeß, bei dem einem Stoff Elektronen zugeführt werden. Wenn die Oxidationszahl eines Atoms bei einer chemischen Reaktion abnimmt, dann ist das Atom reduziert worden.

Bei den Prozessen

$$Mg \longrightarrow Mg^{2+} + 2\,e^-$$

$$Fe \longrightarrow Fe^{3+} + 3\,e^-$$

werden also die Mg- und die Fe-Atome durch Entzug von Elektronen zu positiv geladenen Ionen oxidiert. Umgekehrt werden bei den Prozessen

$$Cl_2 + 2\,e^- \longrightarrow 2\,Cl^-$$

$$Na^+ + e^- \longrightarrow Na$$

elementares Chlor zu Chlorid-Ionen bzw. Natrium-Kationen zu elementarem Natrium reduziert.

5.2.3 Redoxsysteme

Ein Oxidationsvorgang wie

$$Fe \longrightarrow Fe^{3+} + 3\,e^-$$

läßt sich allerdings nicht isoliert realisieren. Die dabei freiwerdenden Elektronen müssen durch einen anderen Prozeß wieder aufgebraucht werden. Eine Reaktion, bei der einem Stoff Elektronen zugeführt werden, ist aber nach Definition eine Reduktion. Daraus folgt, daß Oxidations- und Reduktionsreaktionen immer gekoppelt vorkommen. Eine Oxidation und eine parallel dazu ablaufende Reduktion bilden zusammen ein Redoxsystem.

Man beachte insbesondere, daß in jedem Redoxsystem die Zahl der durch die Reduktion verbrauchten Elektronen mit der Zahl der Elektronen, die bei der Oxidationsreaktion frei werden, übereinstimmen muß. Dies ist gleichbedeutend mit der Aussage, daß die Summe der Oxidationszahlen aller an einer Reaktion beteiligten Atome vor und nach einer Reaktion dieselbe sein muß.

Um ein Redoxsystem zu formulieren, sind die beiden Reaktionsgleichungen, die man als Halbreaktionen bezeichnet, mit geeigneten Faktoren zu multiplizieren. Bei der Verbrennung von Eisen in Sauerstoff beispielsweise werden Eisen-Atome oxidiert und Sauerstoff-Atome reduziert:

$$Fe \xrightarrow{\text{Oxidation}} Fe^{3+} + 3\,e^- \qquad \vert \quad \cdot 4$$

$$O_2 + 4\,e^- \xrightarrow{\text{Reduktion}} 2\,O^{2-} \qquad \vert \quad \cdot 3$$

Stimmt die Zahl der Elektronen nach der Multiplikation mit geeigneten Faktoren in den Gleichungen der beiden Halbreaktionen überein, so findet man die Gesamtreaktion durch Addition der beiden Teilreaktionen:

$$4\,Fe \longrightarrow 4\,Fe^{3+} + 12\,e^-$$

$$3\,O_2 + 12\,e^- \longrightarrow 6\,O^{2-}$$

$$4\,Fe + 3\,O_2 \longrightarrow 2\,Fe_2O_3$$

Zwei weitere Beispiele für Redoxsysteme sollen zur Illustration dienen:

$$\cdot 2\,\big|\quad Na \longrightarrow Na^+ + e^- \qquad\qquad Br_2 + 2\,e^- \longrightarrow 2\,Br^-$$

$$Cl_2 + 2\,e^- \longrightarrow 2\,Cl^- \qquad\qquad 2\,I^- \longrightarrow I_2 + 2\,e^-$$

$$2\,Na + Cl_2 \longrightarrow 2\,NaCl \qquad\qquad Br_2 + 2\,I^- \longrightarrow 2\,Br^- + I_2$$

Ein Stoff, der eine große Tendenz zur Elektronenabgabe hat und deshalb in einem Redoxsystem die für eine Reduktionsreaktion notwendigen Elektronen zur Verfügung stellen kann, wird als Reduktionsmittel bezeichnet. Starke Reduktionsmittel sind z. B. Metalle, die leicht Elektronen abgeben können (Alkali- und Erdalkalimetalle, Aluminium, Zink usw.).

Entsprechend sind Oxidationsmittel Stoffe, die eine starke Tendenz zur Elektronenaufnahme aufweisen und deshalb andere Stoffe oxidieren können, indem sie ihnen Elektronen entziehen. Die Halogene und Sauerstoff, die eine starke Tendenz haben, durch Elektronenaufnahme eine Edelgaskonfiguration zu erreichen, sind Beispiele für starke Oxidationsmittel.

In Halbreaktionen wie

$$Fe^{2+} \rightleftharpoons Fe^{3+} + e^-$$

oder

$$2\,Cl^- \rightleftharpoons Cl_2 + 2\,e^-$$

bilden Fe^{2+} und Fe^{3+} oder Cl_2 und Cl^- zusammen jeweils ein (korrespondierendes) Redoxpaar. Ein Redoxsystem besteht immer aus zwei kombinierten Redoxpaaren. Bei allen Redoxpaaren ist es möglich, die oxidierte Form als Oxidationsmittel und die reduzierte Form als Reduktionsmittel anzuwenden, doch kann die Wirksamkeit sehr unterschiedlich sein. Die Wirkung von Cl_2 als Oxidationsmittel ist beispielsweise viel stärker als die Wirkung von Cl^- als Reduktionsmittel.

Trotzdem ist es in den meisten Fällen sinnvoll, Halbreaktionen als Gleichgewichtsreaktionen zu formulieren, denn in welche Richtung sie ablaufen, zeigt sich erst im Zusammenhang eines gesamten Redoxsystems.

5.2.4 Disproportionierung

Sind bei einem Element mehrere Oxidationszahlen möglich, so kann die Form mit einer mittleren Oxidationszahl sowohl als Oxidations- wie auch als Reduktionsmittel wirken. Dies kommt besonders deutlich in Disproportionierungsreaktionen zum Ausdruck. Erhitzt man etwa Kaliumchlorat $KClO_3$, so disproportioniert das Chlor:

$$\overset{+5}{4\ KClO_3} \quad \xrightarrow{\text{erwärmen}} \quad \overset{-1}{KCl} + 3\ \overset{+7}{KClO_4}$$

Die Disproportionierung tritt häufig auf, besonders bei Nichtmetallen, die in mehreren Oxidationsstufen auftreten können. Einige weitere Beispiele:

$$\overset{+3}{3\ HNO_2} \rightleftharpoons \overset{+5}{HNO_3} + 2\ \overset{+2}{NO} + H_2O$$

$$\overset{+1}{3\ HBrO} \xrightarrow{\text{erwärmen}} 2\ \overset{-1}{HBr} + \overset{+5}{HBrO_3}$$

$$\overset{0}{Cl_2} + H_2O \longrightarrow \overset{-1}{HCl} + \overset{+1}{HClO}$$

$$\overset{-2}{3\ P_2H_4} \xrightarrow{\text{Licht}} 4\ \overset{-3}{PH_3} + 2\ \overset{0}{P}$$

Für die Aufstellung von Reaktionsgleichungen für Disproportionierungsreaktionen gelten dieselben Grundsätze wie bei den übrigen Redoxsystemen.

5.3 Normalpotentiale und Spannungsreihe

5.3.1 Experimentelle Befunde

Taucht man einen Zinkstab in eine wäßrige Lösung von Kupfersulfat $CuSO_4$ ein, so wird er sofort von einer dünnen Schicht von metallischem Kupfer überzogen. Bei diesem gut sichtbaren, spontan ablaufenden Vorgang werden also Cu^{2+}-Ionen zu Cu-Atomen reduziert. Die dazu notwendigen Elektronen werden von Zinkatomen geliefert, die dabei in Zn^{2+}-Ionen übergehen. Die Reaktion läßt sich als Redoxreaktion formulieren:

$$Zn \longrightarrow Zn^{2+} + 2\,e^-$$
$$Cu^{2+} + 2\,e^- \longrightarrow Cu$$
$$\overline{\phantom{Cu^{2+} + Zn}}$$
$$Cu^{2+} + Zn \longrightarrow Cu + Zn^{2+}$$

Verfährt man umgekehrt, indem man einen Kupferstab in eine $ZnSO_4$-Lösung eintaucht, so tritt keine Reaktion ein. Das metallische Kupfer ist also nicht imstande, die zur Reduktion von Zn^{2+}-Ionen notwendigen Elektronen zur Verfügung zu stellen.

Bringt man hingegen den Kupferstab in eine Lösung von Silbernitrat $AgNO_3$, so wird er spontan versilbert. Das zugehörige Redoxsystem ist:

$$Cu \longrightarrow Cu^{2+} + 2\,e^-$$
$$Ag^+ + e^- \longrightarrow Ag \qquad \Big| \cdot 2$$
$$\overline{}$$
$$2\,Ag^+ + Cu \longrightarrow 2\,Ag + Cu^{2+}$$

Diese Reihe von Experimenten läßt sich mit Hilfe von weiteren Metallen beliebig erweitern.

Ordnet man die Metalle nach ihrer Fähigkeit, andere Metalle durch Reduktion aus deren wäßrigen Salzlösungen auszuscheiden, so erhält man die sogenannte Spannungsreihe:

K Ca Na Mg Al	Mn Zn Cr Fe Cd Co Ni Sn Pb	H_2	Cu Ag Hg	Au Pt
Leichtmetalle (unedel)	Schwermetalle (unedel)		Halbedel-metalle	Edel-metalle

Diese Reihe kann ganz empirisch abgeleitet werden, indem man Versuchsreihen nach dem oben beschriebenen Muster durchführt.

In der Spannungsreihe dient der elementare Wasserstoff als Referenzelement (vgl. Kapitel 5.3.3). Alle Metalle, die in der obigen Anordnung auf der linken Seite des Wasserstoffs zu finden sind, vermögen Wasserstoff-Ionen (Protonen) zu elementarem Wasserstoff zu reduzieren. Sie lösen sich in Säuren unter Bildung von H_2-Gas auf und werden deshalb als unedle Metalle bezeichnet:

$$Zn + 2\,H^+ \longrightarrow Zn^{2+} + H_2$$

Die edlen Metalle hingegen, die in der Spannungsreihe rechts vom Wasserstoff stehen, lösen sich in Säuren wie wäßriger HCl, die außer Wasserstoff-Ionen keine weiteren Oxidationsmittel enthalten, nicht. Sie können aber unter Umständen durch oxidierende Säuren aufgelöst werden (vgl. Kapitel 5.4.2).

Greift man ein Element, z. B. Eisen, aus der Spannungsreihe heraus, so kann man sagen, daß elementares Eisen alle Metalle, die weiter rechts stehen, also edler sind als Fe, aus ihren Lösungen verdrängen kann:

$$Fe + Sn^{2+} \longrightarrow Fe^{2+} + Sn$$

Zwischen Eisen und Ionen von Metallen, die in der Spannungsreihe weiter links stehen und somit unedler sind als Fe, tritt hingegen keine Reaktion ein.

5.3.2 Galvanische Elemente

Mit der oben beschriebenen Eintopf-Versuchsanordnung (Zinkstab in einer Lösung von $CuSO_4$) kann die Redoxreaktion $Cu^{2+} + Zn \rightarrow Cu + Zn^{2+}$ nicht

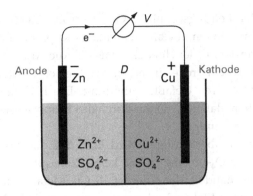

Figur 5.1. DANIELL*-Element. Wäßrige Lösungen der Sulfate zweier Metalle (ZnSO$_4$ und CuSO$_4$) befinden sich in zwei durch eine poröse Scheidewand (Diaphragma, D) voneinander getrennten Gefäßteilen. Verbindet man die beiden Gefäßteile über Zn- bzw. Cu-Elektroden mit einem elektrischen Leiter, so baut sich eine Spannung auf, die mit einem Voltmeter (V) gemessen werden kann. Es fließen dann Elektronen von der Zn- zur Cu-Elektrode und SO$_4^{2-}$-Ionen von der CuSO$_4$- zur ZnSO$_4$-Lösung. Die Bezeichnung der Elektroden als Anode bzw. Kathode richtet sich nach dem Verhalten der Ionen: Die Kathode ist jene Elektrode, zu der sich die Kationen bewegen, oder von der sich die Anionen entfernen; die Anode ist jene Elektrode, zu der sich die Anionen bewegen, oder von der sich die Kationen entfernen.*

ohne weiteres quantitativ untersucht werden. Die den beiden Halbreaktionen entsprechenden Elektronenübergänge zwischen den vier beteiligten Teilchensorten Cu^{2+} und Cu sowie Zn und Zn^{2+} finden gleichzeitig an der Oberfläche des Metallstabs statt und entziehen sich so jedem Meßversuch.

Aus der Reaktionsgleichung kann indessen entnommen werden, daß Zink Elektronen an Kupfer abgibt. Zwischen den beiden Metallen fließt also ein Strom (bewegte elektrische Ladung = elektrischer Strom). Man kann ihn messen, wenn man die Versuchsanordnung so ändert, daß die beiden Halbreaktionen $Cu^{2+} + 2\,e^- \rightarrow Cu$ und $Zn \rightarrow Zn^{2+} + 2\,e^-$ in getrennten Gefäßen stattfinden. In einer nach JOHN F. DANIELL (1790–1845) benannten Anordnung wird dies durch Einführen eines Diaphragmas, das die Durchmischung der Lösungen verhindert, und den Gebrauch getrennter Zn- und Cu-Elektroden erreicht (Figur 5.1). Das hat zur Folge, daß die Elektronenwanderung von der Zn- zur Cu-Elektrode auf dem Umweg über einen Leitungsdraht, der die beiden Metallstäbe miteinander verbindet, erfolgt.

Beim Betreiben eines DANIELL-Elementes lösen sich also Zn^{2+}-Ionen von der Zn-Elektrode allmählich ab. Die dabei frei werdenden Elektronen werden durch den Leitungsdraht der Cu-Elektrode zugeführt. Dort reduzieren sie gelöste Cu^{2+}-Ionen, die als elementares Kupfer auf der Cu-Elektrode abgeschieden werden. Es leuchtet ein, daß sich die Anzahl der positiv geladenen Ionen bei diesem Prozeß in jenem Gefäßteil erhöht, der $ZnSO_4$ enthält, während sie im anderen Gefäßteil abnimmt. Die Ladungsbilanz wird dadurch ausgeglichen, daß SO_4^{2-}-Ionen durch das Diaphragma von der $CuSO_4$- zur $ZnSO_4$-Lösung wandern.

Aus diesen Überlegungen wird klar, daß das Material jener Elektrode, die in die $CuSO_4$-Lösung taucht, keine Rolle spielt, solange es sich um einen guten Leiter handelt, der edler ist als Cu. Metallisches Kupfer könnte also statt auf einer Cu-Elektrode ebensogut auf einer Pt-Elektrode abgeschieden werden. Umgekehrt könnte man die $ZnSO_4$-Lösung durch eine beliebige andere Salzlösung (etwa Kochsalzlösung) ersetzen, solange die darin enthaltenen Kationen nicht selbst mit der Zn-Elektrode reagieren.

Wenn in einem DANIELL-Element Elektronen fließen, so muß man daraus schließen, daß zwischen den Systemen Zn/Zn^{2+} und Cu/Cu^{2+} eine Spannung besteht. Diese Spannung, oft auch Potential oder elektromotorische Kraft E genannt, kann mit einem in den Verbindungsdraht eingeschalteten Voltmeter gemessen werden. Für das DANIELL-Element beträgt sie 1,11 V, wenn die Lösungen von Cu^{2+} und Zn^{2+} je 1-molar sind und die Temperatur 25 °C beträgt.

Die in Figur 5.1 gezeigte Versuchsanordnung kann auch für die Untersuchung von beliebigen anderen Redoxreaktionen verwendet und z. B. mit Cu/Cu^{2+} und Ag/Ag^+ beschickt werden. Solche Einrichtungen werden nach dem italienischen Anatomen LUIGI GALVANI (1737–1798) als galvanische Elemente bezeichnet. Zu jedem galvanischen Element gehört bei Verwendung von 1-molaren Lösungen ein charakteristisches Potential E. Für das letztgenannte System gilt beispielsweise $E = 0,45$ V.

5.3.3 Normalpotentiale

Mit galvanischen Elementen können nur Potentialdifferenzen gemessen werden, die bei der Kopplung zweier Halbreaktionen zu einem galvanischen Element entstehen. Im Prinzip wäre es nun möglich, die Potentiale für jede mögliche Kombination von Halbreaktionen zu tabellieren. Die Zahl der möglichen galvanischen Elemente ist aber derart groß, daß dies zu einer unübersehbaren Menge von Zahlenangaben führen würde.

Man hat sich daher darauf geeinigt, die der Oxidation von elementarem Wasserstoff entsprechende Halbreaktion

$$H_2 \;\rightleftharpoons\; 2\,H^+ + 2\,e^-$$

als Bezugssystem zu benutzen und nur jene Potentiale zu tabellieren, die bei der Kopplung der Oxidation von Wasserstoff mit einer Reduktionshalbreaktion gemessen werden.

Erstellt man eine entsprechende Versuchsanordnung, bei der auf der einen Seite eine Wasserstoffelektrode eingebaut ist, so kann das Potential eines Redoxpaars wie

$$X + n\,e^- \;\rightleftharpoons\; X^{n-}$$

gegen diese Bezugselektrode gemessen werden (Figur 5.2). Setzt man in der linken Halbzelle beispielsweise das Redoxpaar Zn/Zn^{2+} ein, so mißt man $E = -0,76$ V. Die Elektronen fließen dabei wie im DANIELL-Element von der Zn-Elektrode ab, und entsprechend der Gesamtreaktion

$$Zn + 2\,H^+ \;\longrightarrow\; Zn^{2+} + H_2$$

werden auf der Seite der Wasserstoffelektrode Protonen zu Wasserstoff reduziert. Setzt man aber das Redoxpaar Cu/Cu^{2+} ein, so fließen Elektronen in der umgekehrten Richtung zur Cu-Elektrode. Entsprechend der Reaktion

$$Cu^{2+} + H_2 \;\longrightarrow\; Cu + 2\,H^+$$

werden Cu^{2+}-Ionen zu elementarem Kupfer reduziert, und auf der Seite der Wasserstoffelektrode wird Wasserstoffgas zu Wasserstoff-Ionen oxidiert. Man mißt $E = +0,35$ V.

Die praktische Durchführung solcher Messungen ist allerdings nicht einfach. Spezielle Sorgfalt erfordert die Konstruktion der Wasserstoffelektrode. Diese besteht aus einem Platinblech, das mit einer dünnen Schicht von elektrolytisch abgeschiedenem Platin überzogen ist. Das fein verteilte Platin kann große Mengen Wasserstoffgas absorbieren, so daß sich das Blech, wenn

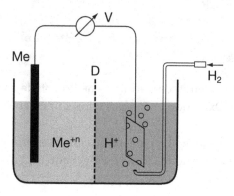

Figur 5.2. Galvanisches Element mit einer Wasserstoffelektrode

man H_2-Gas über seine Oberfläche leitet (Figur 5.2), wie eine aus elementarem Wasserstoff bestehende Elektrode verhält.

Für die Messungen sind ferner folgende Bedingungen einzuhalten: Der H_2-Druck über der Lösung muß 101,325 kPa (1 atm) betragen. In der Lösung, welche die Wasserstoffelektrode umgibt, muß die Konzentration (genauer die Aktivität, vgl. Kapitel 3.2.1) der H^+-Ionen genau 1 M sein. Die Konzentration (Aktivität) der Metallionen in der Lösung der anderen Halbzelle, in die das entsprechende Metall als Elektrode eintaucht, soll ebenfalls 1 M sein. Die Versuchstemperatur soll außerdem 25 °C betragen. Die unter Einhaltung sämtlicher Bedingungen mit dieser Anordnung gemessenen Potentialwerte werden als Normalpotentiale $E°$ bezeichnet.

Die Normalpotentiale derjenigen Redoxpaare, die wie die unedlen Metalle Protonen zu reduzieren vermögen, erhalten ein negatives, die anderen ein positives Vorzeichen. Diese Festlegung entspricht den physikalischen Tatsachen, indem in einem galvanischen Element mit einer Wasserstoffelektrode die unedlen Metalle zur Anode, die edlen Metalle hingegen zur Kathode werden.

Ordnet man die Metalle nach steigendem Normalpotential, so erhält man zunächst die bereits erwähnte Spannungsreihe (vgl. Kapitel 5.3.1). Das Normalpotential ist ein Maß für die Tendenz eines Atoms, unter Elektronenabgabe in Ionen überzugehen. Diese ist bei den unedlen Metallen am größten und entspricht der geringen Ionisierungsenergie dieser Elemente. Je edler jedoch ein Metall ist, um so schwächer wird die Tendenz zur Elektronenabgabe; der Wert des Normalpotentials steigt an.

Die Reihe der Metalle läßt sich durch weitere Redoxpaare mit Nichtmetallen und metallhaltigen Anionen, mit den entsprechenden Halbreaktionen, ergänzen. Bei der in Tabelle 5.1 gegebenen Auswahl wurden vor allem die in der analytischen Chemie wichtigen Redoxpaare berücksichtigt.

Tabelle 5.1. Ausgewählte Normalpotentiale E° in wäßriger Lösung bei 25 °C. Redoxpaare sind mit den zugehörigen Oxidationszahlen und Halbreaktionen nach steigenden Normalpotentialen geordnet. Die Halbreaktionen werden nach Übereinkunft so formuliert, daß links die oxidierte Form und die nötige Anzahl Elektronen, rechts die reduzierte Form steht. Weitere Daten finden sich im Anhang (Tabelle 8.1.5).

Redoxpaar	Halbreaktion	E° (V)
H(+1)-H(0)	$2\,H_2O + 2\,e^- \rightleftharpoons H_2 + 2\,OH^-$	−0,83
Zn(+2)-Zn(0)	$Zn^{2+} + 2\,e^- \rightleftharpoons Zn$	−0,76
Fe(+2)-Fe(0)	$Fe^{2+} + 2\,e^- \rightleftharpoons Fe$	−0,45
Sn(+2)-Sn(0)	$Sn^{2+} + 2\,e^- \rightleftharpoons Sn$	−0,14
H(+1)-H(0)	$2\,H^+ + 2\,e^- \rightleftharpoons H_2$	0,000
S(+6)-S(+4)	$SO_4^{2-} + 4\,H_3O^+ + 2\,e^- \rightleftharpoons H_2SO_3 + 5\,H_2O$	0,17
Cu(+2)-Cu(0)	$Cu^{2+} + 2\,e^- \rightleftharpoons Cu$	0,35
Mn(+7)-Mn(+4)	$MnO_4^- + 2\,H_2O + 3\,e^- \rightleftharpoons MnO_2 + 4\,OH^-$	0,60
Ag(+1)-Ag(0)	$Ag^+ + e^- \rightleftharpoons Ag$	0,80
N(+5)-N(+2)	$NO_3^- + 4\,H_3O^+ + 3\,e^- \rightleftharpoons NO + 6\,H_2O$	0,96
Cr(+6)-Cr(+3)	$Cr_2O_7^{2-} + 14\,H_3O^+ + 6\,e^- \rightleftharpoons 2\,Cr^{3+} + 21\,H_2O$	1,23
Mn(+7)-Mn(+2)	$MnO_4^- + 8\,H_3O^+ + 5\,e^- \rightleftharpoons Mn^{2+} + 12\,H_2O$	1,51

Nachdem die Normalpotentiale der Redoxpaare bestimmt sind, ist es einfach, für beliebige galvanische Elemente das zu erwartende Potential anzugeben. Dieses setzt sich aus den Einzelpotentialen zusammen und wird als Differenz $E_1^\circ - E_2^\circ$ gefunden. Figur 5.3 zeigt die graphische Lösung dieser Aufgabe. Für das schon behandelte DANIELL-Element (Zn/Zn^{2+} und Cu/Cu^{2+}) ergibt sich aus den Einzelpotentialen $E_{Zn}^\circ = -0,76$ V und $E_{Cu}^\circ = 0,35$ V die Differenz

$$E_{Cu}^\circ - E_{Zn}^\circ = 0,35\text{ V} - (-0,76\text{ V}) = 1,11\text{ V}$$

und damit der für das Element tatsächlich gemessene Wert.

Kennt man außerdem das Normalpotential für das Redoxpaar Ag(0)-Ag(+1) (0,80 V), erhält man für die galvanischen Elemente Ag^+/Zn bzw.

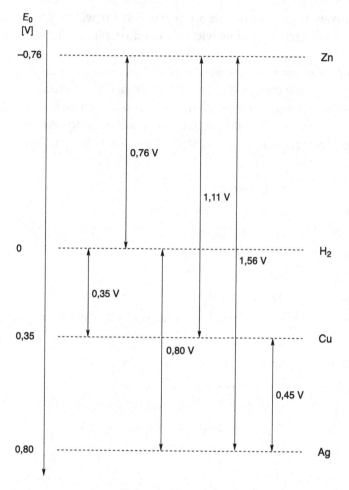

Figur 5.3. Potentialdifferenzen. *Das in einem galvanischen Element gemessene Potential entspricht der Differenz zweier Normalpotentiale.*

Ag^+/Cu die Potentialdifferenzen

$$E^\circ_{Ag} - E^\circ_{Zn} = 0{,}80 \text{ V} - (-0{,}76 \text{ V}) = 1{,}56 \text{ V}$$

$$E^\circ_{Ag} - E^\circ_{Cu} = 0{,}80 \text{ V} - (-0{,}35 \text{ V}) = 0{,}45 \text{ V}$$

Bei der Verwendung der galvanischen Elemente interessiert man sich in erster Linie für den Betrag der Spannung, die ein Element liefern kann. Das Vorzeichen ist lediglich für die Richtung maßgebend, in der die Elektronen fließen. Deshalb wird die elektromotorische Kraft eines Elements oft ohne Vorzeichen angegeben. Es ist dann gleichgültig, ob man die Potentialdifferenz als $E_1^\circ - E_2^\circ$ oder $E_2^\circ - E_1^\circ$ bildet. Dem Betrag der elektromotorischen Kraft eines galvanischen Elements entspricht in Figur 5.3 der Abstand der Potentiallinien der beiden zugehörigen Redoxpaare.

5.3.4 Kompliziertere Redoxgleichungen, pH-abhängige Redoxreaktionen

Tabelle 5.1 enthält sowohl Reaktionen, bei denen Wasser lediglich die Rolle eines Lösungsmittels spielt, als auch solche, bei denen Wassermoleküle darüber hinaus als Reaktionspartner auftreten. In den letzteren Fällen enthalten die Gleichungen der Halbreaktionen entweder auf der Seite der Edukte H_3O^+-Ionen oder auf der Seite der Produkte OH^--Ionen. Es erstaunt deshalb nicht, daß der Verlauf dieser Reaktionen vom pH-Wert der verwendeten Lösungen abhängig ist.

Bei der Reduktion von Anionen wie MnO_4^-, CrO_4^{2-} oder NO_3^- werden formal O^{2-}-Ionen frei, die in wäßriger Lösung nicht beständig sind. Sie verbinden sich in saurer Lösung sofort mit H_3O^+-Ionen zu Wasser, in alkalischen Lösungen mit H_2O-Molekülen zu OH^--Ionen. Der Verlauf derartiger Reaktionen hängt also davon ab, ob die Lösung sauer oder alkalisch ist.

Die Aufstellung der etwas komplizierteren Redox-Halbreaktionen für solche Systeme gelingt leicht, wenn man die folgenden Regeln beachtet (am Beispiel der Reduktion von MnO_4^- zu Mn^{2+} in saurer Lösung, vgl. Tabelle 5.1):

- Es ist zunächst notwendig, die Oxidationszahl des betreffenden Elements am Anfang und am Ende der Reaktion zu kennen (Mn(+7) wird zu Mn(+2) reduziert).
- Aus der Änderung der Oxidationszahl folgt die Zahl der für die Reaktion notwendigen Elektronen (hier 5, da die Oxidationszahl um 5 Einheiten sinkt).
- Werden bei der Reaktion formal m O^{2-}-Ionen frei, so sind $2m$ H_3O^+-Ionen zuzuführen, damit sich Wasser bilden kann (im Beispiel ist $m = 4$, daher sind 8 H_3O^+-Ionen nötig).

Die Reduktion von Mn(+7) zu Mn(+2) läßt sich somit nur in saurer Lösung durchführen.

In alkalischer Lösung nimmt die Reaktion einen andern Verlauf, indem je formal freiwerdendes O^{2-}-Ion mit einem Wassermolekül zwei OH^-

Ionen freigesetzt werden. Zudem führt hier die Reduktionsreaktion nur bis zur Oxidationsstufe Mn(+4); es entsteht der schwerlösliche Braunstein MnO_2 (Tabelle 5.1).

Zur Aufstellung der Redoxgleichungen für Reaktionen unter alkalischen Bedingungen befolge man zunächst die beiden ersten der oben beschriebenen Regeln. Um dann die freigesetzten m O^{2-}-Ionen zu $2m$ OH^--Ionen reagieren zu lassen, müssen in diesem Fall auf der Seite der Edukte m H_2O Moleküle eingesetzt werden.

5.4 Anwendungen

5.4.1 Voraussagen über den Verlauf von Redoxreaktionen

Die Kenntnis der Normalpotentiale erlaubt es vorauszusagen, ob eine Redoxreaktion spontan ablaufen wird. Was geschieht beispielsweise, wenn man Eisen in eine wäßrige Lösung von Zinnchlorid $SnCl_2$ gibt? In welcher Richtung verläuft die Reaktion

$$Fe + Sn^{2+} \rightleftarrows Fe^{2+} + Sn$$

spontan? Aus Tabelle 5.1 können die zugehörigen Normalpotentiale entnommen werden:

$$Fe^{2+} + 2\,e^- \rightleftarrows Fe \qquad E^\circ = -0{,}45\ V$$

$$Sn^{2+} + 2\,e^- \rightleftarrows Sn \qquad E^\circ = -0{,}14\ V$$

Daraus geht hervor, daß Zinn edler ist als Eisen (höherer E°-Wert). Im System mit dem höheren Normalpotential (hier Sn/Sn^{2+}) besteht immer eine Tendenz zur Elektronenaufnahme, die entsprechende Halbreaktion wird also von links nach rechts ablaufen (Reduktionsreaktion). Der Übergang Fe/Fe^{2+} mit dem tieferen E°-Wert wird hingegen von rechts nach links ablaufen, da hier eine Tendenz zur Elektronenabgabe herrscht (Oxidationsreaktion). Im gegebenen Experiment wird also nach der Gesamtreaktion

$$Fe + Sn^{2+} \longrightarrow Fe^{2+} + Sn$$

spontan Zinn ausgeschieden, während das elementare Eisen unter Oxidation zu Fe^{2+}-Ionen in Lösung geht.

Allgemein gilt:

> In einem Redoxsystem verläuft die Halbreaktion mit dem höheren Normalpotential in Richtung der Reduktion, diejenige mit dem tieferen Normalpotential in Richtung der Oxidation. Nach beendeter Reaktion liegt somit vom edleren Redoxpaar die reduzierte, vom unedleren die oxidierte Form vor.

5.4.2   Bestimmung der Koeffizienten in chemischen Reaktionsgleichungen

Voraussetzung für die Aufstellung einer chemischen Reaktionsgleichung ist, daß sämtliche beteiligten Ausgangsstoffe und Endprodukte bekannt sind. Weiß man etwa, daß die Umsetzung von Kaliumdichromat mit Natriumsulfit in saurer Lösung nach

$$K_2Cr_2O_7 + Na_2SO_3 + HCl \longrightarrow CrCl_3 + KCl + Na_2SO_4 + H_2O$$

vor sich geht, so hat man mit dieser Formulierung zwar die Edukte und Produkte der Reaktion beschrieben, doch handelt es sich dabei noch nicht um eine stöchiometrisch korrekte Reaktionsgleichung. Es sind noch die zu den einzelnen Verbindungen gehörenden Koeffizienten zu bestimmen, und zwar so, daß die drei folgenden Bedingungen erfüllt werden:

- Jede an der Reaktion beteiligte Atomsorte muß auf beiden Seiten der Gleichung gleich oft vertreten sein.
- Die beiden Seiten der Gleichung müssen in der Summe der elektrischen Ladungen übereinstimmen.
- Die beiden Seiten der Gleichung müssen in der Summe der Oxidationszahlen übereinstimmen.

Versucht man, diese Bedingungen für das oben angeführte Beispiel lediglich durch Probieren und Kombinieren zu erfüllen, so kann dies recht langwierig sein. Viel rascher und sicherer kommt man zum Ziel, wenn man zur Lösung der Aufgabe ein Redoxsystem verwenden kann. Dazu ist es nötig, zunächst die Oxidationszahlen von sämtlichen an der Reaktion beteiligten Elementen zu bestimmen, um festzustellen, welche Elemente während der Umsetzung ihre Oxidationszahl ändern:

$$\overset{+6}{x \, K_2Cr_2O_7} + \overset{+4}{y \, Na_2SO_3} + z \, HCl \longrightarrow \overset{+3}{t \, CrCl_3} + u \, KCl + \overset{+6}{v \, Na_2SO_4} + w \, H_2O$$

Wir stellen fest, daß Cr(+6) zu Cr(+3) reduziert und S(+4) zu S(+6) oxidiert wird. Die Aufstellung des zugehörigen Redoxsystems erfolgt am besten so, daß die beiden Halbreaktionen gemäß Tabelle 5.1 zunächst getrennt, dann summiert

$$SO_3^{2-} + 3\,H_2O \longrightarrow SO_4^{2-} + 2\,H_3O^+ + 2\,e^- \quad \Big| \cdot 3$$

$$Cr_2O_7^{2-} + 14\,H_3O^+ + 6\,e^- \longrightarrow 2\,Cr^{3+} + 21\,H_2O$$

$$Cr_2O_7^{2-} + 3\,SO_3^{2-} + 14\,H_3O^+ \longrightarrow 2\,Cr^{3+} + 3\,SO_4^{2-} + 6\,H_3O^+$$
$$+ 9\,H_2O + 6\,e^- \qquad\qquad + 21\,H_2O + 6\,e^-$$

oder geordnet und zusammengefaßt als

$$Cr_2O_7^{2-} + 3\,SO_3^{2-} + 8\,H_3O^+ \longrightarrow 2\,Cr^{3+} + 3\,SO_4^{2-} + 12\,H_2O$$

formuliert werden.

Aus dieser Gesamtgleichung folgt sofort $x = 1$, $t = 2$, $y = v = 3$, $z = 8$ und $u = 2$, da auf der linken Seite 2 K vorliegen. Nachdem man $H_3O^+Cl^-$ formal als $HCl + H_2O$ schreibt, folgt außerdem $w = 4$, und die vollständige Reaktionsgleichung lautet somit:

$$K_2Cr_2O_7 + 3\,Na_2SO_3 + 8\,HCl \longrightarrow 2\,CrCl_3 + 2\,KCl + 3\,Na_2SO_4 + 4\,H_2O$$

Die Anwendung von Redoxsystemen auf die Aufstellung von chemischen Gleichungen soll noch mit zwei weiteren Beispielen illustriert werden.

In der Reaktion

$$x\ H_3PO_3 \longrightarrow y\ PH_3 + z\ H_3PO_4$$

wird phosphorige Säure beim Erhitzen zu Phosphin und Phosphorsäure umgesetzt. Dabei disproportioniert der Phosphor, indem einerseits der Übergang $P(+3) \rightarrow P(-3)$ (Reduktion), andererseits der Übergang $P(+3) \rightarrow P(+5)$ (Oxidation) erfolgt. Das zugehörige Redoxsystem ist:

$$H_3PO_3 + 3\ H_2O \longrightarrow H_3PO_4 + 2\ H_3O^+ + 2\ e^- \quad\big|\ \cdot 3$$

$$H_3PO_3 + 6\ H_3O^+ + 6\ e^- \longrightarrow PH_3 + 9\ H_2O$$

$$4\ H_3PO_3 \longrightarrow PH_3 + 3\ H_3PO_4$$

Aus der Gesamtgleichung für diese Disproportionierung sind die gesuchten Koeffizienten sogleich zu entnehmen: $x = 4, y = 1, z = 3$.

Es soll die Reaktionsgleichung aufgeschrieben und begründet werden, nach der sich Kupfer in Salpetersäure HNO_3 löst. Es wurde schon erwähnt, daß nur die unedlen Metalle sich in Säuren wie HCl unter H_2-Entwicklung auflösen. Kupfer ist aber edler als Wasserstoff und kann deshalb Protonen nicht zu elementarem Wasserstoff reduzieren. Das in der Salpetersäure enthaltene NO_3^--Ion ist jedoch ein starkes Oxidationsmittel. Der leicht ablaufende Übergang von NO_3^--Ionen in NO-Moleküle verbraucht 3 Elektronen, die dem Kupfer entzogen werden. Durch Summieren der beiden Redoxgleichungen erhält man die gesuchte Reaktionsgleichung:

$$Cu \longrightarrow Cu^{2+} + 2\ e^- \quad\big|\ \cdot 3$$

$$NO_3^- + 4\ H_3O^+ + 3\ e^- \longrightarrow NO + 6\ H_2O \quad\big|\ \cdot 2$$

$$3\ Cu + 2\ NO_3^- + 8\ H_3O^+ \longrightarrow 3\ Cu^{2+} + 2\ NO + 12\ H_2O$$

Um die 8 H_3O^+-Ionen zu erhalten, werden 8 Äquivalente HNO_3 verwendet, wodurch gleichzeitig aus den restlichen NO_3^-- und den Cu^{2+}-Ionen das Salz

Kupfernitrat gebildet wird. So erhält man die vollständige Reaktionsgleichung für die Auflösung von Kupfer in Salpetersäure:

$$3\,Cu\ +\ 8\,HNO_3 \longrightarrow 3\,Cu(NO_3)_2\ +\ 2\,NO\ +\ 4\,H_2O$$

Aus den Redoxgleichungen ist ersichtlich, daß nicht die H^+-Ionen, sondern die als Oxidationsmittel wirkenden NO_3^--Ionen für die Auflösung des Kupfers verantwortlich sind. Man bezeichnet deshalb in dieser Weise wirkende Säuren als oxidierende Säuren.

Aus dem Normalpotential $E° = 0,96$ V für den Übergang NO_3^-/NO folgt, daß in Salpetersäure alle Metalle, deren Normalpotential zwischen 0 und 0,96 V liegt, unter Bildung von NO gelöst werden. Die unedlen Metalle lösen sich auch in verdünnter Salpetersäure unter H_2-Entwicklung.

5.4.3 Batterien und Akkumulatoren

Galvanische Elemente können als Spannungsquellen verwendet werden. Der zwischen den Elektroden fließende Strom kann zum Betreiben eines elektrischen Apparats benutzt werden.

Beim Bleiakkumulator besteht die Anode aus Blei, die Kathode aus PbO_2 und die Elektrolytlösung aus 20–30 %iger wäßriger Schwefelsäure. An den Elektroden laufen die Halbreaktionen

$$Pb\ +\ SO_4^{2-} \longrightarrow PbSO_4\ +\ 2\,e^- \qquad \text{(Anode)}$$

$$PbO_2\ +\ 4\,H_3O^+\ +\ SO_4^{2-}\ +\ 2\,e^- \longrightarrow PbSO_4\ +\ 6\,H_2O \qquad \text{(Kathode)}$$

ab. Das Potential einer solchen Zelle beträgt ca. 2 V. Wenn man nach Gebrauch des Akkumulators einen elektrischen Strom in der umgekehrten Richtung durch die Anordnung schickt, so werden die vorher erfolgten stofflichen Änderungen rückgängig gemacht, da der zugehörige Redoxvorgang in diesem Fall auch rückwärts ablaufen kann. Der Akkumulator wird wieder aufgeladen:

$$2\,PbSO_4 + 4\,H_2O \longrightarrow Pb + PbO_2 + 2\,H_3O^+ + SO_4^{2-}$$

Weite Verbreitung hat die Trockenbatterie (LECLANCHÉ-Element) gefunden. Die Anode besteht hier aus Zinkblech, und die Funktion der Kathode wird von einem Graphitstab, der von einer Paste aus Braunstein (MnO_2), Ammoniumchlorid und Wasser umgeben ist, übernommen.

Die an den Elektroden ablaufenden Halbreaktionen

$$Zn \longrightarrow Zn^{2+} + 2\,e^- \qquad \text{(Anode)}$$

$$2\,MnO_2 + 2\,e^- + 2\,NH_4^+ \longrightarrow Mn_2O_3 + H_2O + 2\,NH_3 \qquad \text{(Kathode)}$$

führen zu einem Zellenpotential von ca. 1,5 V. Diese Anordnung ist allerdings nicht wieder aufladbar, da die bei der Entladung frei werdenden Zn^{2+}-Ionen mit dem ebenfalls frei werdenden Ammoniak stabile Komplexe bildet.

5.4.4 Schmelzelektrolyse von Metallsalzen

Die Schmelzelektrolyse wird dann angewendet, wenn aus einem Metallsalz das reine Metall gewonnen werden soll, besonders wenn dieser Vorgang nicht in einer wäßrigen Lösung durchgeführt werden kann. Da hier bei sehr hohen Temperaturen gearbeitet werden muß, erfordert die Schmelzelektrolyse einen viel größeren apparativen Aufwand als die bei Zimmertemperatur durchführbare Elektrolyse einer wäßrigen Lösung.

Für die Gewinnung von Natrium aus NaCl muß beispielsweise die Schmelzelektrolyse angewendet werden, da eine Abscheidung von metallischem Natrium aus einer wäßrigen Lösung nicht gelingt (vgl. das folgende Kapitel). Zu diesem Zweck werden ein Eisenstab als Anode und ein Graphitstab als Kathode in das geschmolzene Kochsalz eingetaucht und mit dem negativen bzw. positiven Pol einer Stromquelle (Batterie, Gleichstrom) verbunden. Wenn der Stromkreis wie in Figur 1.5 (Kapitel 1.4.4) geschlossen wird, entsteht im Graphitstab ein Elektronendefizit, während im Eisenstab ein Elektronenüberschuß auftritt. Die Kationen Na^+ wandern nun zur negativ geladenen Kathode, die Anionen Cl^- zur positiv geladenen Anode. An der Kathode entsteht elementares Natrium und an der Anode Chlorgas gemäß

$$Na^+ + e^- \longrightarrow Na \qquad \Big|\; \cdot 2$$

$$2\, Cl^- \longrightarrow Cl_2 + 2\, e^-$$

$$2\, Na^+ + 2\, Cl^- \longrightarrow 2\, Na + Cl_2$$

Technisch bedeutend ist in diesem Zusammenhang insbesondere die Gewinnung von elementarem Aluminium, das zwar das häufigste Metall in der Erdkruste ist, dort aber nur in Form aluminiumhaltiger Mineralien vorkommt. Die Produktion gelingt durch Elektrolyse der Schmelze eines Gemischs von Al_2O_3, das in Bauxit enthalten ist, und Na_3AlF_6 bei über 900 °C und einer Spannung um 6 V. Als Kathode und Anode dienen dabei Elektroden aus Kohlenstoff.

5.4.5   Die Elektrolyse wäßriger Salzlösungen

Der Verlauf solcher Elektrolysen entspricht zunächst grundsätzlich dem von Schmelzelektrolysen. Da das Wasser eine hohe Dielektrizitätskonstante aufweist, sind die elektrostatischen Anziehungskräfte zwischen den Elektroden und den Ionen in der Lösung sehr gering. Die Ionen gelangen vor allem durch Diffusion zu den Elektroden, wobei Anionen nur an der Anode, Kationen nur an der Kathode entladen werden können. Bei der Betrachtung der Vorgänge an den Elektroden muß hier immer untersucht werden, ob die Anwesenheit des Lösungsmittels Wasser den Verlauf der Elektrolyse beeinflußt.

Im Falle der Elektrolyse einer (konzentrierten) wäßrigen Kochsalzlösung können beispielsweise die Cl^--Ionen an der Anode je ein Elektron abgeben und dadurch in Cl_2-Moleküle übergehen. Dieser Vorgang entspricht dem auch während der Schmelzelektrolyse von NaCl an der Anode ablaufenden Prozeß.

An der Kathode werden aber nicht Na^+-Ionen zu metallischem Natrium reduziert. Da Wasserstoff ein stärker positives Normalpotential besitzt als Natrium (Tabelle 5.1), entsteht stattdessen Wasserstoffgas, entsprechend der Halbreaktion:

$$2\,H_2O + 2\,e^- \longrightarrow H_2 + 2\,OH^-$$

Der Verlauf der Elektrolyse einer wäßrigen Kochsalzlösung wird also durch die Gleichung

$$2\,NaCl + 2\,H_2O \longrightarrow 2\,NaOH + H_2 + Cl_2$$

wiedergegeben. Zur erfolgreichen Durchführung dieser Reaktion muß man darauf achten, daß sich die an den Elektroden gebildeten Reaktionsprodukte nicht vermischen können. Es würde sonst die Reaktion

$$2\,NaOH + Cl_2 \longrightarrow NaOCl + NaCl + H_2O$$

eintreten. Die Elektrolyse würde unter gleichzeitiger Bildung von Natriumhypochlorit (NaOCl) rückgängig gemacht. Man verhindert diese Nebenreaktion, indem man in das Elektrolysiergefäß ein Diaphragma einführt und damit den Kontakt von OH^--Ionen mit dem im Wasser gelösten Chlorgas verhindert, ohne daß der Stromkreis unterbrochen wird.

Daß an einer Elektrode anstelle der Entladung der Ionen des gelösten Elektrolyten eine Abscheidung von Wasserstoff oder Sauerstoff aus dem Wasser eintritt, ist eine sehr häufige Erscheinung. Welche der jeweils denkbaren Halbreaktionen eintritt, hängt unter anderem von den zugehörigen Normalpotentialen ab.

Zur Illustration soll hier noch die elektrolytische Zerlegung von Wasser in die Elemente kurz beschrieben werden. Sie gelingt mit reinem Wasser nicht, da dieses praktisch keine Ionen enthält. Es müssen also Ladungsträger zugesetzt werden, z. B. etwas Schwefelsäure H_2SO_4, die in wäßriger Lösung in H_3O^+- und SO_4^{2-}-Ionen zerfällt. Diese Lösung leitet nun den Strom und kann elektrolysiert werden:

An der Kathode werden die H_3O^+-Ionen entladen:

$$2\,H_3O^+ + 2\,e^- \longrightarrow H_2 + 2\,H_2O$$

An der Anode werden nicht SO_4^{2-}-Ionen oxidiert, sondern Wassermoleküle:

$$6\,H_2O \longrightarrow O_2 + 4\,H_3O^+ + 4\,e^-$$

Insgesamt wird also Wasser in H_2 und O_2 zerlegt, und die Schwefelsäure bleibt unverändert (die bei der Anodenreaktion anfallenden H_3O^+-Ionen ersetzen fortlaufend die an der Kathode entladenen H_3O^+-Ionen).

5.5 Übungen

5.1 Berechnen Sie die Oxidationszahlen von a) Chlor in $HClO_2$, b) Chrom in $K_2Cr_2O_7$, c) Kohlenstoff in CO_2 und d) in Methanol (CH_3OH), e) Phosphor in $P_2O_7^{4-}$.

5.2 Was geschieht, wenn man Silber mit Kupfersulfatlösung in Berührung bringt? Die fragliche Reaktion ist

$$2\,Ag + Cu^{2+} \rightleftharpoons 2\,Ag^+ + Cu$$

5.3 Kann man mit elementarem Brom Sn^{2+} zu Sn^{4+} oxidieren?

5.4 Bestimmen Sie die Oxidationszahlen der kursiv hervorgehobenen Elemente in den folgenden Verbindungen:
a) Na_2SO_3 b) NH_3 c) K_2CrO_4 d) $Na_2B_4O_7$
e) $NaClO_4$ f) N_2O g) HNO_3 h) S_8
i) FeF_3 k) $KOBr$ l) $K_2S_2O_7$ m) $KMnO_4$

5.5 Berechnen Sie die elektromotorische Kraft (Spannung) für die folgenden galvanischen Elemente:
a) $Zn/Zn^{2+} - Pb/Pb^{2+}$ b) $Fe/Fe^{2+} - Sn/Sn^{2+}$
c) $Cu/Cu^{2+} - Ag/Ag^+$ d) $Zn/Zn^{2+} - Hg/Hg^{2+}$

5.6 Was geschieht, wenn man die folgenden Reagenzien zusammenbringt:
a) Zink und eine Lösung von Bleinitrat $Pb(NO_3)_2$;
b) Kupfer und eine Lösung von Zinnchlorid $SnCl_2$;
c) Eisen und eine Lösung von Kupfersulfat $CuSO_4$;
d) Zink und eine Lösung von Quecksilberchlorid $HgCl_2$;

e) Silber und eine Lösung von Eisen(II)-sulfat $FeSO_4$?

Begründen Sie die Antworten mit Hilfe von Redoxgleichungen und der $E°$-Werte.

5.7 Welche der Metalle Na, Ag, Ca, Fe, Au, Hg, Zn, Pb lösen sich in Salzsäure, welche in Salpetersäure? Begründung?

5.8 Für die folgenden Reaktionsgleichungen sind mit Hilfe eines Redoxsystems die Koeffizienten zu bestimmen:

a) $x\ K_2Cr_2O_7 + y\ KI + z\ H_2SO_4 \rightarrow t\ Cr_2(SO_4)_3 + u\ I_2 + v\ K_2SO_4 + w\ H_2O$

b) $m\ KMnO_4 + n\ HNO_2 + o\ H_2SO_4 \rightarrow p\ MnSO_4 + q\ K_2SO_4 + r\ HNO_3 + s\ H_2O$

c) $k\ NH_2OH \rightarrow l\ NH_3 + m\ N_2O + n\ H_2O$

d) $q\ FeO + r\ Al \rightarrow s\ Fe + t\ Al_2O_3$

e) $x\ KIO_3 \rightarrow y\ KI + z\ O_2$

f) $q\ I_2 + r\ HOCl + s\ H_2O \rightarrow t\ HIO_3 + u\ HCl$

g) $m\ FeCl_3 + n\ H_2SO_3 + o\ H_2O \rightarrow p\ FeCl_2 + q\ H_2SO_4 + r\ HCl$

h) $t\ SnCl_2 + u\ HgCl_2 \rightarrow v\ SnCl_4 + w\ Hg$

i) $x\ KClO_3 \rightarrow y\ KClO_4 + z\ KCl$

6. Radioaktivität und Kernreaktionen

6.1 Die radioaktive Strahlung

Radioaktive Elemente weisen instabile Atomkerne auf. Diese gehen durch Emission von Strahlung in stabile Kerne über. Von natürlichen radioaktiven Stoffen, z. B. von einem Uranerz oder von reinem Radium, können drei verschiedene Arten von Strahlungen ausgehen, zwei korpuskulare und eine elektromagnetische (vgl. auch Kapitel 1.4.6):

α-Strahlung besteht aus Heliumkernen ($^{4}_{2}$He; α-Teilchen), also aus je zwei Protonen und Neutronen. Diese Teilchen werden praktisch nur von schweren Kernen mit einer Massenzahl größer als 200 emittiert.

β^{-}-Strahlung, früher einfach β-Strahlung genannt, besteht aus Elektronen. Diese Elektronen stammen aus dem Atomkern, wo sie nach

$$^{1}_{0}n \longrightarrow {}^{1}_{1}p + {}^{0}_{-1}e$$

| Neutron | Proton | Elektron |

aus Neutronen unter gleichzeitiger Bildung von Protonen entstehen. Die β^{-}-Strahlung tritt sowohl beim Zerfall von schweren radioaktiven Kernen als auch beim Zerfall von natürlichen radioaktiven Nukliden leichter Elemente (z. B. $^{40}_{19}$K, $^{87}_{37}$Rb) auf. Sie verändert zwar das Verhältnis von Protonen- und Neutronenzahl im Kern (aus einem Neutron wird ein Proton), nicht aber die Massenzahl des Kerns.

Bei der γ-Strahlung handelt es sich im Gegensatz zu den beiden eben genannten korpuskularen Strahlungen um elektromagnetische Wellen. Der sehr geringen Wellenlänge dieser Strahlung (ca. 10^{-12} m) entspricht eine hohe Energie und Durchdringungsfähigkeit. Die γ-Strahlung wird auch als harte Röntgenstrahlung bezeichnet. Sie tritt als Begleiterscheinung von α- und vor allem von β^--Strahlung, in manchen Fällen auch bei der Stabilisierung von angeregten Kernen auf und hat keine Änderung der Kernzusammensetzung zur Folge.

Die drei genannten Strahlensorten können durch ihre Wechselwirkung mit einem Magnetfeld unterschieden werden (Kapitel 1.4.6, Figur 1.6). Fortpflanzungsgeschwindigkeit, Reichweite und Durchdringungsfähigkeit der Strahlungen nehmen in der Reihenfolge α, β^-, γ stark zu.

6.2 Die Verschiebungsgesetze

Die Verschiebungsgesetze beschreiben, wie sich die Massenzahl m (Summe der Protonen- und Neutronenzahl) und die Ordnungszahl z (Protonenzahl; vgl. Kapitel 1.4.7) bei der Emission von α- bzw. β^--Strahlung verändern.

Bei α-Strahlung (Emission eines Heliumkerns) nimmt die Massenzahl um vier, die Ordnungszahl um zwei Einheiten ab:

$$\,^m_z A \longrightarrow \,^{m-4}_{z-2} B \quad + \quad \,^4_2 He$$

Die Abgabe von α-Strahlung hat, wie man sieht, eine Elementumwandlung zur Folge. Beim α-Zerfall von $\,^{238}_{92} U$ entsteht beispielsweise ein Nuklid des Thoriums, das im Periodensystem zwei Stellen links vom Ausgangselement Uran steht:

$$\,^{238}_{92} U \longrightarrow \,^{234}_{90} Th \quad + \quad \,^4_2 He$$

Bei β^--Strahlung (Emission eines Elektrons) bleibt die Massenzahl unverändert, die Ordnungszahl steigt hingegen um eine Einheit. Dies entspricht der Tatsache, daß das emittierte Elektron im Kern durch die Umwandlung eines Neutrons in ein Proton entstanden ist:

$$\,^m_z A \longrightarrow \,^m_{z+1} B \quad + \quad \,^0_{-1} e$$

Beim β^--Zerfall von $\,^{40}_{19} K$ entsteht also ein Nuklid des Calciums, das im Periodensystem rechts neben dem Ausgangselement Kalium steht:

$$^{40}_{19}\text{K} \longrightarrow ^{40}_{20}\text{Ca} + ^{0}_{-1}\text{e}$$

6.3 Zerfallsgesetz und Halbwertszeit

Der Zerfall von radioaktiven Elementen verläuft unabhängig von äußeren Einflüssen und wird lediglich durch die Stabilität der betreffenden Atomkerne bestimmt. Die Anzahl Kerne, die pro Zeiteinheit zerfallen, ist somit nur von der Anzahl der insgesamt vorhandenen Kerne abhängig. Sind beispielsweise zu einer bestimmten Zeit n Kerne vorhanden, so ist die Anzahl Kerne, die pro Zeiteinheit zerfallen (dn/dt), der Zahl n proportional:

$$-\frac{dn}{dt} = kn_0$$

Man nennt eine derartige Gleichung ein Geschwindigkeitsgesetz erster Ordnung, da die Reaktionsgeschwindigkeit, im vorliegenden Fall die Zerfallsrate, von der ersten Potenz einer einzelnen Größe (n) abhängt (vgl. Kapitel 3.3). Der Proportionalitätsfaktor k ist die Geschwindigkeitskonstante. Integriert man diese Gleichung, so erhält man das Zerfallsgesetz, das die Anzahl n der zu einer bestimmten Zeit t noch vorhandenen Kerne mit der zur Zeit $t = 0$ ursprünglich vorhandenen Zahl (n_0) in Beziehung setzt:

$$n = n_0\, e^{-kt}$$

Bei einer genauen Analyse dieser Gleichung stellt man fest, daß die Halbwertszeit $t_{1/2}$, die eine beliebige Menge n_0 eines radioaktiven Elements benötigt, um bis auf die Hälfte dieser Menge $n_0/2$ zu zerfallen, von der Menge n_0 unabhängig ist. Dazu bilden wir zunächst das Zerfallsgesetz

$$\frac{n_0}{2} = n_0\, e^{-kt_{1/2}}$$

durch Einsetzen der erwähnten Größen und stellen fest, daß diese Gleichung die Halbwertszeit $t_{1/2}$ mit der Geschwindigkeitskonstanten k gemäß

$$2 = e^{kt_{1/2}} \qquad \text{oder} \qquad t_{1/2} = \frac{\ln 2}{k} = \frac{0{,}693}{k}$$

unabhängig von n_0 verknüpft. Um das Zerfallsgesetz für ein bestimmtes radioaktives Nuklid aufzuschreiben, genügt also die Angabe einer der beiden Größen, $t_{1/2}$ oder k. Es besteht die Übereinkunft, als sehr anschauliche Größe die Halbwertszeit anzugeben, also die Zeit, die verstreicht, bis von einer vorgelegten Menge eines radioaktiven Nuklids die Hälfte zerfallen ist.

Von einer bestimmten Menge, z. B. 100 g, radioaktivem Phosphor $^{32}_{15}P$ mit der Halbwertszeit $t_{1/2}$ = 14,3 Tage werden also nach Ablauf von 14,3 Tagen noch 50 g, nach 28,6 Tagen noch 25 g, nach 42,9 Tagen noch 12,5 g, usw., vorhanden sein.

Die Halbwertszeiten für radioaktive Zerfallsreaktionen erstrecken sich über einen außerordentlich großen Bereich. Für den bereits erwähnten α-Zerfall von $^{238}_{92}U$ gilt beispielsweise eine Halbwertszeit von 4,46 Milliarden Jahren, für den α-Zerfall von $^{214}_{84}Po$ jedoch eine solche von nur $1{,}64 \cdot 10^{-4}$ s.

6.4 Zerfallsreihen

Die meisten Elemente kommen in der Natur als Isotopengemische ohne Anteile von radioaktiven Nukliden vor. Bei immerhin mindestens 17 Elementen findet man hingegen radioaktive Nuklide als Bestandteile des natürlich vorkommenden Isotopengemischs. Die Halbwertszeiten dieser Nuklide sind durchwegs hoch (5715 Jahre bei $^{14}_{6}C$) bis sehr hoch ($1{,}26 \cdot 10^9$ Jahre bei $^{40}_{19}K$ und $2{,}5 \cdot 10^{21}$ Jahre bei $^{130}_{52}Te$).

Die Anteile der radioaktiven Nuklide in den Gemischen, die natürlichen Häufigkeiten, erstrecken sich von nur schwer nachweisbaren Spuren (etwa 0,012 % bei $^{40}_{19}K$, deutlich weniger bei $^{14}_{6}C$; vgl. dazu Kapitel 6.8) über mittlere Werte (1,58 % bei $^{186}_{76}Os$, 27,8 % bei $^{87}_{37}Rb$) bis zu hohen Werten (100 % bei $^{232}_{90}Th$). Die meisten radioaktiven Nuklide der leichteren Elemente zerfallen unter Abgabe von β^--Strahlung.

Bei Nukliden mit sehr hoher Ordnungs- und Massenzahl erfolgen meist mehrere Zerfallsreaktionen mit α- oder β^--Strahlung hintereinander. Dabei werden nacheinander Nuklide verschiedener Elemente gebildet, die alle radioaktiv sind und zusammen eine Zerfallsreihe bilden. Am Ende jeder Zerfallsreihe steht ein stabiles Nuklid.

Es sind insgesamt vier Zerfallsreihen bekannt, drei natürliche und eine künstliche (Tabelle 6.1 und Figur 6.1). Bei den stabilen Endprodukten der drei natürlichen Zerfallsreihen handelt es sich um drei verschiedene Blei-Isotope. Das erklärt die im Kapitel 1.4.5 erwähnte Beobachtung, daß die mittlere Atommasse von Blei von der Art des untersuchten Erzes abhängt. Die An-

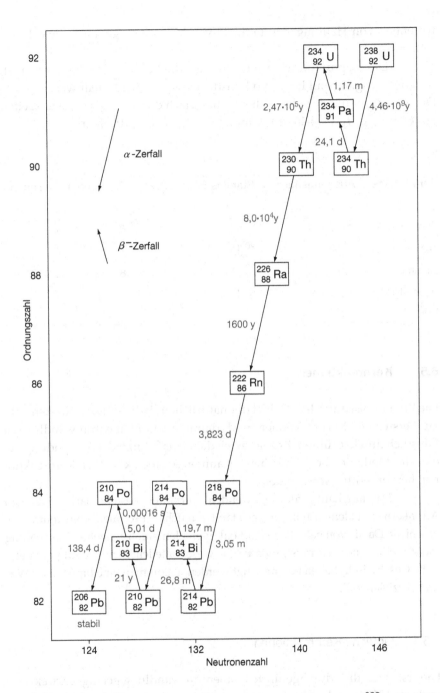

Figur 6.1. Hauptzweig der natürlichen Zerfallsreihe des Urannuklids $^{238}_{92}U$. Die Halbwertszeiten der einzelnen Zerfallsschritte sind in Jahren (y), Tagen (d), Minuten (m)
oder Sekunden (s) angegeben.

189

wesenheit von Heliumgas in radioaktiven Mineralien geht auf die α-Emission zurück.

Die Neptuniumreihe wird als künstliche Zerfallsreihe bezeichnet, weil das Ausgangsnuklid $^{237}_{93}\text{Np}$ künstlich aus $^{238}_{92}\text{U}$ hergestellt werden muß. Die Ausgangsnuklide jeder Reihe zeichnen sich durch hohe Halbwertszeiten aus (z. B. $^{238}_{92}\text{U}$: $t_{1/2} = 4{,}46 \cdot 10^9$ Jahre, $^{232}_{90}\text{Th}$: $t_{1/2} = 1{,}4 \cdot 10^{10}$ Jahre).

Tabelle 6.1. Radioaktive Zerfallsreihen.

Zerfallsreihe	Ausgangsnuklid	Stabiles Endprodukt	Abgegebene Teilchen	
			α	β
Thoriumreihe	$^{232}_{90}\text{Th}$	$^{208}_{82}\text{Pb}$	6	4
Neptuniumreihe	$^{237}_{93}\text{Np}$	$^{209}_{83}\text{Bi}$	7	4
Uranreihe	$^{238}_{92}\text{U}$	$^{206}_{82}\text{Pb}$	8	6
Actino-Uran-Reihe	$^{235}_{92}\text{U}$	$^{207}_{82}\text{Pb}$	7	4

6.5 Kernreaktionen

Die Erkenntnisse auf dem Gebiet der natürlichen Radioaktivität führten bald zu Versuchen, Kernreaktionen und damit auch Elementumwandlungen künstlich durchzuführen. Es zeigte sich dabei, daß durch die Anwendung geeigneter Methoden bei sämtlichen bekannten Atomen künstlich Kernreaktionen hervorgerufen werden können.

Das am häufigsten angewendete Verfahren besteht darin, daß man Atomkerne mit kleinen Teilchen, meist mit α-Teilchen, Protonen oder Neutronen, beschießt. Da die von natürlichen radioaktiven Elementen ausgehende Strahlung meist viel zu energiearm ist, müssen die Geschoßteilchen zuerst auf genügend hohe Geschwindigkeiten beschleunigt werden, wenn man eine brauchbare Wirkung erzielen will.

6.5.1 Einfache Kernreaktionen

Die erste künstlich durchgeführte Elementumwandlung gelang RUTHERFORD im Jahre 1919 beim Beschuß von gewöhnlichem Stickstoff, der zu 99,63 % aus $^{14}_{7}\text{N}$-Nukliden besteht, mit α-Teilchen:

$$^{14}_{7}\text{N} \quad + \quad ^{4}_{2}\text{He} \quad \longrightarrow \quad ^{17}_{8}\text{O} \quad + \quad ^{1}_{1}\text{p}$$

Damit war im wesentlichen ein Ziel erreicht, das schon den Alchemisten des 17. Jahrhunderts vorschwebte. Ihr Traum war es, Elemente ineinander umwandeln zu können, insbesondere verschiedene unedle Rohstoffe in Gold zu überführen.

Einfache Kernreaktionen sind nach der Pionierarbeit RUTHERFORDS in großer Zahl durchgeführt worden; sie beruhen alle auf dem Prinzip der eben gezeigten Reaktion. Der Beschuß des Berylliumnuklids $^{9}_{4}\text{Be}$ mit He-Kernen führte beispielsweise im Jahre 1932 zur Entdeckung des Neutrons durch CHADWICK (vgl. Kapitel 1.4.7):

$$^{9}_{4}\text{Be} \quad + \quad ^{4}_{2}\text{He} \quad \longrightarrow \quad ^{12}_{6}\text{C} \quad + \quad ^{1}_{0}\text{n}$$

In jedem Fall bewirkt der Beschuß mit energiereichen kleinen Teilchen Veränderungen im Kern. Trifft ein Geschoßteilchen auf einen Kern auf, so wird es von diesem zunächst aufgenommen. Damit kann die Reaktion, wie im Beispiel der RUTHERFORD'schen Elementumwandlung, bereits beendet sein. Gelegentlich, wie im CHADWICK'schen Experiment, kommt es jedoch zu einer Emission von anderen Kernbausteinen.

Eine einfache Kernreaktion, die bei der Energiererzeugung in der Sonne eine Rolle spielt, ist die Verschmelzung von Deuterium ($^{2}_{1}\text{H}$) mit Tritium ($^{3}_{1}\text{H}$) zu Helium ($^{4}_{2}\text{He}$):

$$^{2}_{1}\text{H} \quad + \quad ^{3}_{1}\text{H} \quad \longrightarrow \quad ^{4}_{2}\text{He} \quad + \quad ^{1}_{0}\text{n}$$

Atommasse (Da):	2,014102	3,016049	4,002603	1,008665

Die Summe der Massen der Produkte dieser Kernfusion (5,011268 Da) ist kleiner als jene der Edukte (5,030151 Da). Die Massendifferenz (0,018883 Da bzw. $3,1356 \cdot 10^{-29}$ kg) entspricht nach dem von EINSTEIN 1905 entdeckten Prinzip der Äquivalenz von Masse und Energie

$$E = m \, c^2$$

(E = Energie, m = Masse, c = Lichtgeschwindigkeit) genau der bei der Fusion freigesetzten Energie:

$$E = 3{,}1356 \cdot 10^{-29} \text{ kg} \cdot (299792000 \text{ m s}^{-1})^2 = 2{,}8181 \cdot 10^{-12} \text{ J}$$

Bei der Bildung eines Mols $_2^4$He durch die obige Kernfusion wird also eine Masse von lediglich 18,883 mg in die gewaltige Energiemenge von $1{,}6971 \cdot 10^{12}$ J umgewandelt.

6.5.2 Künstliche radioaktive Nuklide

Oft kommt es vor, daß das Endprodukt einer Kernreaktion radioaktiv ist. Die erste Herstellung eines künstlichen radioaktiven Nuklids wurde von IRÈNE CURIE (1897–1956) und FRÉDÉRIC JOLIOT (1900–1958) im Jahre 1934 durchgeführt:

$$_{13}^{27}\text{Al} + {}_2^4\text{He} \longrightarrow {}_{15}^{30}\text{P} + {}_0^1\text{n}$$

Der dabei gebildete radioaktive Phosphor geht durch Positronenstrahlung in Silicium über:

$$_{15}^{30}\text{P} \longrightarrow {}_{14}^{30}\text{Si} + {}_1^0\text{e} \qquad t_{1/2} = 2{,}5 \text{ Minuten}$$

Positronen haben die gleichen Eigenschaften wie Elektronen, tragen jedoch eine entgegengesetzt gleich große Ladung. Sie entstehen nach

$$_1^1\text{p} \longrightarrow {}_0^1\text{n} + {}_1^0\text{e}$$

im Kern und treten u. a. beim Zerfall mancher künstlicher radioaktiver Nuklide auf.

Besonders wichtig sind einige weitere radioaktive Nuklide, die ebenfalls künstlich hergestellt werden können:

$$^{14}_{7}\text{N} \quad + \quad ^{1}_{0}\text{n} \quad \longrightarrow \quad ^{14}_{6}\text{C} \quad + \quad ^{1}_{1}\text{p} \quad t_{1/2} = 5715 \text{ Jahre}$$

$$^{31}_{15}\text{P} \quad + \quad ^{1}_{0}\text{n} \quad \longrightarrow \quad ^{32}_{15}\text{P} \quad\quad\quad t_{1/2} = 14,28 \text{ Tage}$$

Diese radioaktiven Nuklide senden nur eine schwache β^--Strahlung aus. Da sie sich sehr gut dosieren lassen und beim Zerfall in für jeden Organismus unschädliche Elemente übergehen, eignen sie sich gut für biologische und medizinische Forschungsarbeiten (vgl. Kapitel 6.7).

Das radioaktive Nuklid $^{60}_{27}\text{Co}$ ist durch Neutronenbeschuss aus dem stabilen Isotop $^{59}_{27}\text{Co}$ entsprechend der Reaktion

$$^{59}_{27}\text{Co} \quad + \quad ^{1}_{0}\text{n} \quad \longrightarrow \quad ^{60}_{27}\text{Co}$$

zugänglich und wird für Bestrahlungen in der Krebstherapie eingesetzt.

6.5.3 Die Kernspaltung

Schwere Atomkerne (Massenzahl > 230) lassen sich durch langsame bis mittelschnelle Neutronen spalten. Die wichtigste Reaktion auf diesem Gebiet ist die 1939 von OTTO HAHN (1879–1968) und FRITZ STRASSMANN (1902–1980) in Deutschland entdeckte Spaltung des in natürlichem Uran nur zu 0,72 % enthaltenen Nuklids $^{235}_{92}\text{U}$. Der $^{235}_{92}\text{U}$-Kern nimmt das mit geringer Geschwindigkeit auftreffende Neutron auf und geht dabei in den sehr instabilen $^{236}_{92}\text{U}$ - Kern über, der unter Freisetzung einer großen Energiemenge sofort in zwei verschiedene Bruchstücke X und Y sowie einige (1 bis 3) Neutronen zerfällt.

Als bevorzugte Bruchstücke X und Y treten dabei Nuklide mit Massenzahlen um 95 und 140 auf, doch wurden insgesamt schon etwa 300 Nuklide mit Massenzahlen zwischen 60 und 170 als Spaltprodukte gefunden. Die Summe der Ordnungszahlen von X und Y muß in jedem Fall 92 ergeben. Die Reaktion läßt sich wie folgt zusammenfassen:

$$^{235}_{92}U + {}^{1}_{0}n \longrightarrow \left[{}^{236}_{92}U\right] \longrightarrow \begin{array}{l} {}_{36}Kr + {}_{56}Ba \\ {}_{34}Se + {}_{58}Ce \\ {}_{42}Mo + {}_{50}Sn \end{array} \left.\begin{array}{l} \\ \\ \\ \end{array}\right\} \begin{array}{l} + 1 \text{ bis } 3 \ {}^{1}_{0}n \\ + \text{ Energie} \end{array}$$

Die bei diesem Vorgang entstehende instabile Form von $^{236}_{92}U$ zerfällt mit einer Halbwertszeit von 26,1 Minuten. Eine stabilere Form des Nuklids $^{236}_{92}U$ besitzt eine Halbwertszeit von $2{,}39 \cdot 10^7$ Jahren. Die beiden Formen unterscheiden sich in der Anordnung der Protonen und Neutronen im Kern.

Die Kernbruchstücke X und Y ihrerseits sind wegen des hohen Neutronengehalts (beispielsweise haben die Bruchstücke Kr und Ba zusammen bis zu 12 Neutronen mehr als normale Kr- und Ba-Atome) wieder instabil und zerfallen meist unter β^--Strahlung weiter.

Da bei jedem Spaltvorgang ein bis drei Neutronen entstehen, welche die Reaktion fortsetzen und die Spaltung von weiteren $^{235}_{92}U$-Kernen herbeiführen können, entwickelt sich eine Kettenreaktion. Diese nimmt bei Verwendung von reinem $^{235}_{92}U$ einen ungeheuren Umfang an; es kommt zu einer Explosion (Atombombe). Damit es jedoch so weit kommen kann, muß die vorgelegte Uranmenge eine gewisse kritische Masse überschreiten, da sonst die aus Spaltreaktionen stammenden Neutronen das Uranstück verlassen, bevor sie durch Auftreffen auf einen $^{235}_{92}U$-Atomkern eine weitere Kernspaltung verursacht haben. In diesem Fall würde die Kettenreaktion abbrechen.

Die Entdeckung der Kernspaltung hat vor allem deshalb eine große Bedeutung, weil bei diesem Vorgang gewaltige Energiemengen – mehr als $2 \cdot 10^{13}$ J/mol – freigesetzt werden. Im Vergleich dazu ist die bei der Verbrennung von Kohlenstoff freiwerdende Energie – etwa $5 \cdot 10^5$ J/mol – verschwindend klein. Zum Zwecke der Energiegewinnung ist also die Spaltung von reinem $^{235}_{92}U$ (pro Mol) etwa 40 Millionen mal ergiebiger als die Verbrennung von Kohlenstoff.

Da es technisch möglich geworden ist, die oben beschriebene Kettenreaktion unter Kontrolle zu halten, kann die Kernspaltung in der Tat als Energiequelle verwendet werden (Atomreaktor). Man nimmt dabei allerdings in Kauf, daß beim Spaltprozeß neben kurzlebigen radioaktiven Nukliden auch sehr langlebige entstehen, die sich nicht zur weiteren Energiegewinnung nutzen lassen.

Neben $^{235}_{92}$U wird auch $^{239}_{94}$Pu (Plutonium) zur Kernspaltung verwendet. Die Spaltung der übrigen schweren Kerne erfordert auf hohe Geschwindigkeiten beschleunigte Neutronen und ist deshalb energetisch weniger günstig und in der technischen Durchführung schwieriger.

6.6 Herstellung von neuen Elementen

Die Reihe der in der Natur in signifikanten Mengen vorkommenden Elemente führt bis zum Uran mit der Ordnungszahl 92. Die Kenntnisse über Kernreaktionen ermöglichen jedoch die künstliche Herstellung von neuen Elementen mit höheren Ordnungszahlen, den sogenannten Transuranen. Die dazu benötigten Apparaturen (Kernreaktoren und Teilchenbeschleuniger) sind sehr komplex aufgebaut und gestatten die Herstellung der neuen Elemente in nur kleinen Mengen, manchmal lediglich einzelnen Atomen.

In der Zeit zwischen 1940 und 1974 wurden die Elemente mit den Ordnungszahlen 93 bis 106 entdeckt. Zuerst wurden die Elemente Neptunium und Plutonium aus $^{238}_{92}$U hergestellt:

$$^{238}_{92}\text{U} + {}^{1}_{0}\text{n} \longrightarrow {}^{239}_{92}\text{U}$$

$$^{239}_{92}\text{U} \xrightarrow[23,5\,\text{m}]{\beta^-} {}^{239}_{93}\text{Np} \xrightarrow[2,33\,\text{d}]{\beta^-} {}^{239}_{94}\text{Pu} \qquad t_{1/2} = 2{,}41 \cdot 10^4 \text{ Jahre}$$

In ähnlicher Weise sind Nuklide von Elementen mit noch höherer Ordnungszahl zugänglich. Von den meisten Transuranen sind ziemlich stabile Nuklide hergestellt worden (Tabelle 6.2). Die so gewonnenen neuen Elemente sind durchwegs radioaktiv. In der Natur kommen sie, mit Ausnahme des in ganz geringen Mengen gefundenen Neptuniums, nicht vor.

Die Reihe der gesicherten und von der *International Union of Pure and Applied Chemistry* (IUPAC) anerkannten Transurane ist inzwischen bis zum Element mit der Ordnungszahl 111 vorgerückt. Die Herstellung kleinster Mengen dieser künstlich erzeugten Elemente gelang in spezialisierten Instituten, vor allem in Darmstadt, Dubna (Russland) und Kalifornien, durch Beschuss geeigneter Materialien mit schweren Ionen. Das Element Darmstadtium $_{110}$Ds entstand beispielsweise bei der Bombardierung einer Bleifolie mit einem Strahl energiereicher Nickel-Ionen.

Tabelle 6.2. Namen, Symbole und Daten zu Elementen mit Ordnungszahlen über 92.

Ordnungszahl	Symbol	Element	Stabilstes Isotop	$t_{1/2}$	Entdeckt
93	Np	Neptunium	$^{237}_{93}Np$	$2,1 \cdot 10^6$ y	1940
94	Pu	Plutonium	$^{244}_{94}Pu$	$8,0 \cdot 10^7$ y	1940
95	Am	Americium	$^{243}_{95}Am$	$7,4 \cdot 10^3$ y	1944
96	Cm	Curium	$^{247}_{96}Cm$	$1,6 \cdot 10^7$ y	1944
97	Bk	Berkelium	$^{247}_{97}Bk$	$1,4 \cdot 10^3$ y	1949
98	Cf	Californium	$^{251}_{98}Cf$	$9,0 \cdot 10^2$ y	1950
99	Es	Einsteinium	$^{252}_{99}Es$	1,3 y	1952
100	Fm	Fermium	$^{257}_{100}Fm$	101 d	1952
101	Md	Mendelevium	$^{258}_{101}Md$	52 d	1955
102	No	Nobelium	$^{259}_{102}No$	58 m	1958
103	Lr	Lawrencium	$^{262}_{103}Lr$	216 m	1961
104	Rf	Rutherfordium	$^{261}_{104}Rf$	65 s	1964
105	Db	Dubnium	$^{262}_{105}Db$	34 s	1967
106	Sg	Seaborgium	$^{266}_{106}Sg$	0.8 s	1974
107	Bh	Bohrium	$^{264}_{107}Bh$	(a)	1981
108	Hs	Hassium	$^{277}_{108}Hs$	(a)	1984
109	Mt	Meitnerium	$^{268}_{109}Mt$	(a)	1982
110	Ds	Darmstadium	$^{281}_{110}Ds$	(a)	1994
111	Rg	Roentgenium	$^{272}_{111}Rg$	(a)	1994

(a) Die Halbwertszeiten dieser Elemente konnten nur in Experimenten mit jeweils einigen weni-gen Atomen bestimmt werden. In der Literatur findet man verschiedene Werte, die noch mit Unsicherheiten behaftet sind, sich jedoch durchwegs im Bereich von Sekunden oder Se-kundenbruchteilen bewegen.

Schon wegen der sehr kurzen Halbwertszeiten ist über die chemi-schen Eigenschaften dieser Elemente praktisch noch nichts bekannt. Einige Daten zu den von der IUPAC anerkannten Transuranen sind in der Tabelle 6.2 zusammengestellt.

Unterdessen werden die Arbeiten zur Herstellung weiterer Elemente fortgesetzt. Diese erhalten zunächst gemäß Vorschlag der IUPAC neutrale Namen, die sich von der Ordnungszahl ableiten lassen. Die Publikation über die 1999 geglückte Herstellung der Elemente $_{116}$Uuh (Ununhexium) und

$_{118}$Uuo (Ununoctium) wurde drei Jahre später zurückgezogen, da sich die Experimente nicht reproduzieren ließen. Eine erste Publikation über die Entdeckung der Elemente $_{113}$Uut (Ununtrium) und $_{115}$Uup (Ununpentium) ist 2004 erschienen.

6.7 Tracermethoden

Tracermethoden[21] spielen vor allem bei biochemischen Arbeiten eine Rolle. Ersetzt man in einem organischen Molekül ein gewöhnliches $^{12}_{6}$C-Atom durch das radioaktive Kohlenstoffisotop $^{14}_{6}$C, so kann man feststellen, welchen Weg das auf diese Weise markierte Molekül in einem Organismus zurücklegt. Die Untersuchung der Stoffwechselprodukte auf Radioaktivität liefert oft außerdem Angaben über die Art des Abbaus der untersuchten Molekülsorte im Organismus.

Radioaktive Atome werden oft auch zur Aufklärung von Reaktionsmechanismen verwendet, besonders in der organischen Chemie.

6.8 Altersbestimmungen

Hat man den Gehalt eines radioaktiven Elements und der Zerfallsprodukte für ein Material bestimmt, so kann man dessen Alter angeben, wenn die zur vorliegenden Zerfallsreaktion gehörende Halbwertszeit bekannt ist.

Das Alter von uranhaltigen Mineralien wird nach der folgenden Überlegung bestimmt: Aus 1,0 g $^{238}_{92}$U entstehen nach Ablauf der Halbwertszeit von 4,46 Milliarden Jahren 0,50 g $^{238}_{92}$U, 0,43 g $^{206}_{82}$Pb und 0,067 g Helium (aus der α-Strahlung, vgl. Tabelle 6.1). Wäre das Gewichtsverhältnis von $^{4}_{2}$He : $^{238}_{92}$U in einem Mineral also gleich 0,067 : 0,50 (= 0,134), so hätte das Mineral ein Alter von 4,46 Milliarden Jahren. Die tatsächlich gefundenen Werte von 0,08 bis 0,1 für das Verhältnis $^{4}_{2}$He : $^{238}_{92}$U lassen auf ein Alter von etwa 3 Milliarden Jahre schließen. Man beachte, daß bei dieser einfachen Rechnung vorausgesetzt wird, daß die gesamte Menge des vorhandenen Heliums aus der Uran-Zerfallsreihe stammt.

Eine andere Methode erlaubt genauere Datierungen, ist aber auf etwa 30 000 Jahre beschränkt. In den oberen Schichten der Atmosphäre wird aus Stickstoff nach der Gleichung

---

[21] engl. *to trace* „nachspüren"

$$^{14}_{7}N \quad + \quad ^{1}_{0}n \quad \longrightarrow \quad ^{14}_{6}C \quad + \quad ^{1}_{1}p$$

radioaktiver Kohlenstoff $^{14}_{6}C$ gebildet. Die benötigten Neutronen stammen aus der kosmischen Strahlung. Umgekehrt zerfällt aber $^{14}_{6}C$ mit der Halbwertszeit von 5715 Jahren. Beide Prozesse erhalten in der Atmosphäre eine konstante Konzentration an $^{14}_{6}C$ aufrecht, das als $^{14}_{6}CO_2$ vorliegt. Durch die CO_2-Assimilation der Pflanzen erhalten lebende Pflanzenteile also eine bestimmte Konzentration an $^{14}_{6}C$ (bezogen auf $^{12}_{6}C$), und zwar kommt auf etwa 10^{12} nicht radioaktive $^{12}_{6}C$-Atome ein radioaktives $^{14}_{6}C$-Atom. In Tieren, die Pflanzen fressen oder von organischem Material anderer Tiere leben, die vorher Pflanzen gefressen haben, findet sich derselbe Anteil $^{14}_{6}C$.

Beim Absterben der Organismen hört die Zufuhr von $^{14}_{6}C$ auf. In der Folge nimmt die Menge $^{14}_{6}C$ in dem betroffenen Material, bedingt durch den radioaktiven Zerfall, stetig ab. Nach Ablauf von 5715 Jahren (= $t_{1/2}$) ist noch die Hälfte, nach 11 430 Jahren (= 2 $t_{1/2}$) noch ein Viertel der ursprünglichen Menge von $^{14}_{6}C$ vorhanden. Entsprechend nimmt auch die Intensität der ausgesandten β^--Strahlung, die man mit einem Szintillationszähler messen kann, ab. Aus dem Vergleich der Strahlungsintensität von lebendem organischem Material mit derjenigen des zu datierenden Gegenstandes kann dessen Alter bestimmt werden.

So wurde für eine Planke des Leichenschiffs des ägyptischen Königs SEOSTRIS nach der $^{14}_{6}C$-Methode ein Alter von 3600 ± 200 Jahren gefunden. Das stimmt mit dem aus geschichtlichen Quellen bekannten Alter dieser Planke von etwa 3750 Jahren gut überein.

6.9 Übungen

6.1 *a)* Das Atom ^{148}Gd zerfällt nach dem Modus des α-Zerfalls. Welches Nuklid entsteht dabei?

b) Das Atom ^{23}Ne zerfällt nach dem Modus des β⁻-Zerfalls. Welches Nuklid entsteht dabei?

6.2 Außer den beiden in den Kapiteln 6.1 und 6.2 beschriebenen radioaktiven Zerfallsarten gibt es noch den sogenannten β⁺-Zerfall. Bei dieser Zerfallsart verwandelt sich ein Proton im Innern des Atomkerns in ein Neutron, wobei ein Positron (e⁺, Antiteilchen des Elektrons mit positiver Elementarladung) emittiert wird. Das Atom ^{103}Ag zerfällt nach diesem Modus. Welches Nuklid entsteht dabei?

6.3   Wie lange dauert es, bis von ursprünglich 1,28 mol eines radioaktiven Stoffs, der mit der Halbwertszeit von 100 Jahren zerfällt, nur noch 0,00125 mol vorhanden sind?

6.4   Ein radioaktiver Stoff zerfällt mit einer Halbwertszeit von 3,2 Jahren. Wieviel dieses Stoffs bleibt nach 16 Jahren übrig, wenn ursprünglich 2,3 kg des Stoffs vorhanden sind?

7. Lösungen zu den Übungen

1.1

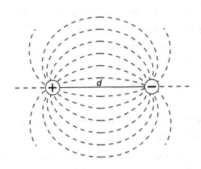

1.2   *a)* 1,27 cm³   *b)* 527 mL

1.3   Zwei N-Atome und fünf O-Atome. Die Summenformel lautet also N_2O_5.

1.4   *a)*

$$C_3H_8 + 5\,O_2 \rightarrow 3\,CO_2 + 4\,H_2O$$

b) 299 g
c) 254 L

1.5   Der Abstand zweier Schichten in einer dichtesten Packung von Kugeln mit dem Radius r entspricht der Höhe h eines Tetraeders mit der Kantenlänge $2r$:

$$h = 2r\sqrt{\frac{2}{3}}$$

Damit ergibt sich die Anzahl Schichten zu 52'900.

1.6 $-3{,}69 \cdot 10^{-8}\,\text{N}$

1.7 $9{,}1094 \cdot 10^{-16}\,\text{g}$

1.8 ^{63}Cu: 69,15% ^{65}Cu: 30,85%

1.9 105,26 MHz

1.10 $7{,}83 \cdot 10^{-19}\,\text{J}$

1.11 Die Periodennummer entspricht der Zahl der Niveaus ($n = 1, 2, 3, \ldots$) der Elektronenhülle, die Elektronen enthalten. Die Gruppennummer entspricht der Zahl der Valenzelektronen.

2.1 Diamagnetisch: d^6(LS); paramagnetisch: alle anderen.

2.2 *a)* Die ersten 4 Elektronen werden aus dem zweiten Niveau ($n = 2$) der Elektronenhülle entfernt. Zur Ablösung des fünften Elektrons aus dem ersten Niveau ($n = 1$) muß eine deutlich größere Energie aufgewendet werden, da die Elektronen dieses Niveaus sich näher beim Kern befinden (vgl. auch Figur 1.8).

b) Nach der Abspaltung des ersten Elektrons befinden sich auf dem zweiten Niveau noch zwei Elektronen (im 2s-Orbital). Die Abspaltung des ersten dieser beiden Elektronen, entsprechend der insgesamt zweiten Ionisierungsenergie, erfolgt netto gegen zwei positive Elementarladungen (5 Protonen im Kern, 3 verbleibende Elektronen in der Hülle). Die Abspaltung des nächsten Elektrons erfolgt aber netto gegen drei positive Elementarladungen (5 Protonen im Kern, 2 verbleibende Elektronen in der Hülle).

2.3 *a)* Der Atomrumpf des Chloratoms ist bei vergleichbarem Radius um eine Elementarladung stärker positiv geladen als jener des Schwefelatoms.

b) Der Atomrumpf des Chloratoms ist bei gleicher Rumpfladung deutlich kleiner als jener des Bromatoms.

In beiden Fällen werden Bindungselektronen vom Atomrumpf des Chloratoms deshalb stärker angezogen.

2.4 N–Cl, C–H, H–Br, N–H, O–H, H–F

2.5   *a)* H_2S *b)* MgF_2 *c)* CBr_4 *d)* N_2 *e)* OF_2

2.6   NaCN(aq)

2.7 NH_4Br

3.1   Man kann das Stück Eisen zerkleinern, eine höhere Konzentration der Salzsäure wählen, die Reaktion bei erhöhter Temperatur durchführen oder eine Kombination dieser Maßnahmen anwenden.

3.2   *a)* 341 g Kochsalz und 828 g Wasser
       b) 292 g Kochsalz und 708 g Wasser
       c) 5,83 mol/L
       d) 7,05 mol/kg
       e) 0,101

3.3   Die Umsetzung von N_2 und O_2 zu NO verläuft endotherm. Bei hohen Temperaturen im Innern eines Verbrennungsmotors ist die Gleichgewichtskonstante für diese Reaktion jedoch genügend groß, so daß meßbare Mengen von NO gebildet werden.

3.4   Die Vorgänge werden mit etwa 1/16 der ursprünglichen Geschwindigkeit ablaufen.

3.5   *a)*

$$2\ KClO_3 \rightleftharpoons 2\ KCl + 3\ O_2$$

       b) Die Reaktion ist exergonisch.
          Die Reaktion ist exotherm.
          Die Ordnung nimmt bei der Reaktion ab.
          Die freie Reaktionsenthalpie beträgt –112,6 kJ pro mol zersetztes Kaliumchlorat.

       c) Die freie Aktivierungsenthalpie ist zu groß.

3.6   Man erhält die freie Reaktionsenthalpie ΔG.

3.7   Die freie Reaktionsenthalpie einer chemischen Reaktion ist mit Sicherheit positiv, wenn die Reaktion endotherm ist und die Unordnung abnimmt.

4.1 *a)* $[H_3O^+] = 10^{-2}$ M, pH = 2   *b)* $[OH^-] = 10^{-1}$ M, pH = 13
    c) $[H_3O^+] = 5,6 \cdot 10^{-1}$ M, pH = 0,25   *d)* $[OH^-] = 3 \cdot 10^{-4}$ M, pH = 10,48

4.2 pH = 2,40

4.3 pH = 11,41

4.4 Die Lösung ist 0,833 M, pH = 0,079

4.5 *a)* $5 \cdot 10^{-2}$ M, pH = 12,699   *b)* $4,54 \cdot 10^{-2}$ M, pH = 12,657

4.6 pH = 2,95

4.7 *a)* 0,1 mL   *b)* 1 mL   *c)* 0,1582 mL

4.8 12,39 M

4.9 *a)* $[H_3O^+] = 1,34 \cdot 10^{-3}$ M, pH = 2,87
    b) $[OH^-] = 4,18 \cdot 10^{-3}$ M, pH = 11,62
    c) $[H_3O^+] = 9,49 \cdot 10^{-4}$ M, pH = 3,02
    d) $[OH^-] = 2,29 \cdot 10^{-3}$ M, pH = 11,36
    e) $[H_3O^+] = 2,08 \cdot 10^{-5}$ M, pH = 24,68
    f) $[H_3O^+] = 2,915 \cdot 10^{-4}$ M, pH = 3,54

4.10 Mit Hilfe der Formel

$$[H_3O^+] = -\frac{K_a}{2} + \sqrt{\frac{K_a^2}{4} + K_a c_a}$$

erhält man pH = 5,70.

4.11 Mit Hilfe der Formel

$$[H_3O^+] = \sqrt{K_a\,[AH]} \approx \sqrt{K_a c_a}$$

erhält man pH = 3,071, mit der Formel

$$[H_3O^+] = -\frac{K_a}{2} + \sqrt{\frac{K_a^2}{4} + K_a c_a}$$

aber pH = 3,076.

4.12   Die Anwendung der Formel

$$K_a = \frac{[H_3O^+][A^-]}{[AH]} = \frac{\alpha^2 c^2}{c(1-\alpha)} = c\,\frac{\alpha^2}{1-\alpha}$$

ist hier angezeigt, da $\alpha \approx 0,2$ gegen 1 nicht mehr vernachlässigt werden sollte. Man erhält

a) $\alpha = 7,64 \cdot 10^{-3}$ 0,764 prozentige Protolyse

b) $\alpha = 0,241$ 24,1 prozentige Protolyse, nach

$$\frac{K_a}{c} = \alpha^2 \quad \because \quad \alpha = \sqrt{\frac{K_a}{c}} \qquad \text{oder}$$

$\alpha = 0,211$ 21,1 prozentige Protolyse, nach

$$K_a = \frac{[H_3O^+][A^-]}{[AH]} = \frac{\alpha^2 c^2}{c(1-\alpha)} = c\,\frac{\alpha^2}{1-\alpha}$$

Das Beispiel zeigt, daß die vereinfachte Formel auch in derartigen Fällen noch recht brauchbare Resultate liefert.

4.13   Mit Hilfe der Formel

$$K_a = \frac{[H_3O^+][A^-]}{[AH]} = \frac{\alpha^2 c^2}{c(1-\alpha)} = c\,\frac{\alpha^2}{1-\alpha}$$

erhält man $c_a = 3,6 \cdot 10^{-5}$ M; hier darf die vereinfachte Formel nicht verwendet werden, da die Vernachlässigung von $\alpha = 0,5$ gegen 1 einen zu großen Fehler verursacht.

4.14   a) sauer   b) basisch   c) neutral (KOH und HCl stark!)
       d) sauer   e) sauer   f) basisch   g) basisch   h) neutral

4.15   a) pH = 4,88   b) pH = 11,42   c) pH = 8,82   d) pH = 9,08

4.16   a) pH = 10,26   b) pH = 9,26

4.17   a) pH = 3,74   b) pH = 6,74

4.18 *a)* vorher: pH = 4,74   nachher: pH = 4,77   pH-Änderung:
0,03 pH-Einheiten

b) vorher: pH = 7   nachher: pH = 11,48   pH-Änderung:
4,48 pH-Einheiten

4.19 36,9 g

4.20 $1,05 \cdot 10^{-5}$ M

4.21 $2,16 \cdot 10^{-8} \, mol^2 \, L^{-2}$ (die 21,1 mg AgCl sind zuerst in mol umzurechnen).

4.22 $[OH^-] = 4,47 \cdot 10^{-5}$ M; man benötigt 0,149 mL 0,3 M NaOH.

5.1 *a)* +3, *b)* +6, *c)* +4, *d)* –2, *e)* +5

5.2 Aus den Normalpotentialen $E°(Cu) = 0,35$ V und $E°(Ag) = 0,80$ V ist ersichtlich, daß Silber edler ist als Kupfer. Daher wird die Reaktion so verlaufen, daß am Ende das Silber als Ag, das Kupfer als Cu^{2+} vorliegt. Das war jedoch schon zu Beginn des fraglichen Experiments der Fall; deshalb wird keine Reaktion eintreten.

5.3 Aus der Tabelle der Normalpotentiale können die betreffenden Redoxpaare entnommen werden:
Sn^{4+}/Sn^{2+} $E° = 0,15$ V
$Br_2/2 \, Br^-$ $E° = 1,09$ V
Das Redoxpaar $Br_2/2 \, Br^-$ weist das höhere Normalpotential auf und neigt daher zur Elektronenaufnahme. Die zum Übergang von Br_2 in $2 \, Br^-$ benötigten Elektronen werden dem Sn^{2+} entzogen. Die Oxidation von Sn^{2+} zu Sn^{4+} mit elementarem Brom ist also möglich. Die zugehörige Reaktionsgleichung lautet:

$$Sn^{2+} + Br_2 \longrightarrow Sn^{4+} + 2 \, Br^-$$

5.4 *a)* +4   *b)* –3   *c)* +6   *d)* +3   *e)* +7   *f)* +1   *g)* +5   *h)* 0
i) +3   *k)* +1   *l)* +6   *m)* +7

5.5 *a)* 0,63 V   *b)* 0,31 V   *c)* 0,45 V   *d)* 1,61 V

5.6   *a)* $Zn + Pb^{2+} \rightarrow Zn^{2+} + Pb$ *b)* nichts

        c) $Fe + Cu^{2+} \rightarrow Fe^{2+} + Cu$ *d)* $Zn + Hg^{2+} \rightarrow Zn^{2+} + Hg$

        e) nichts

5.7   Na, Ca, Fe, Zn und Pb lösen sich in HCl und HNO_3 unter H_2-Entwick-lung (negativer $E°$-Wert). Ag und Hg lösen sich dank der oxidierenden Wirkung des Nitrat-Ions in HNO_3, da ihre Normalpotentiale zwischen 0 und 0,96 V (= $E°$ von NO_3^-/NO) liegen. Nur Gold ($E° = 1,50$ V) ist in beiden Säuren unlöslich.

5.8   *a)* $x = t = 1, y = 6, z = w = 7, u = 3, v = 4$;

        b) $m = p = 2, n = r = 5, o = s = 3, q = 1$;

        c) $k = 4, l = 2, m = 1, n = 3$.

        Auf die Angabe aller Lösungen kann hier verzichtet werden, da man sich durch Abzählen sehr leicht selbst davon überzeugen kann, ob die Aufgabe richtig gelöst ist. In allen Fällen muß jede Atomsorte auf bei-den Seiten der Gleichung gleich oft vertreten sein.

6.1   *a)* ^{144}Sm *b)* ^{23}Na

6.2 ^{103}Pd

6.3   1000 Jahre

6.4   71,9 g

8. Anhang

8.1 Tabellen

Tabelle 8.1.1. Wichtige Konstanten. Die relative Unsicherheit der angegebenen Werte beträgt bei der Gaskonstante 8,4 ppm. Bei allen anderen Größen ist sie 0,6 ppm oder kleiner.

Grösse	Symbol	Wert	Einheit
Lichtgeschwindigkeit im Vakuum	c	299'792'458	$\mathrm{m\ s^{-1}}$
PLANCK'sche Konstante	h	6,6260755	10^{-34} J s
Elementarladung	e	1,60217733	10^{-19} C
AVODADRO-Konstante	N_A	6,0221367	$10^{23}\ \mathrm{mol^{-1}}$
Atommasseneinheit	u	1,6605402	10^{-27} kg
Masse eines Protons	m_p	1,6726231	10^{-27} kg
Masse eines Neutrons	m_n	1,6749286	10^{-27} kg
Masse eines Elektrons	m_e	9,1093897	10^{-31} kg
Gaskonstante	R	8,314510	$\mathrm{J\ mol^{-1}\ K^{-1}}$

Tabelle 8.1.2. Bindungsenergien. Die Daten bezeichnen die durchschnittliche Energie in kJ, die zur Spaltung von 1 mol einer kovalenten Bindung aufgewendet werden muss.

Einfachbindungen								Mehrfachbindungen	
H–H	436	C–C	348	N–O	157			C=C	612
H–C	412	C–N	305	O–O	146			C≡C	838
H–N	388	C–O	360	O–Si	466			C=C [a]	518
H–O	463	C–S	259	S–S	264			C=N	613
H–S	338	C–F	484	F–F	155			C≡N	890
H–F	565	C–Cl	338	Cl–Cl	242			C=O	743
H–Cl	431	C–Br	276	Br–Br	193			N=N	409
H–Br	366	C–I	238	I–I	151			N≡N	946
H–I	299	N–N	163	Cl–Br	219			O=O	497

[a] in aromatischen Verbindungen

Tabelle 8.1.3. Löslichkeitsprodukte K_{lp} für einige schwerlösliche Verbindungen bei 25 °C.

Verbindung	K_{lp}	Verbindung	K_{lp}
$AlPO_4$	$9,83 \cdot 10^{-21} \ mol^2 \ L^{-2}$	$Cu_3(AsO_4)_2$	$7,93 \cdot 10^{-36} \ mol^5 \ L^{-5}$
$AgCl$	$1,77 \cdot 10^{-10} \ mol^2 \ L^{-2}$	CuS	$2 \cdot 10^{-27} \ mol^2 \ L^{-2}$
$AgBr$	$5,35 \cdot 10^{-13} \ mol^2 \ L^{-2}$	$Fe(OH)_3$	$2,64 \cdot 10^{-39} \ mol^4 \ L^{-4}$
AgI	$8,51 \cdot 10^{-17} \ mol^2 \ L^{-2}$	$FeCO_3$	$3,07 \cdot 10^{-11} \ mol^2 \ L^{-2}$
Ag_2CrO_4	$1,12 \cdot 10^{-12} \ mol^3 \ L^{-3}$	HgS (rot)	$4 \cdot 10^{-33} \ mol^2 \ L^{-2}$
Ag_2S	$6 \cdot 10^{-30} \ mol^3 \ L^{-3}$	Li_2CO_3	$8,15 \cdot 10^{-4} \ mol^3 \ L^{-3}$
$BaCO_3$	$2,58 \cdot 10^{-9} \ mol^2 \ L^{-2}$	$MgCO_3$	$6,82 \cdot 10^{-6} \ mol^2 \ L^{-2}$
$Ba(OH)_2 \cdot 8 \ H_2O$	$2,55 \cdot 10^{-4} \ mol^3 \ L^{-3}$	MgF_2	$7,42 \cdot 10^{-11} \ mol^3 \ L^{-3}$
$BaSO_4$	$1,07 \cdot 10^{-10} \ mol^2 \ L^{-2}$	$Mg(NH_4)PO_4$	$2,5 \cdot 10^{-13} \ mol^3 \ L^{-3}$
$CaCO_3$	$4,96 \cdot 10^{-9} \ mol^2 \ L^{-2}$	$Mg(OH)_2$	$5,61 \cdot 10^{-12} \ mol^3 \ L^{-3}$
$CaC_2O_4 \cdot H_2O$	$2,34 \cdot 10^{-9} \ mol^2 \ L^{-2}$	$Ni_3(PO_4)_2$	$4,73 \cdot 10^{-32} \ mol^5 \ L^{-5}$
CaF_2	$1,46 \cdot 10^{-10} \ mol^3 \ L^{-3}$	$PbCl_2$	$1,17 \cdot 10^{-5} \ mol^3 \ L^{-3}$
$CaSO_4$	$7,10 \cdot 10^{-5} \ mol^2 \ L^{-2}$	$Pb(SCN)_2$	$2,11 \cdot 10^{-5} \ mol^3 \ L^{-3}$
$Cd_3(PO_4)_2$	$2,53 \cdot 10^{-33} \ mol^5 \ L^{-5}$	$PbSO_4$	$1,82 \cdot 10^{-8} \ mol^2 \ L^{-2}$
$Co(OH)_2$	$1,09 \cdot 10^{-15} \ mol^3 \ L^{-3}$	$Zn(OH)_2$	$4,12 \cdot 10^{-17} \ mol^3 \ L^{-3}$

Tabelle 8.1.4. Dissoziationskonstanten K_a und die zugehörigen pK_a-Werte einiger Säuren bei 25 °C.

Säure		Konjugierte Base	K_a (mol/L)	pK_a
Perchlorsäure	$HClO_4$	ClO_4^-	$40^{a)}$	$-1,6^{a)}$
Salpetersäure	HNO_3	NO_3^-	20	$-1,3$
Hydronium-Ion	H_3O^+	H_2O	$1,00$	$0,00$
Oxalsäure	$HOOC{-}COOH$	$HOOC{-}COO^-$	$5,89 \cdot 10^{-2}$	$1,23$
Schweflige Säure	H_2SO_3	HSO_3^-	$1,41 \cdot 10^{-2}$	$1,85$
Hydrogensulfat-Ion	HSO_4^-	SO_4^{2-}	$1,05 \cdot 10^{-2}$	$1,98$
Phosphorsäure	H_3PO_4	$H_2PO_4^-$	$6,92 \cdot 10^{-3}$	$2,16$
Fluorwasserstoff	HF	F^-	$6,31 \cdot 10^{-4}$	$3,20$
Ameisensäure	$HCOOH$	$HCOO^-$	$1,82 \cdot 10^{-4}$	$3,74$
Hydrogenoxalat-Ion	$HOOC{-}COO^-$	$^-OOC{-}COO^-$	$6,46 \cdot 10^{-5}$	$4,19$
Benzolcarbonsäure	C_6H_5COOH	$C_6H_5COO^-$	$6,31 \cdot 10^{-5}$	$4,20$
Anilinium-Ion	$C_6H_5NH_3^+$	$C_6H_5NH_2$	$2,34 \cdot 10^{-5}$	$4,63$
Essigsäure	CH_3COOH	CH_3COO^-	$1,74 \cdot 10^{-5}$	$4,76$
Kohlensäure	H_2CO_3	HCO_3^-	$4,47 \cdot 10^{-7}$	$6,35$
Schwefelwasser-stoff	H_2S	HS^-	$8,91 \cdot 10^{-8}$	$7,05$
Hydrogensulfit-Ion	HSO_3^-	SO_3^{2-}	$6,3 \cdot 10^{-8}$	$7,2$
Dihydrogen-phosphat-Ion	$H_2PO_4^-$	HPO_4^{2-}	$6,17 \cdot 10^{-8}$	$7,21$
Ammonium-Ion	NH_4^+	NH_3	$5,62 \cdot 10^{-10}$	$9,25$
Blausäure	HCN	CN^-	$6,17 \cdot 10^{-10}$	$9,21$
Phenol	C_6H_5OH	$C_6H_5O^-$	$1,05 \cdot 10^{-10}$	$9,98$
Methanthiol	CH_3SH	CH_3S^-	10^{-10}	$10,0$
Hydrogen-carbonat-Ion	HCO_3^-	CO_3^{2-}	$4,68 \cdot 10^{-11}$	$10,33$
Hydrogen-phosphat-Ion	HPO_4^{2-}	PO_4^{3-}	$4,8 \cdot 10^{-13}$	$12,3$
Wasser	H_2O	OH^-	$10^{-14 \, b)}$	$14,0^{\,b)}$
Methanol	CH_3OH	CH_3O^-	$3,2 \cdot 10^{-16}$	$15,5$
Hydrogensulfid-Ion	HS^-	S^{2-}	10^{-19}	19

[a] bei 20 °C.
[b] Ionenprodukt des Wassers (K_W) und dazugehöriger pK_W-Wert.

Tabelle 8.1.5. Ausgewählte Normalpotentiale $E°$ in wäßriger Lösung bei 25 °C. Redoxpaare sind mit den zugehörigen Oxidationszahlen und Halbreaktionen nach steigenden Normalpotentialen geordnet. Die Halbreaktionen werden nach Übereinkunft so formuliert, daß links die oxidierte Form und die nötige Anzahl Elektronen, rechts die reduzierte Form steht.

Redoxpaar	Halbreaktion	$E°$ (V)
Li(+1)-Li(0)	$Li^+ + e^- \rightleftharpoons Li$	–3,04
K(+1)-K(0)	$K^+ + e^- \rightleftharpoons K$	–2,93
Ba(+2)-Ba(0)	$Ba^{2+} + 2\,e^- \rightleftharpoons Ba$	–2,91
Ca(+2)-Ca(0)	$Ca^{2+} + 2\,e^- \rightleftharpoons Ca$	–2,87
Na(+1)-Na(0)	$Na^+ + e^- \rightleftharpoons Na$	–2,71
Mg(+2)-Mg(0)	$Mg^{2+} + 2\,e^- \rightleftharpoons Mg$	–2,37
Al(+3)-Al(0)	$Al^{3+} + 3\,e^- \rightleftharpoons Al$	–1,66
H(+1)-H(0)	$2\,H_2O + 2\,e^- \rightleftharpoons H_2 + 2\,OH^-$	–0,83
Zn(+2)-Zn(0)	$Zn^{2+} + 2\,e^- \rightleftharpoons Zn$	–0,76
Fe(+2)-Fe(0)	$Fe^{2+} + 2\,e^- \rightleftharpoons Fe$	–0,45
Sn(+2)-Sn(0)	$Sn^{2+} + 2\,e^- \rightleftharpoons Sn$	–0,14
Cr(+6)-Cr(+3)	$CrO_4^{2-} + 4\,H_2O + 3\,e^- \rightleftharpoons Cr(OH)_3 + 5\,OH^-$	–0,13
Pb(+2)-Pb(0)	$Pb^{2+} + 2\,e^- \rightleftharpoons Pb$	–0,13
Fe(+3)-Fe(0)	$Fe^{3+} + 3\,e^- \rightleftharpoons Fe$	–0,04
H(+1)-H(0)	$2\,H^+ + 2\,e^- \rightleftharpoons H_2$	0,000
Sn(+4)-Sn(+2)	$Sn^{4+} + 2\,e^- \rightleftharpoons Sn^{2+}$	0,15
S(+6)-S(+4)	$SO_4^{2-} + 4\,H_3O^+ + 2\,e^- \rightleftharpoons H_2SO_3 + 5\,H_2O$	0,17
Cu(+2)-Cu(0)	$Cu^{2+} + 2\,e^- \rightleftharpoons Cu$	0,35
Mn(+7)-Mn(+4)	$MnO_4^- + 2\,H_2O + 3\,e^- \rightleftharpoons MnO_2 + 4\,OH^-$	0,60
O(0)-O(–1)	$O_2 + 2\,H_3O^+ + 2\,e^- \rightleftharpoons H_2O_2 + 2\,H_2O$	0,70
Fe(+3)-Fe(+2)	$Fe^{3+} + e^- \rightleftharpoons Fe^{2+}$	0,77
Ag(+1)-Ag(0)	$Ag^+ + e^- \rightleftharpoons Ag$	0,80
Hg(+2)-Hg(0)	$Hg^{2+} + 2\,e^- \rightleftharpoons Hg$	0,85
N(+5)-N(+3)	$NO_3^- + 3\,H_3O^+ + 2\,e^- \rightleftharpoons HNO_2 + 4\,H_2O$	0,93
N(+5)-N(+2)	$NO_3^- + 4\,H_3O^+ + 3\,e^- \rightleftharpoons NO + 6\,H_2O$	0,96
Br(0)-Br(–1)	$Br_2 + 2\,e^- \rightleftharpoons 2\,Br^-$	1,09
Cl(+7)-Cl(+5)	$ClO_4^- + 2\,H_3O^+ + 2\,e^- \rightleftharpoons ClO_3^- + 3\,H_2O$	1,19

Tabelle 8.1.5. (Fortsetzung)

Redoxpaar	Halbreaktion	$E°$ (V)
O(0)-O(–2)	$O_2 + 4\,H_3O^+ + 4\,e^- \rightleftharpoons 6\,H_2O$	1,23
Cr(+6)-Cr(+3)	$Cr_2O_7^{2-} + 14\,H_3O^+ + 6\,e^- \rightleftharpoons 2\,Cr^{3+} + 21\,H_2O$	1,23
Cl(0)-Cl(–1)	$Cl_2 + 2\,e^- \rightleftharpoons 2\,Cl^-$	1,36
Au(+3)-Au(0)	$Au^{3+} + 3\,e^- \rightleftharpoons Au$	1,50
Mn(+7)-Mn(+2)	$MnO_4^- + 8\,H_3O^+ + 5\,e^- \rightleftharpoons Mn^{2+} + 12\,H_2O$	1,51
O(–1)-O(–2)	$H_2O_2 + 2\,H_3O^+ + 2\,e^- \rightleftharpoons 4\,H_2O$	1,78
F(0)-F(–1)	$F_2 + 2\,e^- \rightleftharpoons 2\,F^-$	2,87

8.2　Weiterführende Literatur

Allgemein gehaltene Werke

L. PAULING, *The Nature of the Chemical Bond and the Structure of Molecules and Crystals*, Cornell University Press, Ithaca, 1960, 644 Seiten.

L. PAULING, *General Chemistry*, Dover Publications, New York, 1988, 959 Seiten.

A. F. HOLLEMANN, N. WIBERG, Lehrbuch der anorganischen Chemie, Walter de Gruyter, Berlin, 1995, 2033 Seiten.

F. A. COTTON, G. WILKINSON, P. L. GAUS, *Grundlagen der Anorganischen Chemie*, VCH, Weinheim, 1990, 800 Seiten.

C. E. MORTIMER, U. Müller, *Chemie*, Georg Thieme Verlag, Stuttgart, 2003, 722 Seiten.

R. E. DICKERSON, H. B. GRAY, M. Y. DARENSBOURG, D. J. DARENSBOURG, *Prinzipien der Chemie*, Walter de Gruyter, Berlin, 1988, 1047 Seiten.

Werke über einzelne Teilgebiete

M. J. WINTER, *Chemie der Übergangsmetalle*, VCH, Weinheim, 1996, 100 Seiten.

E. C. CONSTABLE, *Metals and Ligand Reactivity*, VCH, Weinheim, 1996, 308 Seiten.

R. B. JORDAN, *Mechanismen anorganischer und metallorganischer Reaktionen*, B. G. Teubner, Stuttgart, Leipzig, 1999, 299 Seiten.

P. W. ATKINS, *Kurzlehrbuch Physikalische Chemie*, Spektrum Akademischer Verlag, Heidelberg, 2001, 552 Seiten.

J. REINHOLD, *Quantentheorie der Moleküle*, B. G. Teubner, Stuttgart, Leipzig, 2004, 384 Seiten.

H.-H. SCHMIDTKE, *Quantenchemie*, VCH, Weinheim, 1994, 324 Seiten.

A. ZEILINGER, *Einsteins Schleier. Die neue Welt der Quantenphysik*, Verlag C. H. Beck, München, 2003, 237 Seiten.

H. PIETSCHMANN, *Quantenmechanik verstehen*, Springer-Verlag, Berlin, 2003, 140 Seiten.

G. KLUGE, G. NEUGEBAUER, *Grundlagen der Thermodynamik*, Spektrum Akademischer Verlag, Heidelberg, 1994, 435 Seiten.

E. FITZER, W. FRITZ, G. EMIG, *Technische Chemie*, Springer-Verlag, Berlin, 2005, 560 Seiten.

H. P. LATSCHA, H. A. KLEIN, *Analytische Chemie*, Springer-Verlag, Berlin, 2003, 540 Seiten.

M. OTTO, *Analytische Chemie*, VCH, Weinheim, 2000, 668 Seiten.

G. SCHWEDT, *Analytische Chemie*, Georg Thieme Verlag, Stuttgart, 2004, 442 Seiten.

G. SCHWEDT, *Chromatographische Trennmethoden*, Georg Thieme Verlag, Stuttgart, 1994, 216 Seiten.

T. E. GRAEDEL, P. J. CRUTZEN, *Chemie der Atmosphäre*, Spektrum Akademischer Verlag, Heidelberg, 1994, 512 Seiten.

C. BLIEFERT, *Umweltchemie*, VCH, Weinheim, 2002, 453 Seiten.

N. KLÄNTSCHI, P. LIENEMANN, P. RICHNER, H. VONMONT, *Elementanalytik*, Spektrum Akademischer Verlag, Heidelberg, 1996, 250 Seiten.

S. J. LIPPARD, J. M. BERG, *Bioanorganische Chemie*, Spektrum Akademischer Verlag, Heidelberg, 1995, 440 Seiten.

W. MASSA, *Kristallstrukturbestimmung*, B. G. Teubner, Stuttgart, Leipzig, 2005, 262 Seiten.

W. H. BROCK, *The Norton History of Chemistry*, W. W. Norton & Company, New York, 1993, 744 Seiten.

International Union of Pure and Applied Chemistry (IUPAC), *Nomenklatur der Anorganischen Chemie* (deutsche Fassung), herausgegeben im Auftrag der Gesellschaft Deutscher Chemiker in Zusammenarbeit mit der Neuen Schweizerischen Chemischen Gesellschaft und der Gesellschaft Österreichischer Chemiker, VCH, Weinheim, 1995, 341 Seiten.

Nachschlagewerke

D. R. LIDE (Ed.), *CRC Handbook of Chemistry and Physics*, 85th Edition, CRC Press, Boca Raton, 2004.

C. SYNOWIETZ, K. SCHÄFER, *Chemikerkalender*, Springer-Verlag, Berlin, 1984.

W. SCHRÖTER, K.-H. LAUTENSCHLÄGER, H. BIBRACK, *Taschenbuch der Chemie*,

Verlag Harri Deutsch, Thun, Frankfurt a. M., 2002.

G.H. AYLWARD, T.J. V. FINDLAY, *Datensammlung Chemie in SI-Einheiten*, Wiley-VCH, Weinheim, 1999.

M. J. O'NEIL, A. SMITH, P.E. HECKELMAN (Eds.), *The Merck Index*, Merck & Co., Whitehouse Station, 2001.

J. FALBE, M. REGITZ (Hrsg.), *Römpp Chemie Lexikon*, Georg Thieme Verlag, Stuttgart, 1996, 10. überarbeitete Auflage (Druckversion).

8.3 Quellennachweis

Das auf dem Umschlag abgebildete Molekülmodell von Ammonium[edta]-cobaltat(III) (vgl. Kapitel 2.7.4) wurde von Herrn DR. CHRISTOPH FAHRNI mit Hilfe des Programms PoV-Ray, Version 2.2ppcF4 (1993), erstellt. Der Abbildung liegt eine Röntgenstrukturanalyse zugrunde, die von H. A. WEAKLIEM und J. L. HOARD im Jahre 1959 veröffentlicht wurde (*Journal of the American Chemical Society*, Band 81, S. 549–555).

Die folgenden Abbildungen wurden, zum Teil mit Änderungen, den nachstehenden Werken entnommen:
Figur der vier Elemente (Kapitel 1.2): W. H. BROCK, *The Norton History of Chemistry*, W. W. Norton & Company and HarperCollins Publishers Limited, New York, London, 1992.
Figur 1.2: Das Bild wurde von Donald M. Eigler gestaltet. Es ist über die Webseite http://www.almaden.ibm.com/vis/stm/gallery.html zugänglich und wurde reproduziert mit freundlicher Genehmigung von IBM Research, Almaden Research Center, San Jose. Nicht autorisierter Gebrauch dieses Bildes ist nicht gestattet.
Figuren 2.1 und 2.2: L. PAULING, *General Chemistry*, Dover Publications, New York, 1988.
Figuren 2.2, 2.4, 2.8 und 6.1: R. E. DICKERSON, H. B. GRAY, M. Y. DARENSBOURG, D. J. DARENSBOURG, *Prinzipien der Chemie*, Walter de Gruyter, Berlin, 1988.

Die Daten der Tabellen im Kapitel 8.1 stammen aus folgenden Quellen: D. R. LIDE (Ed.), *Handbook of Chemistry and Physics*, CRC Press, Boca Raton, 1995 (Tabellen 8.1.1, 8.1.3, 8.1.4 und 8.1.5); P. W. ATKINS, *Physical Chemistry*, Oxford University Press, Oxford, 1994 (Tabelle 8.1.2); G. H. AYLWARD, T. J. V. FINDLAY, *Datensammlung Chemie in SI-Einheiten*, Wiley-VCH, Weinheim, 1999 (Tabelle 8.1.4).

Die auf der vorderen inneren Umschlagseite gezeigten relativen Atommassen wurden von der *International Union of Pure and Applied Chemistry* (IUPAC) im Jahr 2001 letztmals überprüft und sind in der Zeitschrift *Pure & Applied Chemistry* Band **75**, S. 1107–1122 (2003) publiziert. Die in Klammern gesetzte Zahl bei den relativen Atommassen ist ein Maß für die Unsicherheit der letzten signifikanten Ziffer der angegebenen Werte. Der für Chlor angegebene Wert 35,453(2) bedeutet beispielsweise, daß die relative Atommasse von Chloratomen, die man auf der Erde finden kann, 35,453 ± 0,002 beträgt. Die Angaben berücksichtigen sowohl die experimentellen Fehler bei den Massenbestimmungen als auch Variationen bezüglich der Isotopenzusammensetzung für Materialien unterschiedlicher Herkunft.

Im Periodensystem auf der hinteren inneren Umschlagseite sind die relativen Atommassen für den praktischen Gebrauch – soweit möglich – mit fünf signifikanten Ziffern angegeben.

Für radioaktive Elemente mit kleinen Halbwertszeiten ist die Massenzahl des stabilsten Isotops in Klammern angegeben.

Index

α-Partikel 30, 32

α-Strahlung 29–30, 185–186, 188–190

α-Teilchen 30–31, 185, 190

absolute Temperatur 8–9

absoluter Nullpunkt der Temperatur 7

Abstossung, elektrische 23

Acetat-Puffer 151–153

Acidität *siehe* Säurestärke

Actinoide 50–51

Actino-Uran-Reihe 190

$[Ag(CN)_2]^-$ 77–78

AgCl *siehe* Silberchlorid

Aggregatzustand 6

$AgNO_3$ *siehe* Silbernitrat

Akkumulatoren 178–179

Aktivierung 95

Aktivierungsenergie 95–97

Aktivierungsenergie, freie 106

Aktivierungsenthalpie, freie 105–106

Aktivität 92–94, 103, 170

Aktivitätskoeffizient 93–94

$Al(OH)_3$ *siehe* Aluminiumhydroxid

$Al_2(SO_4)_3$ *siehe* Aluminiumsulfat

Al_2O_3 *siehe* Aluminiumoxid

$AlBr_3$ *siehe* Aluminiumbromid

Alchemie 1, 191

$AlCl_3$ *siehe* Aluminiumchlorid

Alizaringelb als Indikator 144

Alkalimetalle 17, 49, 54–56

    als Reduktionsmittel 163

    Atom- und Ionenradien, Tabelle 55

    Ionisierungsenergien, Tabelle 56

Altersbestimmungen 197–198

Aluminium, Al 12, 18–19, 56

    als Reduktionsmittel 163

    Atomradius 19

-bromid, $AlBr_3$ 138

-chlorid, $AlCl_3$ 12

-chlorid, $AlCl_3$ als Lewis-Säure 130–131

    Gewinnung 180

-hydroxid, $Al(OH)_3$ 138

    Ionisierung 56

-oxid, Al_2O_3 131

-sulfat, $Al_2(SO_4)_3$ 131

Americium, Am 196

Amine, organische 139

Ammin-Komplexe *siehe* Komplexe

Ammoniak, NH_3 9–11, 70, 120, 128–129, 138–139, 159

    als Base 128

    als Lewis-Base 130–131

    als Ligand 78

    aus Stickstoff und Wasserstoff 110

    in der spektrochemischen Reihe 86

    -Puffer 151

    Synthese 110

Ammonium- 82

    -[edta]cobaltat(III) 82

    -acetat, CH_3COONH_4 139

    -chlorid, NH_4Cl 95, 140, 149, 179

    -hydroxid, NH_4OH 128

    -Ion, NH_4^+ 82, 134, 149

amphoter 129

Analyse, qualitative und quantitative 113

angeregter Zustand 37–38

Ångström 19

Ångström (Einheit) 19

Anilin, C_6H_5-NH_2 139

Anionen 27, 167

Anode 25–27, 167, 170, 178–182

antibindende Orbitale 87

antiparallele Spins 43

Anziehung, elektrische 22–23
Aqua-Komplexe *siehe* Komplexe
Aquatisierung 122
Äquivalent 93, 145
   -masse 4–5, 26, 28
   -masse, relative 10–11
Äquivalenz von Masse und Energie 3, 191
Arbeit *siehe* Energie
Argon, Ar 48
ARISTOTELES 2
ARRHENIUS 27, 105, 127–128, 131
Assimilation, von Kohlendioxid CO_2 198
Assoziation 117–118
Atmosphäre 197
Atom 1–2
   -bau 1–52
   -bausteine 18–35
   -begriff nach DALTON 5–6
   -begriff nach DEMOKRIT 2
   -bombe 194
   Größe 18
   -hülle 30–33
   im Magnetfeld 40–41
   -kern 30–32, 185–187
   kovalenter Radius 54–55
   -masse 9–12, 32
   -masse, Bestimmung 11
   -masse, relative 6, 10–14, 30–32, 34–35
   -masseneinheit 11
   -modell 36
   -modell, modernes 36–52
   -modell nach BOHR 37–40
   -modell nach SOMMERFELD 39–40
   -radius 19, 54–55
   -radius, Tabelle 55
   -radius nach VAN DER WAALS 55
   -reaktor 194
   -theorie 5
   Unteilbarkeit 5
Aufenthaltswahrscheinlichkeit 41
Ausbeute 109
Ausschlussprinzip von PAULI 43
Autoprotolysereaktion 135–137
AVOGADRO 8, 10, 13–14
AVOGADRO-Konstante 13

β^--Strahlung 29–30, 185–190, 193, 198
$Ba(OH)_2$ *siehe* Bariumhydroxid
$BaCl_2$ *siehe* Bariumchlorid

$BaCO_3$ *siehe* Bariumcarbonat
BALMER-Serie 39
Bändertheorie 76
Barium, Ba 15
   -chlorid, $BaCl_2$ 63
   -hydroxid, $Ba(OH)_2$ 127, 138
   -sulfat, $BaSO_4$, Löslichkeit in Wasser 111
BARTLETT 53
Basen 126–134, 138
   als Elektrolyte 138
   konjugierte 128–129, 138–140
   relative Stärke 131
   schwache 146–149
   starke und schwache 137, 139, 144,
      146–153
$BaSO_4$ *siehe* Bariumsulfat
Batterie, *siehe auch* Trockenbatterie 26
Batterien 178–179
Bauxit 180
BCl_3 *siehe* Bortrichlorid
$BeCl_2$ *siehe* Berylliumchlorid
BECQUEREL 28–29
Beeinflussung von Gleichgewichtsreaktionen 107–109
BeH_2 *siehe* Berylliumhydrid
Berkelium, Bk 196
Bernstein 22–23
Beryllium, Be 16, 32, 191
BERZELIUS 130
BETHE 83
Bezugselektrode 169–170
BF_3 *siehe* Bortrifluorid
bimolekulare Reaktion 98–99
Bindung 53–89
   chemische 53–89
   delokalisierte 75–76
   Donor-Akzeptor- 82
   Ionen- 53, 60–65, 70–71, 121, 125
   kovalente 53, 65, 71, 73, 118
   kovalente *siehe* Elektronenpaarbindung
   Mehrfach- 66, 77
   metallische 73–76
Bindungs
   -charakter und physikalische Eigen-
      schaften, Tabelle 73
   -energie 59, 119
   -energie, Tabelle 210
   -länge 119
   -typen 71

-typen, Übergänge 71–72

-typen und physikalische Eigenschaften 73

-zahl 65–66, 70–71

-zahl und Richtung von Elektronenpaar-bindungen, Tabelle 70–71

BINNING 20

Biochemie 82, 107, 119, 197

Blausäure, HCN 120, 132, 140

    Säuredissoziationskonstante 132, 140

Blei, Pb 30, 178–179

    -(+2)-sulfat, PbSO$_4$ 178–179

    -akkumulator 178–179

    -dioxid, PbO$_2$ 178

    -isotope aus radioaktivem Zerfall von Uran 188–190

Bodenkörper 111, 113

BOHR 37–40

Bohrium, Bh 196

BOLTZMANN 8

Bor, B 126

    -säure, H$_3$BO$_3$ 126

    -trichlorid, BCl$_3$ 126

    -trifluorid, BF$_3$, als LEWIS-Säure 131

BOYLE 2–3, 6

BOYLE'sches Gesetz 6

Braunstein siehe Mangan(+4)-oxid

BRØNSTED 127–131, 137–139, 150

BRØNSTED-LOWRY 127–131, 139, 150

BRØNSTED-Säure, als Katalysator 107

Brom, Br$_2$ 14

    -kresolgrün als Indikator 144

    -molekül 65

    -phenolblau als Indikator 144

    -thymolblau als Indikator 144

    -wasserstoff, HBr 25, 138

C$_6$H$_5$N siehe Pyridin

C$_6$H$_5$NH$_2$ siehe Anilin

Ca(OH)$_2$ siehe Calciumhydroxid

CaC$_2$ siehe Calciumcarbid

CaCl$_2$ siehe Calciumchlorid

CaCO$_3$ siehe Calciumcarbonat

Caesium, Cs 55

Calcium, Ca 11, 15, 61, 186

    -carbid, CaC$_2$, Bildung aus Calciumoxid und Kohlenstoff 109

    -carbonat, CaCO$_3$ 111, 138

    -chlorid, CaCl$_2$ 61

    -chlorid, CaCl$_2$, Hydratation 124–125

    -hydroxid, Ca(OH)$_2$ 138

    -oxid, CaO, Reduktion mit Kohlenstoff 109

Californium, Cf 196

CANNIZZARO 9–10

CaO siehe Calciumoxid

CaSO$_4$ siehe Calciumsulfat

CCl$_4$ siehe Tetrachlormethan

CH$_3$COOH siehe Essigsäure

CH$_3$COONa siehe Natriumacetat

CH$_3$NH$_2$ siehe Methylamin

CH$_3$OH siehe Methanol

CH$_4$ siehe Methan

CHADWICK 32, 191

CHARAKTERISIERUNG 1, 54

CHARLES 6

CHARLES'sches Gesetz 8

Chelat-Komplexe 80–82

Chemie 1

    der wäßrigen Lösungen 117–156

    Formelsprache 10, 34

    Mengenangaben 12–14

chemische Bindung 53–88

    Größen zur Charakterisierung 54–60

chemische Eigenschaften von Elementen 49

chemische Reaktionen, Gesetzmäßigkeiten 91–115

Chlor, Cl$_2$ 4, 9–12, 14, 57, 65, 160

    -atom 64

    -dioxid, ClO$_2$, Bildung aus Chlor und Sauerstoff 108

    Elektronenaffinität 57–58

    Elektronenpaarbindung 64

    -gas 26, 34

    -knallgasreaktion 160–161

    -molekül, Cl$_2$ 64–65, 68–70

    -phenolrot als Indikator 144

    Reaktion mit Sauerstoff 108

    Reaktion mit Wasserstoff 9–10

    relative Atommasse 34

    -wasserstoff, HCl 4, 9–11, 127–128, 131–132, 136, 138, 160

Chlorophyll 82

Citronensäure 126

Cl$_2$ siehe Chlor

ClO$_2$ siehe Chlordioxid

CN$^-$ siehe Cyanid-Ion

CO siehe Kohlenmonoxid

$Co(CO)_3NO$ *siehe* Tricarbonylnitrosylcobalt
CO_2 *siehe* Kohlendioxid
Cobalt, Co 48, 193
   radioaktives Nuklid 193
CoF_6^{3-} 88
COULOMB 23
Coulomb (Einheit) 23
COULOMB'sches Gesetz 23, 61, 120
$Cr(C_6H_6)_2$ *siehe* Dibenzolchrom
CsI *siehe* Caesiumiodid
$Cu(NO_3)_2$ *siehe* Kupfer(+2)-nitrat
$CuCl_2$ *siehe* Kupferchlorid
CuO *siehe* Kupfer(+2)-oxid
CURIE, I. 192
CURIE, M. S. 29
CURIE, P. 29
Curium, Cm 196
$CuSO_4$ *siehe* Kupfersulfat
Cyanid-Ionen, CN^- 77, 86
   als LEWIS-Base 130

DALTON 5–6, 12, 28, 33
Dalton (Da, Einheit) 12
DALTON'sche Atomhypothese 18
DANIELL 167
DANIELL-Element 167–171
Darmstadtium, Ds 195–196
DAVY 127
DEMOKRIT 2
Deuterium 34, 191
diamagnetisch 67
Diaphragma 167–168, 181
Dibenzolchrom, $Cr(C_6H_6)_2$ 80
dichteste Kugelpackung 18–19, 74–75
Dielektrizitätskonstante 119–122, 180
   Tabelle 120
Dihydrogenphosphat-Ion, $H_2PO_4^-$ 134
Dipol 68–69, 84
Dipolcharakter
   von Verbindungen 69
   von Wasser 69, 78, 117–118, 121
Dipolmolekül 68–69, 78, 117–120
Disproportionierung 164, 177
Dissoziation 127, 140–141, 146, 149
Dissoziationsgleichgewicht 146
Dissoziationsgrad 140–142
Dissoziationskonstanten
   ausgewählter Säuren, Tabelle 134, 211
   von Säure-Basen-Indikatoren 144

   von Säuren 131–134, 140, 146, 150
DÖBEREINER 14–16
Donor-Akzeptor-Bindung 82
Doppelbindung 66
Dreifachbindung 66
Druck, Einfluss bei Gleichgewichts-
   reaktionen 110–111
Dubnium, Db 196
DULONG 11
Durchmesser
   Atom 31
   Atomkern 31
dynamisches Gleichgewicht 100–102, 107

Edelgase 15–17, 49, 53
Edelgaskonfiguration 53, 56–60
Edelmetalle in der Spannungsreihe 166
EDTA *siehe* (Ethan-1,2-diyldinitrilo-)tetraes-
   sigsäure
Edukte 91–92, 106
Eigendrehimpuls 42
Eigenschaften der Atombausteine, Tabelle
   33
EINSTEIN 3, 36, 191
Einsteinium, Es 196
Eis 119
Eisen, Fe 12–13, 26, 160–163, 166, 174
   -(+3)-chlorid, $FeCl_3$ 150
   -(+3)-chlorid, $FeCl_3$ als LEWIS-Säure
   131
   -(+3)-fluorid, FeF_3 160
   -(+3)-oxid, Fe_2O_3 160–161
   Elektronenkonfiguration 82–83
   Verbrennung 160, 162
Eka-Aluminium 17–18
Eka-Silicium 17–18
elektrische Elementarladung 28, 31, 37, 157
elektrische Ladung 23–24, 26, 34, 37
elektrische Leitung 25
elektrischer Leiter 167
elektrischer Strom 25
elektrisches Feld 24, 32, 61, 68
   Einfluss auf Dipolmoleküle 119
Elektrizität 22–26
Elektroden 25, 139, 167–170, 178–181
Elektrolyse 25–28, 74
   -Apparatur 26
   von Salzschmelzen 179–180
   von wäßrigen Salzlösungen 180–182

von wäßriger Kochsalzlösung, NaCl
180–181
Elektrolyt 25, 73–74, 138–139, 142, 178
Elektrolyte, Beispiele für starke und
schwache 138–139
elektromagnetische Strahlung 185
elektromotorische Kraft 168
Elektronen 23, 26–31, 33, 36, 46, 58
  -abgabe 58–59, 161
  als β^--Strahlung 185
  -aufnahme 57–59, 161
  d- 40–41, 44, 84–88
  f- 40
  -gas 74–76
  Ladung 28, 33
  Masse 27–28, 33, 209
  -oktett 53, 65, 67
  p- 40–41, 44
  s- 40–41, 44
  -übergang 38–39, 60, 161
  -übertragung 53, 160–161
  ungepaarte 67, 86
  Valenz- 49, 57, 65, 74–76
  -verteilung *siehe* Elektronen-
    konfiguration
  -wolke 41, 68
Elektronegativität 58–60, 67–68
  von ausgewählten Elementen, Tabelle
  59
Elektronegativitätsdifferenz 64, 72, 158
Elektronenaffinität 57–58, 60
  von Elementen der 6. und 7. Gruppe,
  Tabelle 58
Elektronenkonfiguration 44–46
  von Komplexen 82–88
  der Edelgase 53, 56–60
  high-spin 85–88
  low-spin 85–88
  Schreibweise 46
  und chemische Eigenschaften 49
Elektronenpaar
  bindendes 65
  freies oder einsames 65, 76–78, 84, 130
  gemeinsames 53
  gemeinsames *siehe* Elektronenpaarbin-
    dung
  -lücke 130
Elektronenpaarbindung 53, 64–73, 77, 125
  Akzeptor 65

bei Komplexen 65
Donor 65
Mehrfachbindungen 66, 77
polarisierte 67–72, 118, 125–126
reine 72
Richtung 69–71
Elektronenpaare, bindende, nichtbindende
  und freie 65
elektrostatische Kraft 61, 120
elektrostatische Wechselwirkung 84, 87, 120
Element 1–2
  -begriff in der taoistischen Lehre 1
  -begriff nach ARISTOTELES 2
  -begriff nach BOYLE 2
  -begriff nach DALTON 5–6
  -begriff nach EMPEDOKLES 1
  chemische Eigenschaften 49
  DANIELL- 167–171
  galvanisches 166–170, 172–173, 178
  LECLANCHÉ- 179
  -symbol 33–34
  -umwandlung 190–197
Elementarladung, elektrische 28, 31, 37, 157
Elementarteilchen 33, 36
Elemente 1–35
  chemische Ähnlichkeit 48–49
  d- 50
  f- 50
  Gruppen 15–16, 49–50
  Herstellung neuer 195–196
  Klassifizierung 14–18
  Massenverhältnis 4
  mit Ordnungszahlen über 92,
    Tabelle 196
  p- 50
  radioaktive 29, 50
  s- 49
EMPEDOKLES 1
en *siehe* Ethan-1,2-diamin
endergonische Reaktion 96
endotherme Reaktion 94–95, 108
exotherme Reaktion 94–96, 108
Energie 23, 37
  Äquivalenz mit Masse 3, 191
  Bindungs- 59, 119
  Bindungs-, Tabelle 210
  Erzeugung in der Sonne 191
  Gitter- 122–125
  Ionisierungs- 55–57, 60

kinetische 122
-niveaus 37–39, 44, 47, 49–50, 75
-niveaus, e_g-, t_{2g}– 84–88
-niveaus, s-, p-, d-, f- 46–47
potentielle 23, 122
-umsatz 94
-zustände des Wasserstoffatoms 44
entartete Orbitale 48
Enthalpie freie 103–106, 121, 124
Entropie 95–96, 125
-änderung 96, 124
Enzyme als Katalysatoren 92, 107
Erdalkalimetalle 17, 49, 56
als Reduktionsmittel 163
Ionisierungsenergien, Tabelle 56
Erde, als Element 1–2
Erdmetalle 17
Essigsäure, CH_3COOH 6, 12–13, 120, 129,
132–134, 139–142, 147–148, 153
Säuredissoziationskonstante 134, 140
pH-Berechnung 147–148
Ethan-1,2-diamin, $H_2N–CH_2–CH_2–NH_2$
80–81
(Ethan-1,2-diyldinitrilo)tetraessigsäure
(EDTA) 81
Ethen 66
Ethylen *siehe* Ethen
Ethylendiamin *siehe* Ethan-1,2-diamin
Ethylendiamintetraessigsäure *siehe*
(Ethan-1,2-diyldinitrilo)tetraessigsäure
exergonische Reaktion 96–97, 106

FARADAY 24
$[Fe(CN)_6]^{4-}$ *siehe* Hexacyanoferrat-Ion
$Fe(CO)_5$ *siehe* Pentacarbonyleisen
Fe_2O_3 *siehe* Eisen(+3)-oxid
$FeCl_3$ *siehe* Eisen(+3)-chlorid
FeF_3 *siehe* Eisen(+3)-fluorid
Feld
elektrisches 24, 32, 61, 68
Magnet- 24–25, 27, 29, 32, 40–41, 67, 186
-linien 24
-stärke, elektrische 24
Fermium, Fm 196
Ferrocyanid-Ion, $[Fe(CN)_6]^{4-}$ 77–78, 126
ferromagnetisch 67
Feuer, als Element 1–2
Flammenfärbungen 17
Flüchtigkeit 73

Fluor, F_2 160–161
Oxidationszahl 158
Fluoreszenz 27–28
Fluorwasserstoff, HF 68–69, 120
Ätzen von Glas 121
Formelmasse, relative 12–13
Formelsprache der Chemie 10
Formulierung, graphische, in der Chemie
60, 68
FRANKLIN 23
freie Aktivierungsenthalpie 106
freie Enthalpie 103–106, 121, 124
freie Reaktionsenthalpie 96, 104, 106
FRIEDEL-CRAFTS-Reaktion 131

γ-Strahlung 29, 32, 185–186
Gallium, Ga 18
GALVANI 168
galvanische Elemente 166–170, 172–173,
178
Gas
absolute Temperatur 9
Druck 6–7, 9, 21
-gesetz, empirisches 21
-gesetz, ideales 8, 21–22
ideales 6–9
kinetische Energie der Teilchen 9
-konstante, allgemeine 8, 103
molekularkinetische Theorie 8, 22
Molvolumen 14
reales 21–22
Temperatur 6–7
-theorie, kinetische 13
Verflüssigung 7, 22
Volumen 6–7, 14, 21
GAY-LUSSAC 8–9
GAY-LUSSAC'sches Gesetz 8
gebrannter Kalk *siehe* Calciumoxid
Germanium, Ge 18
Geschwindigkeitsgesetz 97–99, 187
Geschwindigkeitskonstante 97, 99, 101,
104–105, 187
Gesetz
der Äquivalentmassen 4
der konstanten Proportionen 4
der multiplen Proportionen 4
von COULOMB 61, 120
von der Erhaltung der Masse 3
Gesetze, stöchiometrische 3–5, 91

Gesetzmäßigkeiten chemischer Reaktionen
91–115
GIBBS 96, 105
Gitter
-energie 122–125
-energien ausgewählter Verbindungen,
Tabelle 123
Ionen- 61–63, 70, 77, 121–122, 125
-struktur von Eis 119
-volumen 74–75
Gittertypen
kubisch flächenzentriert 63, 74
kubisch raumzentriert 63, 74
Oktaeder 63
Tetraeder 63
Würfel 63
Glaselektrode 146
Gleichgewicht
dynamisches 100–102, 107
homogenes und heterogenes 111
Gleichgewichtskonstante 101–110, 133, 140
Temperaturabhängigkeit 107
mehrstufiger Reaktionen 102, 133
Gleichgewichtslage 105
Gleichgewichtsreaktionen 101–103, 107, 111,
128, 132
Beeinflussung durch Druckänderungen
110
Beeinflussung durch Konzentrations-
änderungen 108–109
Beeinflussung durch Temperatur-
änderungen 107–108
mehrstufige 102
Volumenänderungen bei 110
von konjugierten Säure-Basen-Paaren
128–129
von konjugierten Säure-Basen-Paaren,
Tabelle 129
Gold, Au 3, 30–31, 191
Gramm-Atom *siehe* molare Masse
Gramm-Formelmasse *siehe* molare Masse
Gramm-Molekül *siehe* molare Masse
Graphit 26
als Kathode 179
Gravimetrie 113
Grundzustand von Atomen 44
Gruppe, im Periodensystem 15–16, 49–50

H_2 *siehe* Wasserstoff

H_2CO_3 *siehe* Kohlensäure
H_2O *siehe* Wasser
H_2O_2 *siehe* Wasserstoffperoxid
H_2S *siehe* Schwefelwasserstoff
H_2Se *siehe* Selenwasserstoff
H_2SO_4 *siehe* Schwefelsäure
H_2Te *siehe* Tellurwasserstoff
H_3BO_3 *siehe* Borsäure
H_3O^+ *siehe* Hydronium-Ion
H_3PO_3 *siehe* phosphorige Säure
H_3PO_4 *siehe* Phosphorsäure
H_4edta *siehe* (Ethan-1,2-diyldinitrilo-)tetra-
essigsäure
Hafnuim, Hf 50
HAHN 193
Halbedelmetalle in der Spannungsreihe 166
Halbmetalle 59
Halbreaktionen, bei Redoxreaktionen 162–
164, 167–168, 170–171, 175–179, 181
Halbwertszeit 187–190, 194–198
Halogene 17, 54–55, 58
Atom-, Ionen- und kovalente Radien,
Tabelle 55
als Oxidationsmittel 163
Hämoglobin 82
harte Röntgrnstrahlung 185
Hassium, Hs 196
Hauptgruppen *siehe* Periodensystem
Hauptquantenzahl n 37, 39, 43–44, 50, 54
HBr *siehe* Bromwasserstoff
HCl *siehe* Chlorwasserstoff
$HClO_4$ *siehe* Perchlorsäure
HCN *siehe* Blausäure
HEISENBERG 40
Helium 30
-atom 31
Atomkern 30, 185–186
Bildung durch Kernfusion 191
Elektronenkonfiguration 46
in radioaktiven Materialien 190, 197
relative Atommasse 31
Herstellung neuer Elemente 195
heterogenes System 111
Hexacyanoferrat-Ion, $[Fe(CN)_6]^{4-}$ 77–78, 82,
126
HF *siehe* Fluorwasserstoff
HgO *siehe* Quecksilberoxid
HI *siehe* Iodwasserstoff
high-spin 85–88

Hinreaktion 100–106, 111
HN$_4$OH *siehe* Ammoniumhydroxid
HNO$_2$ *siehe* salpetrige Säure
HNO$_3$ *siehe* Salpetersäute
HOARD 82
Holz, als Element 1–2
homogenes System 111
HUND 47
HUND'sche Regel 47, 85
Hydratation 122–125
Hydratationswärme 123–125
  von ausgewählten Ionen, Tabelle 123
hydratisierte Ionen 122–123
Hydratisierung, *siehe auch* Hydratation 125
Hydrazin, H$_2$N–NH$_2$ 139
Hydride, Oxidationszahl 158
Hydrogenphosphat-Ion, HPO$_4$$^{2-}$ 134
Hydrolyse 125–126
Hydronium-Ion, H$_3$O$^+$ 125, 128, 135
Hydroxylamin, H$_2$N–OH 139

ideales Gas 6–9
ideales Gasgesetz 8, 21–22
Indikatoren für Säuren und Basen 142–145
  Farbe 142–144
  Farbumschlag 145
  -Papier 144–145
  Tabelle 144
  Umschlagsbereich 143–144
  Umschlagspunkt 143, 145
*International Union of Pure and Applied
  Chemistry* (IUPAC) 195–196
Iod, I$_2$ 15, 48, 55
  -tetrafluorid-Anion, IF$_4$$^-$ 71
  -wasserstoff, HI 92
Ionen 27, 54–55, 60
  -bindung 53, 60–64, 70–72, 121–125
  elektrische Ladung 56
  -gitter 61–63, 70, 77, 121–122, 125
  -gitter, Zerfall 138
  -gittertypen, Tabelle 63
  hydratisierte 122
  komplexe 78
  -produkt von Wasser 134–136, 149
  -radius 54–55, 123
  -radius, Tabelle 55
  -verbindungen 12, 60–64, 71–72
  Wertigkeit 63–64, 157
Ion-Ion-Komplexe 77–78

Ion-Molekül-Komplexe 78
Ionisierungsarbeit *siehe* Ionisierungsenergie
Ionisierungsenergie 55–57, 60
Ionisierungsenergien der Alkali- und
  Erdalkalimetalle, Tabelle 56
irreversible Reaktion 100
Isotope 11, 33–35
  des Kohlenstoffs 11, 197
  des Wasserstoffs 33–34
  natürliche, von Elementen der
    3. Periode, Tabelle 35
  stabilste, von Transuranen 196
IUPAC (*International Union of Pure and
  Applied Chemistry*) 195–196
JOLIOT 192

K$_2$Cr$_2$O$_7$ *siehe* Kaliumdichromat
K$_2$S$_2$O$_7$ *siehe* Kaliumpyrosulfat
K$_4$[Fe(CN)$_6$] *siehe* Kalium-hexacyanoferrat
Kalium, K 48
  -chlorat, KClO$_3$, Disproportionierung
    164
  -dichromat, K$_2$Cr$_2$O$_7$ 150, 175–176
  -hexacyanoferrat, K$_4$[Fe(CN)$_6$] 77–78
  -hydroxid, KOH 127, 136
  -perchlorat, KClO$_4$ 164
  -permanganat, KMnO$_4$ 158
  -pyrosulfat, K$_2$S$_2$O$_7$ 131
  radioaktives Isotop 186
Kalk *siehe* Calciumcarbonat
Kalottenmodell 79
Katalysator 91–92, 104–107, 131
Katalyse, enzymatische 92, 107
Katalyse, reversibler Reaktionen 104
Kathode 25–27, 167, 170, 178–182
Kathodenstrahlen 27
Kationen 27, 32, 167
K_a-Wert 146–149
K_b-Wert 148–149
KClO$_3$ *siehe* Kaliumchlorat
KClO$_4$ *siehe* Kaliumperchlorat
Kelvin (K, Einheit) 8
KELVIN, Lord 8
Kern 31
  -energie 194
  -fusion 191–192
  -ladungszahl 32
  -reaktionen 3, 185–199
  -reaktor 195

-spaltung 193–195
-zertrümmerung 35
Kettenreaktion 194
Kinetik chemischer Reaktionen 96–99
Klassifizierung von Elementen, Tabelle 17
$KMnO_4$ siehe Kaliumpermanganat
Knallgasreaktion 160–161
Knotenebene, von Orbitalen 41–42
Kochsalz siehe Natriumchlorid
Koeffizienten, bei Reaktionsgleichungen
175–178
KOH siehe Kaliumhydroxid
Kohlendioxid, CO_2 13
Assimilation durch Pflanzen 198
Molekülradius 22
Kohlenmonoxid, CO 78–79
als Reduktionsmittel 160
Bildung aus Calciumoxid und Kohlen-
stoff 109
Kohlensäure, H_2CO_3 138–139
Kohlenstoff, C 4
als Bezugselement 11, 13, 34
als Elektrode 180
radioaktiver 197–198
radioaktiver, zur Altersbestimmung
197–198
Reaktion mit Calciumoxid 109
Komplexe 76–88, 126
Ammin- 78
Aqua- 78, 122, 124
Chelat- 80–82
elektronische Struktur 82–83
Geometrie 77
in wässriger Lösung 126
Ion-Ion- 77–78
Ion-Molekül- 78
Kristallfeldtheorie 83–88
Ligandfeldtheorie 83, 87–88
magnetische Eigenschaften 85
mit ungeladenen Zentralatomen 78–80
oktaedrische 78–81
Sandwich- 80
Schmelz- und Siedepunkte 78
Stabilität und Elektronenkonfiguration
87
tetraedrische 83
Konfiguration siehe Elektronenkonfiguration
konjugierte Base 128–129, 134, 138–140
konjugierte Säure 128–129, 140

konjugierte Säuren und Basen 128–129,
138–140
Konstanten, wichtige, Tabelle 209
Konzentration 92–93
Einfluss bei Gleichgewichtsreaktionen
109–111
Massenprozent 92
molale 94
molare 92–94, 104
Molarität 93–94
Schreibweise 93
Volumenprozent 92
wirksame 93
Konzentrationsänderung, Einfluss bei
Gleichgewichtsreaktionen 108–109
Koordinationsverbindungen 76–88
Geometrie 77
Koordinationszahl 62–63, 74–79, 83, 85
kosmische Strahlung 198
kovalente Bindung, siehe auch Elektronen-
paarbindung 53, 65
kovalente O–H-Bindung 118
kovalente Radien 55
Kraft, elektrostatische 61, 120
Kraftlinien 24
Krebstherapie 193
Kristallfeldtheorie 83–88
Kristallsymmetrie 70
kritische Masse 194
Krypton, Kr 53
Kugelpackung
dichteste 18–19, 74–75
hexagonale 74–75
kubisch flächenzentrierte 74–75
kubisch raumzentrierte 74
künstliche radioaktive Nuklide 192–193
Kupfer, Cu 3, 26, 160, 165–169, 177–178
-chlorid, $CuCl_2$ 26
-(+2)-nitrat, $Cu(NO_3)_2$ 178
-(+2)-oxid, CuO 160
Potentialdifferenzen zu H_2, Zn, Ag
171–172
-sulfat, $CuSO_4$ 165–167
K_w-Wert 149

l siehe Nebenquantenzahl
Ladung 23–24
des Elektrons 28, 33
des Neutrons 33

des Protons 33
elektrische 23–24, 26, 34, 37
Schwerpunkt δ^+ resp. δ^- 69
Lanthanoide 50
LAURENT 9
LAVOISIER 3, 126
Lawrencium, Lr 196
LE CHATELIER 107–108
LE CHATELIER, Prinzip von 107–108, 113, 143, 151
LECLANCHÉ-Element 179
Leichtmetalle in der Spannungsreihe 166
Leitfähigkeit, elektrische 25, 73–74, 138–139
Leitfähigkeit für Wärme 73
LEWIS 65, 130–131
LEWIS-Base 130–131
LEWIS-Formel 65–67
LEWIS-Säure 130–131
als Katalysator 107
Lichtgeschwindigkeit 3, 191–192, 209
LiCl siehe Lithiumchlorid
Ligand 76–88
-austausch 126
-feldtheorie 83, 87–88
mehrzähnige 80–82
spektrochemische Reihe 86
zweizähnige 80
Linien des Wasserstoffspektrums 37–39
Lithium, Li 55
Elektronenkonfiguration 46
LOSCHMIDT 13
LOSCHMIDT'sche Zahl siehe AVOGADRO'sche Zahl
Löslichkeitsprodukt 111–114
ausgewählter Verbindungen, Tabelle 114, 210
Lösung
alkalische 136
saure, basische 136
Säuregrad siehe pH-Wert
stark verdünnte 93–94, 147
ungesättigte, gesättigte, übersättigte 111–113
wäßrige 121–126, 180–182
Lösungen zu den Übungen 201–207
Lösungsenthalpie 124
Lösungsmittel 92, 117–121
Lösungswärme sieheLösungsenthalpie
LOWRY 127–131

low-spin 85–88
Luft, als Element 2

m siehe magnetische Quantenzahl
Magnesium, Mg 56, 161
-ammoniumphosphat, $Mg(NH_4)PO_4$ 138
-hydroxid, $Mg(OH)_2$ 138
-oxid, MgO 159
Magnetfeld 24–25, 27, 29, 32, 40–41, 67, 186
magnetische Eigenschaften von Komplexen 85
magnetische Quantenzahl m 41, 44
magnetisches Moment 42, 67, 85
Magnetisierung 67
Magnetismus 24
Mangan, Mn Oxidationsstufen 173
Mangan(+4)-oxid, MnO_2 174, 179
markierte Moleküle 197
Masse 3
Äquivalenz mit Energie 3, 191
des Elektrons 27–28, 33, 209
des Neutrons 33, 209
des Protons 31, 33, 209
kritische 194
molare 5, 14
von Atomen 9–12
Massenprozent 92
Massenspektrometer 32
Massenverhältnis, von Elementen 4
Massenwirkungsgesetz 101–102, 109–110, 141, 146
Massenzahl 13, 32–35, 185–186, 188
Materie 1–35
und Elektrizität 22–25
MAXWELL 8, 24
MAXWELL'sche Gleichungen 24
Mehrfachbindungen 66, 77
Meitnerium, Mt 196
MENDELEJEFF 16–18, 48–49
Mendelevium, Md 196
Mengenangaben in der Chemie 12–14
Methanol, CH_3OH 120
Metall
als Element 1
-hydroxide 17, 128, 138
-salze 179
Metalle 59, 64, 73
Duktilität 74

Edel- 166

Edel-, in der Spannungsreihe 166

Halbedel-, in der Spannungsreihe 166

Leicht-, in der Spannungsreihe 166

Leitfähigkeit 73–74

Oberflächenglanz 74

Schmiedbarkeit 74

Schwer-, in der Spannungsreihe 166

unedle 17, 166

unedle, in der Spannungsreihe 166

metallische Bindung 73–76

Methan, CH_4 4, 66, 68, 71

Methylamin, CH_3NH_2 139

Methylorange als Indikator 144

MEYER 16–17

$[Mg(H_2O)_6]^{2+}$ 79

$Mg(NH_4)PO_4$ *siehe* Magnesiumammonium-phosphat

$Mg(OH)_2$ *siehe* Magnesiumhydroxid

$MgCl_2$ *siehe* Magnesiumchlorid

MgO *siehe* Magnesiumoxid

MILLIKAN 28

mittlere Geschwindigkeit, von Gasteilchen 22

MnO_2 *siehe* Mangan(+4)-oxid, Braunstein

Modellcharakter, von graphischen Darstellungen 60

Mol 13

-masse *siehe* molare Masse

-volumen *siehe* molares Volumen

molale Konzentration 94

Molalität 94

molare Konzentration 93, 104

molare Masse 5, 14

molares Volumen 14, 22

Molarität 93–94

Molekül 10

-geometrie 70–71

-gitter 72

-masse 12

-masse, relative 12–13

-masse und physikalische Daten 117–118

-masse und physikalische Eigenschaften 71

-orbital 65, 75, 87

-orbital-Theorie 87

-radius 22

Molekulargewicht 12

molekularkinetische Theorie der Gase 8

Moleküle

gewinkelte 70

lineare 70

oktaedrische 71

teraedrische 71

tetragonal ebene 71

trigonal bipyramidale 71

trigonal planare 70

trigonal pyramidale 70

Molenbruch 93–94

Molmasse 14

Moment, magnetisches 42, 67, 85

MOSELEY 31

MULLIKEN 60

n *siehe* Hauptquantenzahl

N_2 *siehe* Stickstoff

Na_2CO_3 *siehe* Natriumcarbonat

Na_2SO_3 *siehe* Natriumsulfit

Na_2SO_4 *siehe* Natriumsulfat

$NaCl$ *siehe* Natriumchlorid

NaH *siehe* Natriumhydrid

$NaOCl$ *siehe* Natriumhypochlorit

$NaOH$ *siehe* Natriumhydroxid

Natrium, Na 4, 55

-acetat, CH_3COONa 139, 150

-carbonat (Soda), Na_2CO_3 12–13

-chlorid, NaCl 4, 60, 62, 93

-chlorid, Gitterenergie 122

-chlorid, Hydratation 122

-chlorid, und Natriumgewinnung 179

-chlorid, Struktur 62

Gewinnung aus Natriumchlorid, NaCl 179

-hydrid, NaH 4

-hydroxid, NaOH 127, 136, 138, 181

-hypochlorit, NaOCl 181

-sulfat, Na_2SO_4 175–176

-sulfit, Na_2SO_3 175–176

natürliche Häufigkeit von Isotopen 35

Nebengruppen *siehe* Periodensystem

Nebenquantenzahl k 39

Nebenquantenzahl l 39–40, 42, 44

Neon, Ne 32

Neptunium, Np 190, 195–196

-reihe 190

Neutralisationsreaktionen 136–138

Neutralpunkt der pH-Skala 136

Neutronen 32–36, 185, 190–194, 198
  Ladung 33
  Masse 33, 209
  -beschuss 190, 193
  -zahl 35
NEWLANDS 14
NEWLANDS' Oktavengesetz 14
NF_3 siehe Stickstofftrifluorid
NH_3 siehe Ammoniak
NH_4^+ siehe Ammonium-Ion
NH_4Cl siehe Ammoniumchlorid
$[Ni(CN)_4]^{2-}$ 83
$Ni(CO)_4$ siehe Tetracarbonylnickel
Nichtmetalle 59, 64, 126, 164
Nickel, Ni 48, 83
  als Katalysator 107
  Elektronenkonfiguration 83
  Reinigung 79
Niederschlag 109, 112–113
Niveau siehe Energieniveau und Orbital
NO siehe Stickstoffmonoxid
Nobelium, No 196
Normalbedingungen siehe Standardbedingungen
normale Lösungen 93
Normalität 93, 139, 145
Normalpotential 165, 168–172, 174–175, 178,
  180
Normalpotentiale ausgewählter Redox-
  paare, Tabelle 171, 212–213
Nuklide 33–35, 195
  künstliche radioaktive 192–193
  natürliche radioaktive 35, 185
  radioaktive 186, 188

oktaedrische Komplexe 78–81
Oktavengesetz 14
Oktettprinzip 53–54
Orbital 40–41, 44, 46–47
  antibindendes 87–88
  bindendes 87
  d- 41–43, 46, 84–88
  -e, entartete 48
  e_g- 84–88
  f- 42, 46
  Knotenebene 41–42
  Molekül- 65, 75, 87
  nichtbindendes 87
  p- 41–42, 46, 87

s- 41–42, 46, 87
t_{2g} 84–88
  Valenz- 49, 75
Ordnungszahl 32–35, 48, 186, 188, 195–196
organische Chemie 126 , 197
OSTWALD 141
OSTWALD'sches Verdünnungsgesetz
  140–141
Oxidation 159–164
  Definition 161
Oxidation, siehe auch Redoxreaktionen
Oxidationsmittel 163–164, 177
Oxidationsreaktion siehe Redoxreaktionen
Oxidationsstufe 10
Oxidationsstufen siehe auch Oxidationszahl
Oxidationszahl 157–159, 161–164, 171,
  173–178
  Regeln zur Berechnung 157–158
  von Atomen 157
  von Hydriden 158
  von Ionen 157
  von Nichtmetallatomen 158
Oxide 160
oxidierende Säuren 166, 178

Palladium, Pd als Katalysator 107
paramagnetisch 67
Partikelstrahlung 32
Pascal (Einheit) 14
PAULI 43
PAULI-Prinzip 43–44, 75
PAULING 58–60, 74–75, 91
$PbSO_4$ siehe Blei(2+)-sulfat
PCl_3 siehe Phosphortrichlorid
PCl_5 siehe Phosphorpentachlorid
Pechblende 29
Pentacarbonyleisen, $Fe(CO)_5$ 78–79
Perchlorsäure, $HClO_4$ 129
Periodensystem 1, 15–17, 32
  Ableitung 46–48
  Gruppen 15–16, 49–50
  Hauptgruppen 49
  modernes 48–50
  Nebengruppen 49–50
  Perioden 15–16
  Unregelmäßigkeiten 49
Permanganat-Ion, MnO_4^-, Reduktion 173
PETIT 11
PH_3 siehe Phosphin

P_2H_4, Disproportionierung zu Phosphin und
Phosphor 164
Phenolphthalein als Indikator 144
Phosphin, PH_3 164, 177
Phosphor, P 35
   -pentachlorid, PCl_5 71
   radioaktiver 192
   radioaktives Isotop 188
   -säure, H_3PO_4 138, 177
phosphorige Säure, H_3PO_3 177
Photon 36, 38
pH-Skala 135–136, 144
   Neutralpunkt 136
pH-Wert 135–136, 138, 144–146
   Berechnung 146–153
   Indikatoren 142–144
   Messung 144, 146
   und Redoxreaktionen 173–174
   von Pufferlösungen 151–153
   von Salzlösungen 149–151
pK_a- und pK_b-Wert 149
pK_a-Wert 133–134
PLANCK 36
PLANCK'sche Konstante 36
Platin, Pt 20–21, 26
   als Elektrode 168–170
   als Katalysator 107
Plutonium, Pu 195–196
pOH-Wert 135–136, 146
Polarisation von Bindungen 72
polarisierte Elektronenpaarbindungen
   67–72, 118, 125–126
polarisierte O–H–Bindung 118
Polarisierung 68, 72
Polonium, Po 29
   radioaktiver Zerfall 188
Positron 192
Potential 24, 168, 171–172
   -differenzen 24, 168, 171–173
   Zellen- 179
   von Batterien und Akkumulatoren
   178–179
PRIESTLEY 3
Prinzip von LE CHATELIER 107–108, 113,
   143, 151
Produkte 91–92, 106
Protolyse 127–132, 137–140, 146, 149–151
   Auto- 135–137
   -gleichgewicht 139

mehrstufige 132–134
Proton, H^+ 31–33, 36–37, 125, 127–128, 185,
   190
   als LEWIS-Säure 130
   als Oxidationsmittel 166
   Ladung 33
   Masse 31, 33, 209
Protonen-Übertragung 128
Puffer 151
   erschöpfter 153
   -gleichung 152–153
   -lösungen 151–153
   -lösungen, äquimolare 153
   -wirkung 152–153
Pyridin, C_5H_5N 139

Quantelung der Energie und Ladung 36, 37
Quantentheorie 20, 36
Quantenzahl 39
   Einstellmöglichkeiten 41
   Haupt-, n 37, 39, 43–44, 50, 54
   magnetische, m 41, 44
   Neben-, k 39
   Neben-, l 39–40, 42, 44
   Spin-, s 42–44
Quecksilber, Hg 3
   -oxid, HgO 3

radioaktiv markierte Moleküle 197
radioaktive Elemente 29, 50
radioaktive Strahlung 29–30, 185–190, 193,
   198
radioaktive Zerfallsreihen, Tabelle 190
radioaktiver Kohlenstoff zur Altersbestimmung 197–198
Radioaktivität 28–30, 36, 185–199
Radium, Ra 29, 185
Radius von Atomen und Ionen 54–55, 123
Radon, Rd 53
Raffination von Nickel 79
Rastertunnelmikroskop 20–21
Reaktion
   bimolekulare 98–99
   dritter Ordnung 103
   endergonische 96
   endotherme 94–95, 108
   erster Ordnung 99, 102
   exergonische 96–97, 106
   exotherme 94–96, 108

Geschwindigkeitskonstante 97
  irreversible 100
  mehrstufige 132
  nullter Ordnung 98
  pseudo-erster Ordnung 98
  Redox- 157–183
  reversible 100, 104
  Säure-Basen- 126–134
  spontane 95–96
  unimolekulare 99
  zweiter Ordnung 98–99
Reaktionsenthalpie 94–96, 124, 137
  freie 96, 104, 106
Reaktionsgeschwindigkeit 97
Reaktionsgleichungen 100, 103, 173, 175–178
  Bestimmung der Koeffizienten 175–178
  Stöchiometrie 175–178
Reaktionskinetik 103
Reaktionsmechanismen, Aufklärung von 197
Reaktionsmechanismus 98, 103
Reaktionsordnung 97–99, 102–104
Reaktionsprodukt, gasförmiges 109
Reaktionssysteme, heterogene und homogene 111
Reaktionsverlauf 92, 174
reales Gas 21–22
Redoxpaar 164, 169–173
Redoxreaktionen 157–183
  Anwendungen 174–178
  Gleichungen 173–178
  Halbreaktionen 162–164, 167–168, 170–171, 175–179, 181
  pH-abhängige 173–174
  Regeln zur Formulierung von Gleichungen 173–174
  Voraussagen über den Verlauf 174–175
Redoxsysteme 161–165, 175–176
Redoxsysteme *siehe auch* Redoxreaktionen
Reduktion 159–165
Reduktion, Definition 161
Reduktion, *siehe auch* Redoxreaktionen
Reduktionsmittel 163–164
Regel von DULONG und PETIT 11
reversible Reaktion 100, 104
Rhodium, Rh, als Katalysator 107
Richtung von Elektronenpaarbindungen 69–71
Roentgenium, Rg 196

ROHRER 20
RÖNTGEN 28
Röntgen
  -kristallographie 19
  -spektren 32
  -strahlung 28–29
  -strahlung, harte 185
  -strukturanalyse 82
Rubidium, Rb 55
Rückreaktion 100–106, 112
Rumpfladung 57
RUTHERFORD 29–32, 190–191
Rutherfordium, Rf 196

s siehe Spinquantenzahl
Salpetersäure, HNO_3 127, 164, 177–178
salpetrige Säure, HNO_2 Disproportionierung 164
salzartige Verbindungen 71
Salzbildner 17
Salze 25, 62, 136–140, 179
  als Elektrolyte 25, 138, 180
  Bildung 137
  Elektrolyse 25, 179–181
  Lösungen 111–114, 149–151, 180–182
  Schmelzen 72, 179–180
  Schwerflüchtigkeit 71, 73
  schwerlösliche 111–114
Salzsäure *siehe* Chlorwasserstoff
Sandwich-Komplexe 80
Sauerstoff, O_2 3–5, 13, 126–127, 160–161
  als Bezugselement 11
  als Oxidationsmittel 159, 161, 163
  Entdeckung 3
  Oxidationszahl 158
  Reaktion mit Chlor 108
  Reaktion mit Titantetrachlorid 109
Säure-Basen-Indikatoren 142–145
  Tabelle 144
Säure-Basen-Paare, konjugierte 129
Säure-Basen-Reaktionen 126–134
Säure-Basen-Theorie 127–131
  nach ARRHENIUS 127–128, 131
  nach BRØNSTED-LOWRY 127–131, 139
  nach LEWIS 130–131
Säuredissoziationskonstante 131–134, 140, 146, 150
  Tabelle 134, 211
Säuregrad *siehe* pH-Wert

Säuren 126–134, 138
   als Elektrolyte 25, 138
   konjugierte 128–129, 139–140
   oxidierende 166, 178
   relative Stärke 129–134
   schwache 146–153
   starke und schwache 137–139, 144, 146–153
Säurerest 138
Säurestärke 129–134
Schmelzelektrolyse 179–180
Schmelzpunkt 71–73, 78, 117–118
schwache Säuren und Basen 146–153
Schwefel, S
   -dioxid, SO_2 120, 159
   -hexafluorid, SF_6 71
   Oxidationszahl 159
   Reaktion mit Wasserstoff, H_2 108
   -säure, H_2SO_4 12–13, 125, 127, 129, 138, 178, 181
   -säure, konzentrierte, H_2SO_4 125
   -trioxid, SO_3, als LEWIS-Säure 130–131
Schwefelwasserstoff, H_2S 120, 129
   Bildung aus Schwefel und Wasserstoff 108
   physikalische Daten 117–118
   Säuredissoziationskonstante 133
Schwermetalle in der Spannungsreihe 166
Seabogium, Sg 196
Seide 23
Selen, Se
   -wasserstoff, H_2Se, physikalische Daten 117–118
SEOSTRIS 198
SF_6 siehe Schwefelhexafluorid
Siedepunkt 72–73, 78, 117–118
Silber, Ag 3, 165
   -chlorid, AgCl 111–113
   -chlorid, AgCl Löslichkeit in Wasser 111
   -chlorid, AgCl Löslichkeitsprodukt 112–114
   -nitrat, $AgNO_3$ 112, 165
   Potentialdifferenzen zu H_2, Zn, Cu 171–172
Silicium, Si 35
   Bildung durch Kernreaktion 192
Silikate 53
SI-System 13, 23
$SnCl_2$ siehe Zinnchlorid

SO_2 siehe Schwefeldioxid
SO_3 siehe Schwefeltrioxid
SOMMERFELD 39–40
Sonne 191
Spaltprodukte aus Kernreaktionen 193
Spannung 24, 27, 168, 172
Spannungsquelle 178
Spannungsreihe 165–166, 170
Spektrallinien 40
Spektrum des Wasserstoffatoms 37, 39
spezifische Wärme 11
Spin 42–43
   antiparallel ausgerichtete 43
   parallel ausgerichtete 47
   -quantenzahl s 42–43
spontane Reaktion 95–96
Standardbedingungen 14, 95
Standardbildungsenthalpie 95
Stickstoff, N_2 9–10, 160
   Elektronenpaarbindungen 66
   Elementumwandlung 190
   -monoxid, NO 67, 78, 164, 177
   Oxidationszahl 159
   -oxide 4
   Reaktion mit Wasserstoff 9, 110
   -trifluorid, NF_3 159
stöchiometrische Berechnungen 93
stöchiometrische Gesetze 3–5, 91
STONEY 26
Strahlung
   α-, β-, γ- 29–30, 185–190, 193, 198
   elektromagnetische 185
   kosmische 198
   Partikel- 32
   Partikel-, korpuskulare 185
   radioaktive 29–30, 185–190, 193, 198
STRASSMANN 193
Streuexperiment nach RUTHERFORD 31
Strontium, Sr 15
Sulfat-Ion, SO_4^{2-} 93, 138
Szintillationszähler 198

Tabellen
   Atom- und Ionenradien der Alkalimetalle 55
   Atom-, Ionen- und kovalente Radien der Halogene 55
   Bindungscharakter und physikalische Eigenschaften 73

Bindungsenergien 210
Bindungszahl und Richtung von
    Elektronenpaarbindungen 70–71
Dielektrizitätskonstanten 120
Dissoziationskonstanten ausgewählter
    Säuren 134, 211
Eigenschaften der Atombausteine 33
Elektronegativität ausgewählter
    Elemente 59
Elektronenaffinitäten der 6. und 7.
    Gruppe 58
Gitterenergien ausgewählter
    Verbindungen 123
Hydratationswärme ausgewälter Ionen
    123
Ionengittertypen 63
Ionisierungsenergien der Alkali- und
    Erdalkalimetalle 56
Klassifizierung von Elementen 17
Löslichkeitsprodukte ausgewählter
    Verbindungen 114, 210
natürliche Isotope der Elemente der
    3. Periode 35
Normalpotentiale ausgewählter Redox-
    paare 171, 212–213
radioaktive Zerfallsreihen 190
Säure-Basen-Indikatoren 144
Transurane, Daten 196
wichtige Konstanten 209
taoistische Lehre 1
Teilchenbeschleuniger 1, 195
Tellur, Te 48
    -wasserstoff, H_2Te, physikalische Daten
    117–118
Temperatur 7
    absolute 8–9
    absoluter Nullpunkt 7
    Einfluss auf Gleichgewichtsreaktionen
    107–108
tetraedrische Komplexe 83
Tetracarbonylnickel, $Ni(CO)_4$ 78–79
Tetrachlormethan, CCl_4 69, 71
THOMSON 27–28, 32
Thorium, Th 186
    -reihe 190
Thymolblau als Indikator 144
$TiCl_4$ siehe Titantetrachlorid
TiO_2 siehe Titanoxid
Titan, Ti

-oxid, TiO_2, Bildung aus Titantetrachlorid
    und Sauerstoff 109
-tetrachlorid, $TiCl_4$, Reaktion mit Sauer-
    stoff 109
Titrationen 144–146
    Endpunkt 145
Tracermethoden 197
Transurane 50, 195–196
    Daten, Tabelle 196
Trennungsgang 113
Triaden 14
Tricarbonylnitrosylcobalt, $Co(CO)_3NO$ 78
Tritium 34, 191
Trockenbatterie 179
Tunneleffekt 21

Übergänge zwischen Bindungstypen 71–72
Übergangselemente 16–17, 83
Übergangselemente siehe auch Übergangs-
    metalle
Übergangsmetalle 50
    innere 50
Übergangszustand 106
Übungen
    Lösungen 201–207
    zu Kapitel 1 51–52
    zu Kapitel 2 89
    zu Kapitel 3 114–115
    zu Kapitel 4 145–156
    zu Kapitel 5 182–183
    zu Kapitel 6 198–199
Umschlagsbereich von Indikatoren,
    Tabelle 144
Umschlagspunkt von Indikatoren 143
unimolekulare Reaktion 99
Universalindikatorpapier 145
Unschärferelation 40
Ununhexium, Uuh 196
Ununoctium, Uuo 197
Ununpentium, Uup 197
Ununtrium, Uut 197
Uran, U 29, 195, 197
    -erz 29, 185
    Kernspaltung 193–195
    radioaktiver Zerfall 186, 188–190, 197
    -reihe 190, 197
    -salze 28
Valenz 10
    -elektronen 49, 57, 65, 74–76

-orbitale 49, 75
VAN DER WAALS 21
VAN DER WAALS'sche Wechselwirkung 21–22
VAN DER WAALS'scher Radius 54
Verbindungen 1–14, 53
    Ionen- 12, 60–64, 71–72
    komplexe 76–88, 126
    Koordinations- 76–88
    mit ungepaarten Elektronen 67
    salzartige 71
    schwerlösliche 111–114
    Zusammensetzung 5, 26
Verbrennung 2, 160, 162
Verdampfungswärme 117–118
Verdünnungsgesetz nach OSTWALD 140–141
Verschiebungsgesetze 186
VILLARD 29
Vitamin B_{12} 82
Volt (V, Einheit) 24
Voltmeter 167–168
Volumenänderung bei Gleichgewichts-
    reaktionen 110
Volumenprozent 92

Wärme, spezifische 11
Wärmeenergie 95
Wärmeleitfähigkeit 73
Wasser, H_2O 4–5, 11, 69–70, 117–122, 129
    als Element 1–2
    als Ligand 78–79
    als Lösungsmittel 117, 120–121
    Assoziation 117–118
    Autoprotolysereaktion 135–137
    Bildung aus Wasserstoff und Sauerstoff
      95, 100, 159–160
    Bildung durch Neutralisation 137
    Dielektrizitätskonstante 119–120
    Dipolcharakter 69, 78, 117–118, 121
    Elektrolyse 180–181
    Ionenprodukt 134–136, 149
    Ladungsschwerpunkte 69
    -molekül 69–70, 76, 79, 119, 121
    physikalische Daten 118
    Säuredissoziationskonstante 134
Wasserstoffperoxid, H_2O_2 158
Wasserstoff, H_2 4–5, 9–10, 13, 160
    als Bezugselement 4, 11, 166, 168–172
    als Referenzelement in der Spannungs-
      reihe 166

Atommasse 12
-bindungen 118
-bindungen siehe auch -brücken
-brücken 118–119
-elektrode 169–170
-isotope 33–34
molares Volumen 14
optisches Spektrum 37–39
Oxidationszahl 158
Reaktion mit Chlor 9–10
Reaktion mit Sauerstoff 5, 95, 100,
    159–160
Reaktion mit Schwefel 108
Reaktion mit Stickstoff 9, 110
Wasserstoffatom 31
    angeregter Zustand 37–38
    Energiezustände 44
    Grundzustand 37
    Ionisierungsenergie 57
    -kern 31
    -modell nach BOHR 37–39
    Oxidationszahl 158
wäßrige Lösungen 121–126, 180–182
WEAKLIEM 82
Wechselwirkung 21
    elektrostatische 84, 87, 120
    VAN DER WAALS- 21–22
Wellenlänge λ 38–39
    von γ-Strahlen 185
WERNER 76
Wertigkeit 10
    bei Ionenverbindungen 63–64
    bei Redoxreaktionen 157–159
wichtige Konstanten, Tabelle 209
Wolle 22

Xenon, Xe 53

Zentralteilchen 76–81
Zerfall, radioaktiver 30, 185–198
Zerfallsgesetz 187–188
Zerfallsprodukte, radioaktive 197
Zerfallsrate 187
Zerfallsreihen, radioaktive 188–190
    Tabelle 190
Zink, Zn 165–169, 179
    als Reduktionsmittel 163
    -chlorid, $ZnCl_2$ als LEWIS-Säure 131

Potentialdifferenzen zu H_2, Cu, Ag
171–172
-sulfat, $ZnSO_4$ 165, 167
Zinn, Sn 166, 174
-chlorid, $SnCl_2$ 174
Zitronensäure *siehe* Citronensäure
$[Zn(CN)_4]^{2-}$ 77–78
$ZnCl_2$ *siehe* Zinkchlorid
ZnS *siehe* Zinksulfid
$ZnSO_4$ *siehe* Zinksulfat